新工科·普通高等教育机电类系列教材

电子技术实验教程

第 3 版

主　编　汤永华　李晓游　于海雁

参　编　付　思　薛　丹　林　森

　　　　庞　杰　曹忠侠　张梓嘉

机械工业出版社

本书根据电子技术教学大纲的要求，系统地编排了电子技术实验的内容，同时增加了基于FPGA的数字系统设计的实验内容。实验有六章：模拟电子技术基础性实验、数字电子技术基础性实验、Multisim仿真实验、FPGA基础实验、FPGA综合实验、电子技术综合实验，共60个实验项目。第七章为EDA开发环境。前三章及附录为电子测量仪器的使用、电子元器件的基础知识、实验中应注意的问题及相关参考资料，为进行实验和设计提供了很大方便。

本书在内容上加大了综合性、设计性实验的比重，加强理论与实践的融合，强调理论联系实际，精心选择实验内容，注重典型性、实用性。实验内容由易到难、由简单到综合，循序渐进，最主要的是有设计参考，使学生有章可循，减少盲目性。综合实验的选择既考虑难易程度，同时又兼顾实验过程和内容的趣味性，实践证明实验实施效果非常理想。

书中所列全部实验项目都经过教师的试做，参数真实可行，多种实现方法都是经过实际验证的，不存在参数或原理不可行、做不出来的情况。综合实验的大部分题目选自"沈阳工业大学电子技术基本技能大赛"，实现方法基本上为模拟和数字的纯硬件电路。

本书作为首批辽宁省"十二五"普通高等教育本科省级规划教材，既可作为高等学校电类各专业的实验教材，也可作为广大电子爱好者的参考书。

本书配有实验指导电子课件和部分实验的参考设计文档。如有需要，请与作者联系。Email：229286824@qq.com，电话：024-25496420。

图书在版编目（CIP）数据

电子技术实验教程／汤永华，李晓游，于海雁主编.
3版. -- 北京：机械工业出版社，2025. 6. --（新工科·普通高等教育机电类系列教材）. -- ISBN 978-7-111
-78402-9

Ⅰ. TN01-33
中国国家版本馆CIP数据核字第2025L0U754号

机械工业出版社（北京市百万庄大街22号　邮政编码100037）
策划编辑：王玉鑫　　　　　　责任编辑：王玉鑫　张振霞
责任校对：梁　园　刘雅娜　　封面设计：王　旭
责任印制：常天培
北京联兴盛业印刷股份有限公司印刷
2025年7月第3版第1次印刷
184mm×260mm · 19.5印张 · 507千字
标准书号：ISBN 978-7-111-78402-9
定价：59.80元

电话服务　　　　　　　　　网络服务
客服电话：010-88361066　　机 工 官 网：www.cmpbook.com
　　　　　010-88379833　　机 工 官 博：weibo.com/cmp1952
　　　　　010-68326294　　金 书 网：www.golden-book.com
封底无防伪标均为盗版　机工教育服务网：www.cmpedu.com

前　言

　　自本书第 2 版出版以来，电子技术的研究和应用又取得了新的进展。特别是在数字电路的实现方式方面，基于 FPGA 的数字电路和数字系统实现方式已经成为主流，电子产品的设计与制作中软硬结合技术越来越重要。为此，第 3 版教材修订了以下内容。

　　第一章常用电子测量仪器的使用，删除了过时的仪器，讲解了目前流行的数字式示波器和数字合成信号发生器的使用，增加了基于 CPLD 的基础数字电路实验系统和基于 FPGA 的复杂数字开发实验系统。增加了第七章 EDA 开发环境，介绍了软件的使用。对第四、五章的基础性实验，在实验内容上做了一些调整，增加了数字电路实验的 CPLD 实验系统的实现方案。增加了第八章 FPGA 基础实验，加强对硬件描述语言和 FPGA 实现数字电路方法的掌握，打牢利用 FPGA 进行数字电路开发的基础。增加了第九章 FPGA 综合实验，内容为精心挑选的有一定难度和综合复杂度，且在学生可掌握范围内的实验项目，充分体现了理论与实际的联系。

　　新增综合实验具有较强的趣味性和可展示性。给出的设计实例是模拟和数字的纯硬件电路，数字部分的实验既包括纯硬件设计，也包括利用硬件描述语言进行编程调试。对学生来说，掌握模拟电子和数字电子这两门课程的综合应用，并利用现代技术进行电路功能的设计和调试至关重要。

　　编写人员中，汤永华主要负责第七~十章内容的修订，李晓游主要负责第四~六章内容的修订，付思主要负责第三章内容的修订，薛丹与付思共同负责第一、二章内容的修订，曹忠侠和张梓嘉共同负责相关实验记录的修订，于海雁、林森和庞杰共同负责全书内容的审核及各章习题修订。

　　本书修订后可能还有不完善之处，殷切期望读者给予批评指正。

编　者

目　录

第一章

常用电子测量仪器的使用

第一节　GDS‑1102B 数字存储示波器

GDS‑1000B 系列数字存储示波器采用 800×480 像素 WXGA TFT 液晶显示器，具备 256 色阶显示功能，提高了波形显示效果。GDS‑1102B 数字存储示波器实时采样率达 1GSa/s，捕捉速度快；双通道与一个外部触发通道；支持 USB 设备存储，一个 USB2.0 高速 Host 接口，一个 Device 接口。

一、简介

- WXGA TFT 液晶显示器。
- 带宽：70~100MHz。
- 实时采样率：最大 1GSa/s。
- 波形捕获率：50000 次/s
- 垂直灵敏度：1mV/div~10V/div。
- 分段存储：优化内存，选择性捕获重要的信号细节。29000 个连续的波形分段记录，捕获分辨率达到 4ns 时间间隔。
- 波形搜索：可搜索不同的信号事件。
- 在线帮助。
- 32MB 内置闪存。
- 串行总线解码：UART、I2C、SPI、CAN 或 LIN。
- USB Host：前面板，用于存储。
- USB Device：后面板，用于远程控制或打印（兼容 PictBridge 打印机）。
- 探棒补偿输出，输出频率可选（1~200kHz）。
- 校准信号输出。

二、GDS‑1102B 的前面板和用户界面

面板上包括旋钮和功能按键。显示屏右侧的一列 5 个灰色按键为菜单操作键，通过它们可以设置当前菜单的不同选项。其他按键为功能键，通过它们，可以进入不同的功能菜单或直接获得特定的功能应用。示波器 GDS‑1102B 前面板如图 1-1 所示，界面显示区示意图如图 1-2 所示。

图 1-1 中，各标注位置解释如下：

① 彩色 LCD。800×480 像素（分辨率），宽视角显示。

Menu：隐藏系统菜单。

Option：进入安装选件。

② 右侧菜单键。用于选择 LCD 上的界面菜单项、参数或变量，按下右侧与底部菜单键，使用可调旋钮滚动参数列表或增加/减小变量值。

③ 功能按键。用于设置系统中不同功能。

Measure：设置和运行自动测量项目。

Cursor：设置和运行光标测量。

APP：设置和运行 GW Instek App。

Acquire：设置捕获模式，包括分段存储功能。

Display：显示设置。

Help：显示帮助菜单。

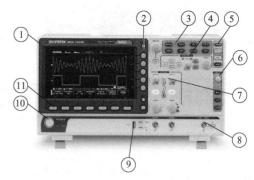

图 1-1　示波器 GDS－1102B 前面板

Save/Recall：用于存储和调取波形、图像、面板设置。

Utility：可设置 Hardcopy 键、显示时间、语言、探棒补偿和校准。

④ 水平控制。用于改变光标位置、设置时基、缩放波形和搜索事件。

⑤ 运行控制。

Autoset：自动设置触发、水平刻度和垂直刻度。

Run/Stop：停止（Stop）或继续（Run）捕获信号。

Single：设置单次触发模式。

Default：恢复初始设置。

⑥ 触发控制。控制触发准位和选项。

Level Knob：设置触发准位。按旋钮将准位重设为零。

Trigger Menu：显示触发菜单。

50%：触发准位设置为 50%。

Force-Trig：立即强制触发波形。

⑦ 竖直控制。用于设置波形的垂直位置。按旋钮将垂直位置重设为零。

⑧ CH1 和 CH2 两个通道外部触发信号输入。

⑨ 示波器自检输出信号。

⑩ 开机/关机。

⑪ 底部菜单键。

在图 1-2 界面显示区示意图中，各位置标注解释如下：

Memory Length and Sample Rate：显示存储长度和彩样率。

Analog Waveform：显示模拟输入信号波形，其中 CH 1：黄色，CH 2：蓝色。

Bus：显示串行总线波形，以十六进制或二进制表示。

Channel Indicators：显示每个开启通道波形的零电压准位，激活通道以纯色显示。

Trigger Position：显示触发位置。

Horizontal Status：显示水平刻度

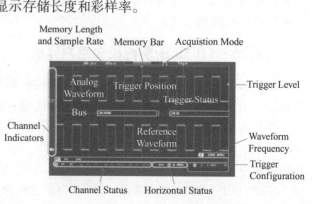

图 1-2　GDS－1102B 界面显示区示意图

和位置。

Trigger Level：显示触发准位。

Memory Bar：屏幕显示波形在内存所占比例和位置。

Trigger Status：

Trig′d	已触发	
PrTrig	预触发	
Trig?	未触发，屏幕不更新	
Stop	触发停止	
Roll	滚动模式	
Auto	自动触发模式	

Acquisition Mode：正常模式、峰值侦测模式、平均模式三种模式。

Waveform Frequency：显示触发源频率、表示频率小于 2Hz（低频限制）。

Trigger Configuration：触发源、斜率、电压、耦合。

Channel Status：CH 1，DC 耦合，2V/div。

三、功能介绍及操作

为了有效地使用示波器，需要了解示波器的以下功能。

1. 菜单和控制按钮

此部分对应面板位置如图 1-3 所示。各按钮的功能如表 1-1 所示。

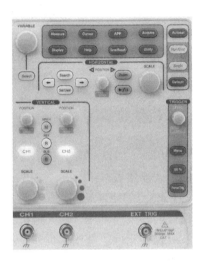

图 1-3 菜单和控制按钮位置图

表 1-1 菜单和控制按钮功能表

按钮名称	功　　能
CH1、CH2	显示通道 1、通道 2 设置菜单
MATH	显示"数学计算"功能菜单
REF	显示"参考波形"菜单
Measure	设置和运行自动测量项目
Cursor	设置和运行光标测量
APP	设置和运行 GW Instek App
Acquire	设置捕获模式，包括分段存储功能
Display	显示设置
Help	显示帮助菜单
Save/Recall	用于存储和调取波形、图像、面板设置
Utility	可设置 Hardcopy 键、显示时间、语言、探棒补偿和校准
Autoset	自动设置触发、水平刻度和垂直刻度
Run/Stop	停止（Stop）或继续（Run）捕获信号
Single	设置单次触发模式

（续）

按钮名称	功　能
Default Setup	恢复初始设置
Zoom	Zoom 与水平位置旋钮结合使用
Play/Pause	查看每一个搜索事件，也用于在 Zoom 模式
Search	进入搜索功能菜单，设置搜索类型、源和阈值
Search Arrows	方向键用于引导搜索事件
Set/Clear	当使用搜索功能时，Set/Clear 键用于设置或清除感兴趣的点
Trigger Menu	显示触发菜单
50%	触发准位设置为 50%
Force-Trig	立即强制触发波形

2. 连接器

连接器位置图如图 1-4 所示。

● CH1、CH2：用于显示波形的输入连接器。

图 1-4　连接器位置图

● EXT TRIG：接收外部触发信号的输入连接器，输入阻抗：1MΩ，电压输入：±15V（peak），EXT 触发电容：16pF。

● 探棒元件：电压探头补偿输出及接地，用于测试探头与示波器电路是否互相匹配。将探棒连接 CH1 输入和 CAL 信号输出。默认该输出提供一个 2Vpp、1kHz 方波补偿。若需要调整探棒衰减量，将探棒衰减调整到 ×10，按 "Autoset" 键，屏幕中心显示方波波形。

3. 自动设置

即按 "Autoset" 按钮。根据输入的信号，可自动调整电压挡位、时基以及触发方式，调至最好形态显示。

4. 默认设置

即按 "Default Setup" 按钮。示波器在出厂前被设置为用于常规操作，即默认设置。可调出厂家多数的选项和控制设置。

5. "万能" 旋钮

其位置见面板的左上角，如图 1-5 所示。利用此旋钮选择各种参数，用于增加和减少数量，与下方 "Select" 确认选择按钮配合使用。

6. 垂直系统

垂直系统位置图如图 1-6 所示。可以使用垂直控制来显示波形、调整垂直刻度和位置。每个通道都有单独的垂直菜单进行设置。

1）按下 "CH1" 或 "CH2" 按钮，在显示屏右侧会弹出相应的如表 1-2 所示的功能菜单。

● 取消波形：按下 "CH1（CH2）" 按钮，即可显示该通道的波形和垂直菜单，再次按下就可以取消波形。

● 如果通道耦合方式为 DC，可以通过观察波形与信号地之间的差距来快速测量信号的直流分量。

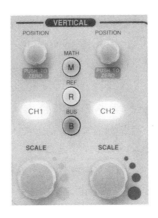

图1-5　"万能"旋钮位置图　　　　　　　　图1-6　垂直系统位置图

表 1-2　CH1、CH2 的功能菜单

选 项	设 置	说 明
耦合	直流 DC	显示整个信号（交流部分和直流部分）
	交流 AC	仅显示信号的交流部分。该模式有利于观察含直流成分的交流信号
	接地	接地耦合模式。将零电压准位线作为水平线并显示在屏幕上
带宽限制	开启	带宽限制功能将输入信号通过一个可选带宽滤波器
	关闭	有利于消除高频噪声，呈现清晰波形原貌 带宽滤波器与示波器带宽有关
垂直刻度		选择"SCALE"旋钮的分辨率。改变垂直刻度定义一个 1−2−5 步进，范围：1mV/div ~ 10V/div
探棒类型	电压/电流	使其与所使用的探棒类型相匹配，以确保获得正确的垂直读数
	衰减系数	通过调整探棒垂直刻度的衰减系数，真实反映待测物的电压准位值
	抗扭斜	用于补偿示波器与探棒之间的传输延迟，10ps 步进
输入阻抗		该系列输入阻抗固定为 1MΩ，阻抗值显示在通道菜章
反转波形	开启	开启/关闭垂直反转波形功能
	关闭	
接地准位中心扩展	接地	当电压刻度改变时，扩展功能可以设置为沿中心扩展或接地准位扩展。
	中心	沿中心扩展有利于观察偏压信号，默认从接地准位扩展

● 如果耦合方式为 AC，信号里面的直流分量被滤除。这种方式方便用更高的灵敏度显示信号的交流分量。

2）垂直"POSITION"旋钮的应用。此旋钮调整所有通道（包括 MATH）波形的垂直位置，上/下移动波形；按下该旋钮可使垂直位置归零。

3）MATH 功能的实现。数学运算（MATH）功能是显示 CH1、CH2 通道波形相加、相减、相乘、相除以及 FFT 运算的结果。再次按下该按钮可以取消显示出的波形运算。

4）REF 功能的实现。在实际测试过程中，可以把波形和参考波形样板进行比较，从而判断故障原因。此法在具有详尽电路工作点参考波形条件下尤为适用。

7. 水平系统

水平系统如图1-7所示。

● 水平"POSITION"旋钮。使用水平位置旋钮左/右移动波形，波形移动时，屏幕上方的位置指示符显示出波形在内存中的水平位置。按水平位置旋钮将位置置零。

图 1-7 水平系统位置图

● "SCALE"旋钮。用于改变水平时间刻度，以便放大或缩小波形。旋转水平刻度旋钮改变时基（time/div）；左（慢）或右（快），范围：1ns/div ~ 100s/div，1 - 2 - 5 步进，调整水平刻度后，时基指示符更新。

● "Zoom"按钮。Zoom 模式下，屏幕分为两部分：上方显示全记录长度，下方显示正常视图。可使用"Horizontal Scale"旋钮增大 Zoom 范围，移动缩放视窗。

● "Play/Pause"按钮（▶/Ⅱ）。在 Zoom 模式，该按钮用于播放或暂停信号。

8. 触发系统

触发系统将确定示波器开始采集数据和显示波形的时间。正确设置触发器后，示波器就能将不稳定的显示结果或空白显示屏转换为有意义的波形。触发控制区包括一个旋钮、三个按钮，如图 1-8 所示。旋钮及按钮功能如表 1-3 所示。

图 1-8 触发系统位置图

表 1-3 触发系统功能表

选 项	说 明
LEVEL	触发电平设定触发点对应的信号电压，以便进行采样 按下"LEVEL"旋钮可使触发电平归零
Menu	调出"触发菜单"，分别对应的触发类型包括：边沿、延迟、脉冲宽度、视频、脉冲和矮波、Timeout、总线（SPI、UART、I2C、CAN 或 LIN）
50%	使用此按钮可以快速稳定波形。示波器可以自动将"触发电平"设置为大约是最小和最大电平间的一半
Force-Trig	无论示波器是否检测到触发，都可以使用"Force-Trig"按钮完成当前波形采集，立即强制触发波形

触发类型中，边沿、延迟、脉冲宽度最为常用，见表 1-4 ~ 表 1-6 的功能菜单。

表 1-4 边沿触发的功能菜单

选 项	设 置	说 明
类型	边沿	当触发输入跨过触发电平时，输入信号的上升沿或下降沿用于触发
信源（可用作触发源的信号）	CH1/CH2	将输入信源作为触发信号
	EXT	设置外部探棒：电压/电流
	AC Line	把来自电源线导出的信号用作触发信源
斜率	Slope	选择触发信号在上升沿触发、下降沿触发、无限制

（续）

选　项	设　置	说　明	
耦合	Coupling	直流	通过信号的所有分量
		交流	阻碍直流分量
		高频抑制	衰减高频分量
		低频抑制	阻碍直流分量，衰减低频分量
Noise Rejection	开启/关闭	开启或关闭 Noise Rejection	
噪声抑制	外部触发准位	范围：00.0V～5 屏幕分割 、Set to TTL 1.4V、Set to ECL－1.3V、Set to 50%	

表 1-5　延迟触发的功能菜单

选　项	设　置	说　明	
类型	延迟	触发的输出延时	
信源（可用作触发源的信号）	CH1/CH2	将输入信源作为触发信号	
	EXT	设置外部探棒：电压/电流	
	AC Line	把来自电源线导出的信号用作触发信源	
延时	Delay	从左至右依次为：延迟触发指示符（D）、延迟触发（B），延迟斜率，延迟触发准位，延迟耦合	
耦合	Coupling	直流	通过信号的所有分量
		交流	阻碍直流分量
		高频抑制	衰减高频分量
		低频抑制	阻碍直流分量，衰减低频分量
延迟时间	Time	范围：4ns～10s（按时间），设为最小值	
延迟事件数	Event	范围：1～65536，设为最小值	

表 1-6　脉冲宽度触发的功能菜单

选　项	设　置	说　明
类型	脉冲宽度	触发符合触发条件的脉冲
信源（可用作触发源的信号）	CH1/CH2	将输入信源作为触发信号
	EXT	设置外部探棒：电压/电流
	AC Line	把来自电源线导出的信号用作触发信源
极性	Polarity	切换极性类型：正向（由高至低）、负向（由低至高）
宽度	When	选择脉冲宽度的条件和宽度：＞、＜、＝、≠；4ns～10s
编辑脉冲宽度阈值	Threshold	设置阈值范围：－××～××V、Set to TTL 1.4V、Set to ECL－1.3V、Set to 50%

耦合：使用"耦合"选项确定哪一部分信号将通过触发电路，这有助于获得一个稳定的显示波形。

触发条件：选择总线触发的条件，包括 UART、I2C、SPI、CAN、LIN。

斜率和触发准位：该控制有助于定义触发器。"斜率"选项（仅限于"边沿"触发类型）确定示波器是在信号的上升沿还是在下降沿找到触发点。触发"LEVEL"旋钮控制触发点在边沿的什么位置上出现。

触发释抑：可以使用触发释抑功能来生成稳定的复杂波形（如非周期波形）显示。释抑是指示波器在检测某个触发和准备检测另一个触发之间的时差。在释抑期间，示波器不会触发。对于一个脉冲列，可以调整释抑时间，使示波器仅在该列的第一个脉冲触发。

9. 信号获取系统

功能按键和运行控制按键如图1-9所示。"Acquire"为信号获取系统的功能按键。信号获取系统的功能菜单如表1-7所示。

图1-9 功能按键和运行控制按键

● "Run/Stop"按钮：如果希望示波器连续采集波形，可按下"Run/Stop"按钮，再次按下该按钮则停止采集。

● "Single"按钮：如果希望示波器在采集触发波形后停止，可按下"Single"按钮。每次按下"Single"按钮后，示波器开始采集另一波形。示波器检测到某个触发后，它将先采集后停止。

表1-7 信号获取系统的功能菜单

选项	设置	说明
获取方式	采样	默认获取模式。使用所有采样点
	峰值检测	对于每次获取间隔（bucket），仅使用一对最小和最大采样值。峰值侦测有利于捕获异常毛刺信号
	平均值	计算采样数据的平均值。该模式能有效绘制无噪波形
	平均次数	选择平均次数（2、4、8、16、32、64、128、256）
采样方式	等效采样	设置采样方式为等效采样（有利于细致观察重复的周期性信号）
	实时采样	设置采样方式为实时采样（每一次采样集满内存空间）

10. 显示系统

显示系统的位置如图1-9所示，"Display"为显示系统的功能按钮，其功能菜单如表1-8所示。

表1-8 显示系统功能菜单

选项	设置	说明
形式	矢量	采样点之间通过连线方式显示
	点	直接显示采样点
余辉准位	关闭、16ms、30ms、60ms、120ms、240ms、0.5s、1s、2~4s、无限	显示轨迹的效果。通过设置，波形轨迹可以在屏幕上"存留"一段指定时间

（续）

选　项	设　置	说　明
波形强度	Waveform Intensity	设置波形强度，范围 0 ~ 100%
格线强度	Graticule Intensity	设置格线强度，范围 10% ~ 100%
背光强度	Backlight Intensity	设置 LCD 背光强度，范围 2% ~ 100%
显示格线	Graticule	显示格线类型：Full、Grid、Cross Hair、Frame

11. 测量系统

该示波器的测量方法有三种：刻度测量、光标测量和自动测量。

（1）刻度测量

此方法能快速、直观地做出估计。可通过计算相关的主次刻度分度并乘以比例系数来进行简单的测量。

例如，如果计算出波形的最大值和最小值之间有五个主垂直刻度分度，并且已知比例系数为 100mV/div，则峰峰值电压：$5\text{div} \times 100\text{mV/div} = 500\text{mV}$。

（2）光标测量

如图 1-9 所示，"Cursor" 为光标测量的功能按钮。光标测量有三种方式：手动方式、追踪方式、自动方式。

- 手动方式：水平或垂直光标成对出现，用来测量电压或时间，可手动调整光标的间距。在使用光标前，需先将信号源设定为所要测量的波形。手动光标测量方式的功能菜单如表 1-9 所示。
- 追踪方式：水平与垂直光标交叉构成十字光标。十字光标自动定位在波形上，通过旋转"万能"旋钮来调节十字光标在波形上的水平位置。光标点的坐标会显示在示波器的屏幕上。光标追踪测量方式的功能菜单如表 1-10 所示。

表 1-9　手动光标测量方式的功能菜单

选　项	设　置	说　明
光标模式	手动	在此菜单下对手动光标测量进行设置
类型	电压	手动用光标测量电压参数
	时间	手动用光标测量时间参数
	频率	手动用光标测量 FFT 频谱的频率
信源	CH1、CH2、MATH	选择被测信号的输入通道
Cursor1	—	选择此项，旋转"万能"旋钮可调节光标 1 的位置
Cursor2	—	选择此项，旋转"万能"旋钮可调节光标 2 的位置

表 1-10　光标追踪测量方式的功能菜单

选　项	设　置	说　明
光标模式	追踪	在此菜单下对光标追踪测量进行设置
光标 1	CH1、CH2、无光标	设定光标 1 追踪测量信号的输入通道
光标 2	CH1、CH2、无光标	设定光标 2 追踪测量信号的输入通道
Cursor1	—	选择此项，旋转"万能"旋钮调节光标 1 的水平坐标
Cursor2	—	选择此项，旋转"万能"旋钮调节光标 2 的水平坐标

● 自动方式：在此方式下，系统会显示对应的光标以揭示测量的物理意义。系统会根据信号的变化，自动调整光标位置，并计算相应的参数值。光标自动测量方式的功能菜单如表 1-11 所示。

表 1-11　光标自动测量方式的功能菜单

选　项	设　置	说　明
光标模式	自动测量	设定光标自动测量模式

手动光标测量方式是测量一对水平或垂直的坐标值及两光标间的增量。使用光标时要确保将信源设置为显示屏上想要测量的波形。

● 电压光标：电压光标在显示屏上以水平线出现，可测量垂直参数。

● 时间光标：时间光标在显示屏上以垂直线出现，可测量水平参数。

● 光标移动：使用"万能"旋钮来移动光标 1 和光标 2。只有选中光标对应的选项才能移动光标，且移动时光标值会出现在屏幕的左上角和左下角，其测量值显示在屏幕的左上角。

若测量类型为"电压"，其测量值为：

光标 1 的值：Cursor1

光标 2 的值：Cursor2

光标 1 和光标 2 间的电压增量：ΔU

若测量类型为"时间"，其测量值为：

光标 1 的值：Cursor1

光标 2 的值：Cursor2

光标 1 和光标 2 间的时间增量：ΔT

光标 1 和光标 2 间的时间增量的倒数：$1/\Delta T$

若测量类型为"频率"，其测量值为：

光标 1 的值：Cursor1

光标 2 的值：Cursor2

光标 1 和光标 2 间的频率增量：$1/\Delta T$

光标 1 和光标 2 间的频率增量的倒数：ΔT

光标追踪测量方式是在被测波形上显示十字光标，通过移动光标间的水平位置，光标自动在波形上定位，并显示当前定位点的水平、垂直坐标和两光标间水平、垂直的增量。水平坐标以时间值显示，垂直坐标以电压值显示。测量值显示在屏幕的左上角。

$1 \rightarrow T$：光标 1 在水平方向上的位置（即时间，以水平中心位置为基准）。

$1 \rightarrow U$：光标 1 在垂直方向上的位置（即电压，以通道接地点为基准）。

$2 \rightarrow T$：光标 2 在水平方向上的位置（即时间，以水平中心位置为基准）。

$2 \rightarrow U$：光标 2 在垂直方向上的位置（即电压，以通道接地点为基准）。

ΔT：光标 1 和光标 2 的水平间距（即两光标间的时间值）。

$1/\Delta T$：光标 1 和光标 2 的水平间距的倒数。

ΔU：光标 1 和光标 2 的垂直间距（即两光标间的电压值）。

光标自动测量方式显示当前自动测量参数所应用的光标。若在自动测量菜单下未选择任何自动测量参数，将没有光标显示。操作步骤如下：

● 按"Cursor"按钮，进入光标测量菜单。

- 按"光标模式"选项按钮,选择"自动测量"。
- 按"Measure"按钮,进入自动测量菜单,选择要测量的参数。

(3)自动测量

如图 1-9 所示,"Measure"为自动测量的功能按钮。如果采用自动测量,示波器会为用户进行所有的计算。因为这种测量使用波形的记录点,所以比刻度或光标测量更精确。自动测量有三种测量类型:电压测量、时间测量、延迟测量,共 32 种测量参数。一次最多可以显示五种。自动测量功能菜单如表 1-12 ~ 表 1-16 所示,表 1-17 为各种测量类型的说明。

表 1-12 自动测量功能菜单 1

选 项	说 明
电压测量	按此按钮,进入电压测量菜单
时间测量	按此按钮,进入时间测量菜单
延迟测量	按此按钮,进入延迟测量菜单
全部测量	按此按钮,进入全部测量菜单

表 1-13 自动测量功能菜单 2(电压测量菜单)

选 项	设 置	说 明
信源	CH1、CH2、MATH	选择电压测量的信源
类型	最大值、最小值、峰峰值、幅值、顶端值、底端值、全周期算术平均值、首个周期算术平均值、全周期方均根、首个周期方均根、上升过激、下降过激、上升前激、下降前激	按"类型"选项按钮或旋转"万能"旋钮,选择电压测量参数种类 同时在下部显示所选择的电压测量参数对应的图标及测量值

表 1-14 自动测量功能菜单 3(时间测量菜单)

选 项	设 置	说 明
信源	CH1、CH2、MATH	选择时间测量的信源
类型	上升时间、下降时间、频率、周期、脉宽、正脉宽、负脉宽、占空比、正脉冲个数、负脉冲个数、上升沿个数、下降沿个数	按"类型"选项按钮或旋转"万能"旋钮,选择时间测量参数种类 同时显示所选择的时间测量参数对应的图标及测量值

表 1-15 自动测量功能菜单 4(延迟测量菜单)

选 项	设 置	说 明
信源	CH1、CH2、MATH	选择延迟测量的信源
类型	相位、FRR、FRF、FFR、FFF、LRR、LRF、LFR、LFF	按"类型"选项按钮或旋转"万能"旋钮,选择延迟测量参数种类 显示所选择的延迟测量参数对应的图标及测量值

表 1-16 全部测量功能菜单

选 项	设 置	说 明
信源	CH1、CH2	选择输入信号通道
电压测量	开启/关闭	开启/关闭对电压类型参数进行全部测量功能
时间测量	开启/关闭	开启/关闭对时间类型参数进行全部测量功能
延迟测量	开启/关闭	开启/关闭对延迟类型参数进行全部测量功能

若自动测量电压参数，操作如下：

1）按"Measure"按钮，进入"自动测量"菜单。

2）按顶端第一个选项按钮，进入自动测量第二页菜单。

3）选择测量分类类型，按下"电压"对应的选项按钮，进入"电压测量"菜单。

4）按"信源"选项按钮，根据信号输入通道选择"CH1"或"CH2"。

5）按"类型"选项按钮或旋转"万能"旋钮，选择要测量的电压参数类型。相应的图标和参数值会显示在第三个选项按钮对应的菜单处。

采用同样的方法，可使所选参数和值显示在相应的位置，一次可显示五种参数。若使用全部测量功能（如时间），此时所有的时间参数值会同时显示在屏幕上。

表1-17　测量类型的说明

测量类型	说　明
最大值	正向峰值电压
最小值	负向峰值电压
峰峰值	计算整个波形最大和最小峰值间的绝对差值
顶端值	整个波形的最高电压
幅值	波形顶端值与底端值之间的电压
首个周期算术平均值	波形第一个周期的算术平均值
全周期平均值	计算整个记录内的算术平均值
首个周期方均根	即有效值，计算波形第一个完整周期的实际方均根值
全周期方均根	整个波形的实际方均根值
上升过激	上升后波形的最大值与顶端值之差与幅值的比值
下降过激	下降后波形的最小值与底端值之差与幅值的比值
上升前激	上升前波形的最小值与底端值之差与幅值的比值
下降前激	下降前波形的最大值与顶端值之差与幅值的比值
上升时间	测定波形第一个上升沿的10%和90%间的时间
下降时间	测定波形第一个下降沿的90%和10%间的时间
脉宽	突发脉冲的持续时间，测量整个波形
正脉宽	测定脉冲第一个上升沿和邻近的下降沿50%电平之间的时间
负脉宽	测定脉冲第一个下降沿和邻近的上升沿50%电平之间的时间
正占空比	对第一个周期测量正占空比为正脉宽与周期的比值
负占空比	对第一个周期测量负占空比为负脉宽与周期的比值
相位	定时测量，一个波形超前或滞后于另一个波形的时间量，以"°"表示，360°为一周期
FRR	信号源1和信号源2的第一个上升沿之间的时间
FRF	信号源1的第一个上升沿和信号源2的第一个下降沿之间的时间
FFR	信号源1的第一个下降沿和信号源2的第一个上升沿之间的时间
FFF	信号源1和信号源2的第一个下降沿之间的时间
LRR	信号源1的第一个上升沿和信号源2的最后一个上升沿之间的时间
LRF	信号源1的第一个上升沿和信号源2的最后一个下降沿之间的时间
LFR	信号源1的第一个下降沿和信号源2的最后一个上升沿之间的时间
LFF	信号源1的第一个下降沿和信号源2的最后一个下降沿之间的时间

12. 存储系统

存储系统位置如图 1-9 所示，"Save/Recall" 为存储系统的功能按钮。GDS－1102B 可以存储 4 组参考波形、20 组设置、20 组波形到示波器内部存储器中。示波器前面板提供 USB 接口，可以将配置数据、波形数据、LCD 显示的界面位图及 CSV 文件一次最大限度地存储到 U 盘中。配置数据、波形数据文件扩展名分别为 . DAV、. SET。其中配置数据、波形数据可以重新调回到当前示波器和其他同型号示波器。图片数据不能在示波器中重新调回，但图片为通用 BMP 图片文档，可以通过计算机相关软件打开，CSV 文件可在计算机上通过 Excel 软件打开。这里仅以波形存储到文件为例，表 1-18 为波形存储到文件功能菜单。

表 1-18　波形存储到文件功能菜单

选　　项	设　　置	说　　明
类型	波形存储	用于存储/调出示波器波形的菜单
储存到	文件	把波形 . CSV 文件存储到 U 盘中
位置	No. 00001 ~ No. 99999	指定波形的存储位置
储存	—	完成存储操作
调出	—	把存储在 U 盘中的波形数据调出

存储波形到 U 盘中，操作步骤如下：

1）向通道 1 输入一正弦信号，按"AUTO"按钮。

2）按"Save/Recall"按钮，进入"存储/调出"显示菜单。

3）按"类型"选项按钮，选择"波形存储"。

4）把 U 盘插入（此时提示"USB 存储设备连接成功"）并等待示波器对 U 盘初始化完成（初始化时间约 10s 左右）。

5）按"储存到"选项按钮，选择"文件"。

6）按"储存"按钮，进入存储调出界面。

7）进行相应操作如新建目录、删除目录，可更改存储波形的文件及文件夹名。

8）修改完文件名后按"确定"按钮，（约 5s，屏幕提示"存储数据成功"），此时波形数据存储到 U 盘。

13. 辅助系统

辅助系统位置如图 1-9 所示，"Utility" 为辅助系统功能按钮。常用的辅助系统功能菜单如表 1-19 所示。

表 1-19　常用的辅助系统功能菜单

选　　项	设　　置	说　　明
系统信息	—	显示示波器总体设置情况
清除内存	Erase Memory	可删除所有内存波形、设置文件和标记
探棒补偿频率	Frequency	改变探棒补偿信号的频率
菜单语言	简体中文、English…	选择界面语言
二维码读取功能	QR Code	显示预设的二维码

14. 在线帮助功能

GDS－1102B 数字示波器具有在线帮助功能，提供多种语言帮助信息，在使用过程中可根据需要随时调出帮助信息以助于你的操作。"Help"按钮为进入帮助状态的功能按钮，按此按钮便可进入帮助状态，再按各选项按钮便可调出相应的帮助信息。注意：由于"Single"按钮和"Run/Stop"按钮在帮助状态中具有翻页功能（帮助信息内容超过一页时按"Single"按钮可查看下一页信息，按"Run/Stop"按钮可查看上一页帮助信息），如要查看这两个键的帮助信息需在首次进入帮助状态时查看。每个主菜单中的子菜单都有其相应的帮助信息，注意：如要查看子菜单中下一页选项的帮助信息，需先按"Help"按钮退出帮助状态然后切换到下一页菜单，再按"Help"按钮进入帮助状态后按选项按钮查看相应的帮助信息。

四、故障处理

1. 如果按下电源开关示波器仍然黑屏，没有任何显示，请按下列步骤处理

1）检查电源接头是否接好。

2）检查电源开关是否按实。

3）做完上述检查后，重新启动仪器。

4）如果仍然无法正常使用，请与厂家联系。

2. 采集信号后，画面中并未出现信号的波形，请按下列步骤处理

1）检查探头是否正确接在信号连接线上。

2）检查信号连接线是否正确接在 BNC 上。

3）检查探头是否与待测物正确连接。

4）检查待测物是否有信号产生。

5）再重新采集信号一次。

3. 测量的电压幅度值比实际值大 10 倍或小到原来的 1/10

检查通道衰减系数是否与实际使用的探头衰减比例相符。

4. 有波形显示，但不能稳定下来

1）检查触发面板的信源选择项是否与实际使用的信号通道相符。

2）检查触发类型。一般的信号应使用"边沿触发"方式，视频信号应使用"视频触发"方式。只有应用适合的触发方式，波形才能稳定显示。

3）尝试改变"耦合"为"高频抑制"和"低频抑制"显示，以滤除干扰触发的高频或低频噪声。

5. 按下"Run/Stop"按钮无任何显示

检查触发面板的触发方式是否在"正常"或"单次"挡，且触发电平是否超出波形使用电平范围。如果是，将触发电平居中，或者设置触发方式为"自动"挡。另外，按"Autoset"按钮可自动完成以上设置。

6. 选择打开平均采样方式或设置较长余辉时间后，显示速度变慢

正常。

7. 波形显示呈阶梯状

1）此现象正常。可能水平时基挡位过低，增大水平时基以提高水平分辨率，可以改善显示。

2）可能显示类型为"矢量"，采样间的连线可能造成波形阶梯状显示。将显示类型设置为"点"显示方式，即可解决。

第二节　AFG-2225 任意波形信号发生器

一、AFG-2225 任意波形信号发生器简介

AFG-2225 任意波形信号发生器带宽 25MHz，为 DDS 信号发生器系列；3.5in⊖ 彩色 TFT LCD（320×240 像素）屏幕；全范围 1μHz 高频率分辨率；20ppm⊖ 频率稳定度；任意波形能力如正弦波、方波、斜波、脉冲波、噪声波标准波形；带内部和外部触发的脉冲串功能，无标记输出；易用的人机交互界面，中英文交互菜单；易用的旋钮和数字小键盘，操作方便快捷。

二、仪器前面板

AFG-2225 数字合成信号发生器前面板如图 1-10 所示。

三、功能介绍及操作

1. 设置波形

AFG-2225 可以输出 5 种标准波形：正弦波、方波、脉冲波、斜波和噪声波。

1）连接电源。接上电源，并打开电源按钮，自检通过后，信号源将输出频率为 1kHz，电压为 3Vpp 的正弦信号。

2）自动显示索引菜单。仪器初始化后，进入索引菜单，如图 1-11 所示，后面将会介绍各个按钮的功能及含义。

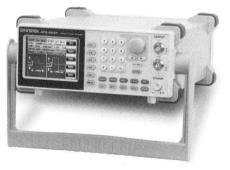

图 1-10　AFG-2225 数字合成信号发生器前面板

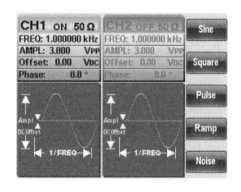

图 1-11　索引菜单显示图

3）进入"波形"主功能。通过按下主功能键"Waveform"，可进入"波形"主功能模式（出厂默认设置）。这时，面板 F1～F5 功能键对应显示器的 Sine、Square、Pulse、Ramp、Noise 按钮，可分别输出正弦波、方波、脉冲波、斜波和噪声波，按下相应的功能键进入相应的功能设定。选择波形完成后，信号源对所选择的波形立即生效，不需要其他的确认操作。

⊖　1in = 0.0254m。

⊖　ppm = 10⁻⁶。

提示：根据输出波形功能不同，屏幕显示可能随时变化。例如，波形为"正弦波"时，输出频率、幅度、偏置、相位，当选择为"噪声波"输出时，屏幕显示为幅度、偏置、相位。

2. 设置输出频率

选定好输出波形后，可以按下"FREQ/Rate"按钮，进入频率设定。屏幕显示如图 1-12 所示。

1）当前位置光标，可以在整个数字区域移动。

2）当前频率显示。

3）使用方向键和可调旋钮或数字键盘输入频率。

图 1-12 频率调节显示界面图（一）

4）按 F1 ~ F5 选择频率单位，其中：

正弦波 $1\mu Hz \sim 25MHz$。

方波 $1\mu Hz \sim 25MHz$。

脉冲波 $500\mu Hz \sim 25MHz$。

斜波 $1\mu Hz \sim 1MHz$。

对正弦波设置频率如图 1-13 所示。

不管通过哪种方式设定频率，信号发生器都会在设定结束后立即生效，除非超范围。

3. 设置输出幅度

选定好输出函数及频率后，按下"AMPL"按钮，即进入幅度设定状态。屏幕显示如图 1- 14 所示。

1）当前位置光标，可以在整个数字区域移动。

2）当前幅度显示。

3）使用方向键和可调旋钮或数字键盘输入幅度。

4）按 F1 ~ F5 选择幅度单位，其中：

50Ω 负载 $1mVpp \sim 10Vpp$。

高阻抗 $2mVpp \sim 20Vpp$。

单位 Vpp、Vrms、dBm。

对正弦波设置幅度如图 1-15 所示。

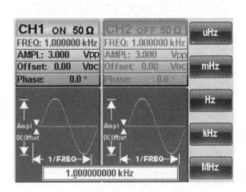

图 1-13 频率调节显示界面图（二）

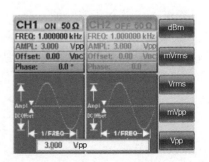

图 1-15 显示信号幅度的界面图（二）

图 1-14 显示信号幅度的界面图（一）

不管通过哪种方式设定幅度，信号发生器都会在设定结束后立即生效，除非超范围。

4. 设置输出偏置

偏置量的设置方法与幅值的设定基本相同，这里不再说明。

5. 数字输入说明

为了方便使用，AFG－2225 有三类主要的数字输入：数字键盘、方向键和可调旋钮。

1）功能键选择菜单项。按（F1～F5）对应功能键选择菜单项，例如，功能键 F1 对应"Sine"按钮，如图 1-16 所示。

2）方向键。使用方向键将光标移至需要编辑数值的位置，如图 1-17 所示。

3）可调旋钮。使用可调旋钮编辑数值。顺时针增大，逆时针减小，如图 1-18 所示。

图 1-16　功能键
选择菜单项

图 1-17　光标选择菜单项 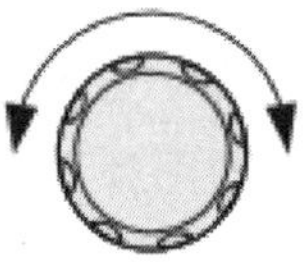　　　　　　图 1-18　可调旋钮

4）数字键盘。数字键盘用于设置高光处的参数值，如图 1-19 所示。

四、其他功能

1. 存储和调取

AFG－2225 的非易失性存储器有 10 个内存文件 0～9，可以保存仪器状态、波形数据（ARB）和设置。若内存文件中存有数据（ARB 或设置数据），则数据以红色字体显示；若没有数据则呈现蓝色。

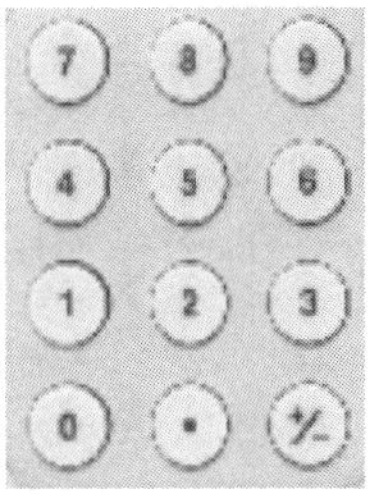

1）按 UTIL 按钮打开辅助系统功能设置开关。

2）按 F1 键（Memory）选择文件存储功能。

图 1-19　数字键盘

3）使用可调旋钮选择一个内存文件。

4）选择文件操作：按 F1 键存储文件、F2 键调取文件、F3 键删除文件。

5）使用可调旋钮选择一个数据类型：ARB 设置 或 ARB＋设置。

6）按 F5 键（Done）确认。

7）按 F4 键删除 Memory 0 ～Memory 9 所有文件。

8）按 F1 键（Done）确认删除。

2. 设置蜂鸣器声音

开启或关闭蜂鸣器。

1）按 UTIL 按钮打开辅助系统功能设置开关。

2）按 F3 键（System）选择系统设置功能。

3）按 F3 键（Beep）开启或关闭蜂鸣器。

4）按 F1 键（ON）或 F2 键（OFF）。

五、主要技术参数

1. 波形

正弦波、方波、斜波、脉冲波、噪声波、任意波。

2. 频率特性

正弦波/方波：$1\mu Hz \sim 25MHz$。

斜波：$1\mu Hz \sim 1MHz$。

分辨率：$1\mu Hz$。

3. 上升/下降时间

最大输出时，$\leq 25ns$（接50Ω负载）。

4. 可调占空比

$1\% \sim 99.9\%$ 时，$\leq 100kHz$；$10\% \sim 90\%$ 时，$\leq 1MHz$；50% 时，$\leq 25MHz$。

5. 幅度特性

$2mVpp \sim 20Vpp$（高阻抗）或 $1mVpp \sim 10Vpp$（接50Ω负载）。

6. 波形输出

输出阻抗：50Ω（典型值，固定）；$>10M\Omega$（输出关闭）。

保护：短路保护；过载继电器自动禁止输出。

第三节　电子技术综合实验箱

一、EL-DZZH-F2 型电子技术综合实验箱

EL-DZZH-F2 型电子技术综合实验箱分为模拟电子技术实验箱和数字电子技术实验箱两个部分，共用一个电源开关；提供正负5V、12V 的直流电源，可提供正负0~30V 可调电源。整体面板如图1-20 所示。

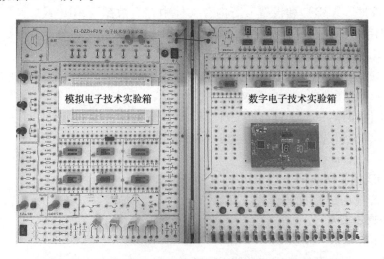

图1-20　EL-DZZH-F2 型电子技术综合实验箱整体面板

图1-20 中左半箱是模拟电子技术实验箱，提供接口，可插拔连接端子线，包括：不同阻值的定值电阻、可变电阻，不同参数的电容，二极管，稳压管，晶体管，场效应晶体管等

电子元器件，还包括：变压器、蜂鸣器、直流信号源与各类接线座以满足模拟电子技术实验中分立元件电路或集成电路实验要求。以上模拟电子技术实验箱可以适用第四章的所有实验，由于篇幅有限，本书重点以数字电子技术实验箱介绍实验箱结构与功能。

二、数字电子技术实验箱

1. 面板结构

数字电子技术实验箱与模拟电子技术实验箱共用一个电源，面板由集成芯片区和输入、输出操作区组成，面板结构如图 1-21 所示。

2. 主要功能说明

1）数码显示区域包括 5 个带译码输入的共阴数码管和 1 个不带译码输入的共阴数码管。

2）LED 指示灯包括 20 个红、黄、绿三种颜色的电平指示灯。

3）中小规模集成电路包括 4 个 16 引脚的中小规模集成电路插座。

4）超大规模集成电路包括两个 CPLD 超大规模集成电路。

5）电源包括 4 个 5V 电源接线座，4 个接地座。

6）6 个单次脉冲。

7）3 路 1Hz 连续脉冲。

8）自锁开关数字输入包括 18 个自锁数据开关。

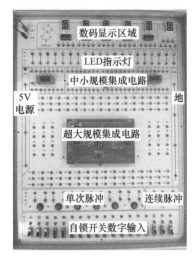

图 1-21　数字电子技术
实验箱面板结构图

三、CPLD 超大规模集成电路核心板

CPLD 超大规模集成电路核心板共有五种数字电路资源模式：模式 0 ~ 模式 4，根据第五章实验内容，利用模式选择按钮，选择一种模式工作。各种数字电路资源是利用 CPLD 芯片产生的，其 I/O 口分配如图 1-22 所示。使用时，必须按模式中"I/O 口端子标号"接入，切忌接错。模式选择是通过按下 CPLD 超大规模集成电路核心板上按钮，同时数码管上显示所选模式。

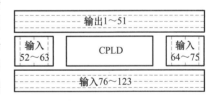

图 1-22　I/O 接线端子位置图

模式 0 时，集成芯片区 I/O 口端子标号如图 1-23 所示。
模式 1 时，集成芯片区 I/O 口端子标号如图 1-24 所示。
模式 2 时，集成芯片区 I/O 口端子标号如图 1-25 所示。
模式 3 时，集成芯片区 I/O 口端子标号如图 1-26 所示。
模式 4 时，集成芯片区 I/O 口端子标号如图 1-27 所示。

四、注意事项

1）本电源设有完善保护功能，但是开路时电源仍有功率损耗并有空置接线座，为了减少不必要的机器老化和能源消耗，同时保证分立元件与集成芯片安全，所以接线或改线路时应断电，检查电路无误后，再通电实验。

2）使用完毕后，关闭电源开关，并保持清洁，若长期不使用应将电源插头拔下。

名称/数量	I/O口端子标号	名称/数量	I/O口端子标号
二输入与非门 4个	52/53—1　58/59—3 55/56—2　61/62—4	二输入与门 4个	64/65—9　70/71—11 67/68—10　73/74—12
四输入或门 2个	116/117/118/119—32　120/121/122/106—33	非门 6个	92—35　95—38 93—36　96—39 94—37　97—40
异或门 1个	82/83—7	四输入与非门 2个	66/69/72/75—16　100/101/102/103—17
二输入或非门 2个	54/57—5 60/63—6	三态门 3个	108/109—18　110/111—19 112/113—20
二输入或门 3个	78/79—23 80/81—24 76/77—22	四输入与门 2个	84/85/86/87—14　88/89/90/91—15

图 1-23　集成芯片区 I/O 口端子标号（模式 0）

名称/数量	I/O口端子标号	名称/数量	I/O口端子标号
二输入与非门 4个	84/85—13　88/89—15 86/87—14　90/91—16	四输入与非门 4个	64/67/70/73—9　66/69/72/75—11 65/68/71/74—10　108/109/110/111—3
3线–8线译码器 74LS138 1片	42 41 40 39 38 37 36 35 Y7 Y6 Y5 Y4 Y3 Y2 Y1 Y0 74LS138 A2 A1 A0 S1 S2 S3 95 96 97 94 93 92	非门 6个	76—18　79—21 77—19　80—22 78—20　81—23
双四选一数据选择器 74LS153 1片	2　1 Y2　Y1 52 A1　S2—59 53 A0　74LS153　S1—54 D23 D22 D21 D20 D13 D12 D11 D10 63 62 61 60 58 57 56 55	八选一数据选择器 74LS151 1片	32　33 Y　W 101 A2 102 A1　74LS151 103 A0　S—100 D7 D6 D5 D4 D3 D2 D1 D0 106 122 121 120 119 118 117 116

图 1-24　集成芯片区 I/O 口端子标号（模式 1）

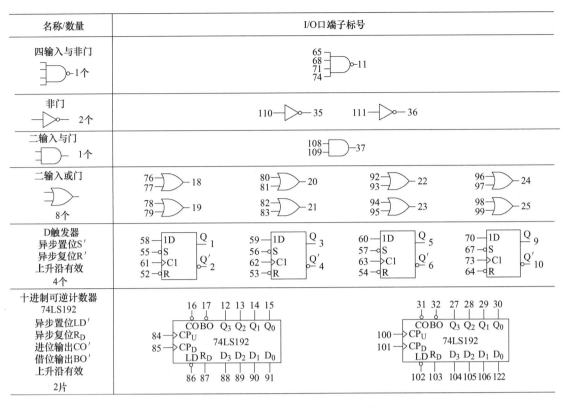

图 1-25　集成芯片区 I/O 口端子标号（模式 2）

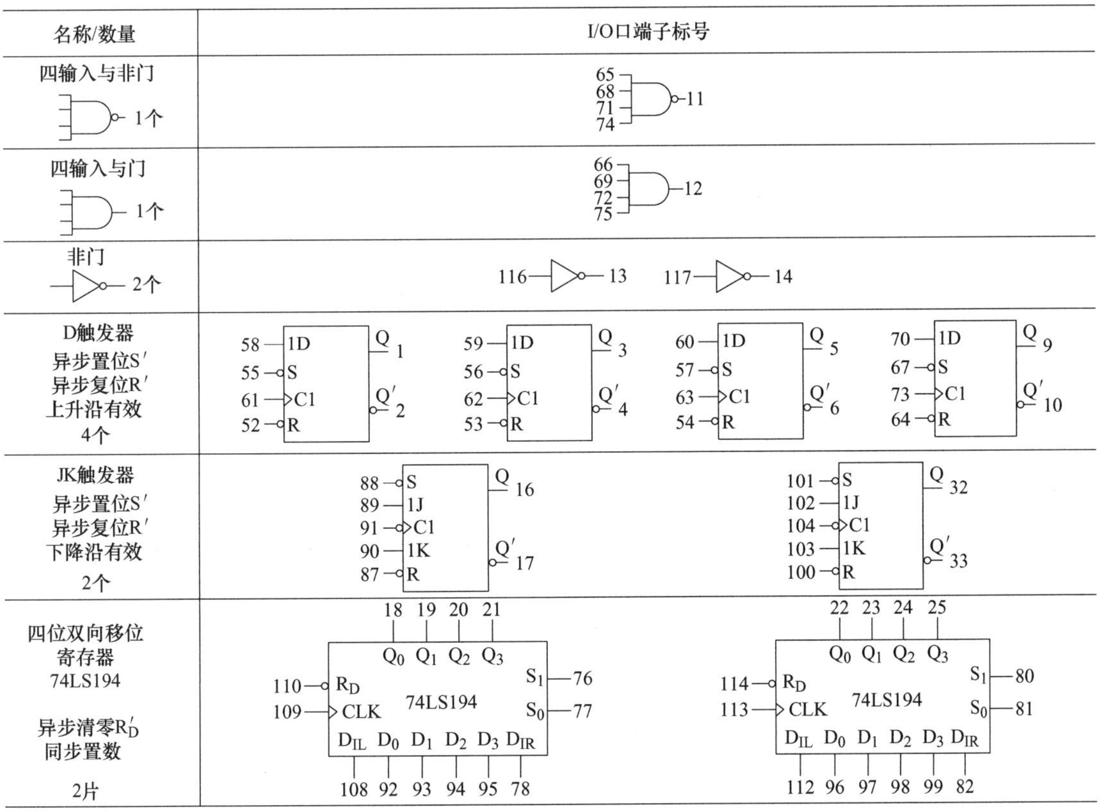

图 1-26　集成芯片区 I/O 口端子标号（模式 3）

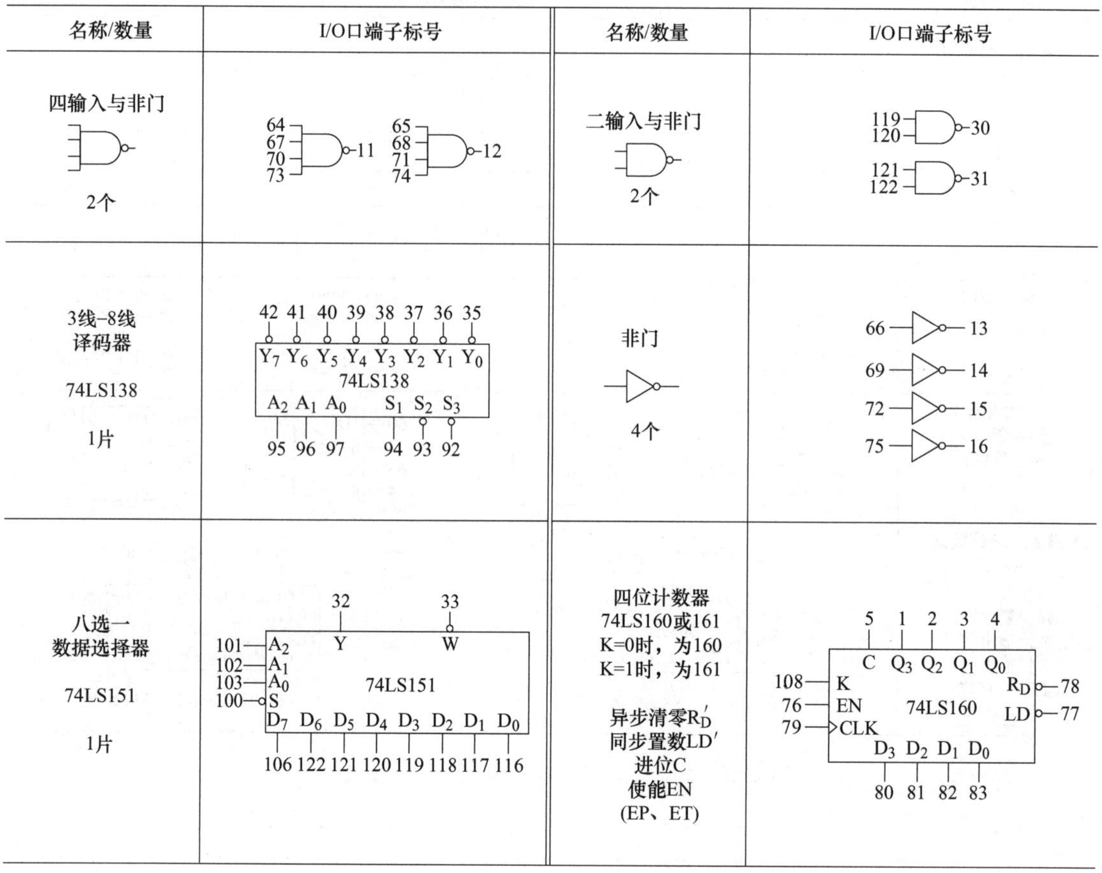

名称/数量	I/O口端子标号	名称/数量	I/O口端子标号
四输入与非门 2个	64 67 70 73 —11 65 68 71 74 —12	二输入与非门 2个	119 120 —30 121 122 —31
3线-8线译码器 74LS138 1片	42 41 40 39 38 37 36 35 Y₇ Y₆ Y₅ Y₄ Y₃ Y₂ Y₁ Y₀ 74LS138 A₂ A₁ A₀ S₁ S₂ S₃ 95 96 97 94 93 92	非门 4个	66 —13 69 —14 72 —15 75 —16
八选一数据选择器 74LS151 1片	32 33 Y W 101—A₂ 102—A₁ 103—A₀ 74LS151 100—S D₇ D₆ D₅ D₄ D₃ D₂ D₁ D₀ 106 122 121 120 119 118 117 116	四位计数器 74LS160或161 K=0时,为160 K=1时,为161 异步清零R'_D 同步置数LD' 进位C 使能EN (EP、ET)	5 1 2 3 4 C Q₃ Q₂ Q₁ Q₀ 108—K R_D —78 76—EN 74LS160 LD —77 79—CLK D₃ D₂ D₁ D₀ 80 81 82 83

图 1-27 集成芯片区 I/O 口端子标号（模式 4）

第四节　FPGA 高阶实验系统

一、FPGA 高阶实验系统简介

FPGA 高阶实验系统是数字电子技术基础实验系统的高阶版本，主要用于数字电子技术实验的 EDA 实验部分。高阶实验系统采用的 FPGA 型号为 Intel 公司的 EP4CE10F17C8，配套必要的配置芯片和外部扩展存储器。高阶实验系统可用资源包括环形三色彩灯、数码管、交通灯控制电路、光电对管及其信号比较电路、A/D 转换器、直流风扇（带驱动）、蜂鸣器、8×8 双色 LED 矩阵、自锁按键、3×4 矩阵键盘等。实验系统实物如图 1-28 所示。

二、FPGA 高阶实验系统可用资源引脚分配

FPGA 高阶实验系统可用资源包括系统时钟、直流风扇、蜂鸣器、光电对管、自锁按键、A/D 转换器、LED 指示灯、数码管、LED 矩阵、矩阵键盘等。所有资源都与 FPGA 芯片建立物理连接关系，并接收 FPGA 输入输出信号的控制。可用资源在 FPGA 芯片上的引脚分配如表 1-20 所示。

图 1-28 FPGA 高阶实验系统实物图

表 1-20 FPGA 高阶实验系统可用资源引脚分配表

资源名称	信号名称	FPGA 引脚	备注
系统时钟	CLK50M	E1	外部晶振
直流风扇	Fs	D3	
蜂鸣器	LS1	E5	
	LS2	F3	
光电对管	U10	G11	光电输入
自锁按键	K1	K5	手动电平输入
	K2	K6	
	K3	L3	
	K4	L4	
	K5	L6	
	K6	N3	
	K7	L7	
	K8	A3	
	K9	B3	
	K10	A2	
	K11	B1	
	K12	C2	
A/D 转换器	D7	F11	8bit A/D 转换输入
	D6	F14	
	D5	F13	
	D4	F10	
	D3	D14	
	D2	B11	
	D1	C3	
	D0	D4	

（续）

资源名称	信号名称	FPGA 引脚	备注
LED 指示灯	D3	J14	LED 指示灯输出 高电平有效
	D4	K11	
	D5	J12	
	D6	J11	
	D7	K10	
	D8	L10	
	D9	K9	
	D10	C15	
	D11	B16	
	D12	A15	
	D13	B14	
	D14	A14	
	D15	B13	
	D16	M12	
	D17	L12	
	D18	L14	
	D19	L13	
	D20	K12	
	D21	T7	
	D22	R7	
	D23	T6	
	D24	R6	
	D25	T5	
	D26	L8	
数码管	a	G16	DS1 低电平有效
	b	J13	
	c	G15	
	d	D16	
	e	C16	
	f	F15	
	g	D15	
	DP	GND	
	a	L15	DS2 低电平有效
	b	N16	
	c	L16	
	d	K16	
	e	J16	
	f	K15	
	g	J15	
	DP	GND	
	a	R14	DS3∥DS7 低电平有效
	b	N14	
	c	T15	
	d	P15	

（续）

资源名称	信号名称	FPGA 引脚	备注
数码管	e	N15	DS3∥DS7 低电平有效
	f	R16	
	g	P16	
	DP	T14	
	a	P11	DS4/DS8 低电平有效
	b	M10	
	c	N11	
	d	L11	
	e	N13	
	f	N12	
	g	P14	
	DP	M11	
	a	R12	DS5/DS9 低电平有效
	b	R11	
	c	T13	
	d	L9	
	e	N9	
	f	R13	
	g	M9	
	DP	T12	
	a	P9	DS6/DS10 低电平有效
	b	R8	
	c	T9	
	d	T10	
	e	T11	
	f	R9	
	g	R10	
	DP	T8	
LED 矩阵	1	T3	8×8 双色 LED 矩阵
	2	R3	
	3	T2	
	4	R1	
	5	P2	
	6	P1	
	7	N2	
	8	N1	
	9	L2	
	10	L1	
	11	K2	
	12	K1	
	13	R4	
	14	T4	
	15	R5	
	16	P3	

（续）

资源名称	信号名称	FPGA 引脚	备注
LED 矩阵	17	N5	8×8 双色 LED 矩阵
	18	M6	
	19	N6	
	20	P6	
	21	M7	
	22	N8	
	23	P8	
	24	M8	
矩阵键盘	左1	D1	3×4 矩阵键盘
	左2	F2	
	左3	G2	
	左4	F1	
	左5	G1	
	左6	J1	
	左7	J2	

第五节　数字万用表

一、UT39A 数字万用表简介

UT39A 是 $3\frac{1}{2}$ 位手持式数字万用表，功能齐全、性能稳定、安全可靠。整机电路设计以大规模集成电路、双积分 A/D 转换器为核心，并配以全功能过载保护，可用于测量交直流电压和电流、电阻、电容、温度、频率、二极管正向压降及电路通断，具有数据保持和睡眠功能。

该仪表配有保护套，使其具有足够的绝缘性能和抗振性能。

二、UT39A 面板结构及标识

1. 面板结构

UT39A 数字万用表面板结构图如图 1-29 所示。

2. 安全标识

安全标识见表 1-21 所示。

表 1-21　万用表安全标识

🔋机内电池电量不足	⏚接地	⚠警告提示
∿ AC（交流）	⋯DC（直流）	熔丝
▣双重绝缘	•))蜂鸣通断	▸⊢二极管
∾ AC 或 DC		

图 1-29 UT39A 数字万用表面板结构图

1—LCD 显示屏 2—电源开关 3—电阻量程 4—二极管、蜂鸣器通断测量 5—电容量程 6—直流电流量程
7—电流测量输入端 8—电压、电阻、二极管测量输入端 9—公共输入端 10—交流电流量程
11—晶体管测量输入端 12—直流电压量程 13—功能选择旋钮 14—交流电压量程 15—数据保持按键

3. 综合指标

- 电压输入端子和地之间的最高电压：1000V。
- mA 端子的熔丝：$\phi 5 \times 20 - F\ 0.315A/250V$。
- 10A 或 20A 端子：无熔丝。
- 量程选择：手动。
- 最大显示：1999，每秒更新 2~3 次。
- 极性显示：负极性输入显示 " – " 符号。
- 过量程显示："1"。
- 数据保持功能：LCD 左上角显示。
- 电池电量不足：LCD 显示🔋符号。

4. 按钮功能及自动关机

1）电源按钮：POWER 按钮。

2）仪表工作 15 分钟左右，电源将自动切断，仪表进入休眠状态，此时仪表约消耗 $10\mu A$ 的电流。当仪表自动关机后，若要重新开启，需重复按动电源开关两次。

3）数据保持显示：按下 HOLD 按钮，屏幕保持显示当前测量值，再次按下，则退出数据保持显示功能。

5. 屏幕显示提示符号

屏幕显示提示符见表 1-22 所示。

表 1-22 屏幕显示提示符

H	数据保持提示符	►⊢	二极管测量提示符
▬	显示负的读数提示符	•)))	电路通断测量提示符
🔋	电池欠电压提示符	⚡	高压提示符
hFE	晶体管放大倍数提示符		

三、测量操作说明

1. 直流电压测量

1）将红表笔插入 VΩ 插孔，黑表笔插入 COM 插孔。

2）将功能开关置于直流电压量程挡 V ▪▪▪，并将测试表笔并联到待测电源或负载上。

3）从显示器上读取测量结果。

注意：

● 不知被测电压范围时，请将功能开关置于最大量程，根据读数需要逐步调低量程挡。

● 当 LCD 只在最高位显示"1"时，说明已超量程，须调高量程。

● 不要输入高于 1000V 或 750Vrms 的电压，虽然可测量，但有损坏仪表的危险。

● 测量高电压时，要格外注意，以避免触电。

● 仪表的输入阻抗为 10MΩ，这种负载效应在测量高阻电路时会引起测量误差，如果被测电路阻抗≤10kΩ，误差可以忽略（0.1% 或更低）。

2. 交流电压测量

将功能开关置于交流电压量程挡 V ∼，其他操作及注意事项类似直流电压测量。

3. 直流电流测量

1）将红表笔插入 mA、10A/20A 插孔（当测量 200mA 以下的电流时，插入 mA 插孔；当测量 200mA 及以上的电流时，插入 10A/20A 插孔），黑表笔插入 COM 插孔。

2）将功能开关置于直流电流量程挡 A ▪▪▪，将测试表笔串联接入到待测回路里。

3）从显示器上读取测量结果。

注意：

● 当开路电压与地之间的电压超过安全电压 DC 60V 或 30Vrms 时，请勿尝试进行电流的测量，以避免仪表或被测设备的损坏以及伤害身体。因为这类电压会有电击的危险。

● 在测量前一定要切断被测电源，认真检查输入端子及量程开关位置是否正确，确认无误后，才可通电测量。

● 不知被测电流值的范围时，应将量程开关置于高量程挡，根据读数需要逐步调低量程。

● 若输入过载，内装熔丝会熔断，须予更换。

● 大电流测试时，为了安全使用仪表，每次测量时间应小于 10s，测量的间隔时间应大于 15min。

4. 交流电流测量

将功能开关置于交流电流量程挡 A ∼，其他操作及注意事项类似交流电流测量。

5. 电阻测量

1）将红表笔插入 VΩ 插孔，黑表笔插入 COM 插孔。

2）将功能开关置于 Ω 量程，将测试表笔并联接到待测电阻上。

3）从显示器上读取测量结果。

注意：

● 测在线电阻时，为了避免仪表受损并保证测量的准确，须确认被测电路已关掉电源，并断开回路，方能进行测量。

● 在 200Ω 挡测量电阻时，表笔引线会带来 0.1 ~ 0.3Ω 的测量误差，为了获得精确读数，可以将读数减去红、黑两表笔短路读数值，为最终读数。

- 当无输入时，例如开路情况，仪表显示为"1"。
- 在被测电阻值大于 1MΩ 时，仪表需要数秒后方能读数稳定，属于正常现象。

6. 电容测量

1）将功能开关置于电容量程挡。

2）将待测电容插入电容测试输入端。

3）从显示器上读取读数。

注意：

- 如果被测电容器短路或其电容值超过量程时，LCD 上将显示"1"。
- 所有的电容器在测试前必须充分放电。
- 当测量在线电容器时，必须先将被测线路内的所有电源关断，并将所有电容器充分放电。
- 如果被测电容为极性电容，测量时应按面板输入插座上方的提示符将被测电容器的引脚正确地与仪表连接。
- 测量电容时应尽可能使用短连接线，以减少分布电容带来的测量误差。
- 每次转换量程时，归零需要一定的时间，这个过程中的读数漂移不会影响最终测量精度。

7. 二极管和蜂鸣器通断测量

1）将红表笔插入 VΩ 插孔，黑色表笔插入 COM 插孔。

2）将功能开关置于二极管和蜂鸣器通断测量挡位。

3）如将红表笔连接到待测二极管的正极，黑表笔连接到待测二极管的负极，则 LCD 上的读数为二极管正向压降的近似值。

4）如将表笔连接到待测线路的两端，若被测线路两端之间的电阻大于 70Ω，为电路断路；被测线路两端之间的电阻 ≤10Ω，为电路良好导通，蜂鸣器连续声响；如被测两端之间的电阻在 10~70Ω 之间，蜂鸣器可能响，也可能不响。同时 LCD 显示被测线路两端的电阻值。

注意：

- 如果被测二极管开路或极性接反，即黑表笔连接的电极为"＋"，红表笔连接的电极为"－"时，LCD 将显示"1"。
- 用二极管挡可以测量二极管及其他半导体器件 PN 结的电压降，对一个结构正常的硅半导体，正向压降的读数应该在 0.5~0.8V 之间。
- 为了避免损坏仪表，在线测试二极管前，应先确认电路电源已被切断。

8. 晶体管参数测量（hFE）

1）将功能量程开关置于 hFE。

2）确定待测晶体管是 PNP 型还是 NPN 型，正确将基极 B、发射极 E、集电极 C 对应插入四脚测试座，显示器上即显示出被测晶体管的 hFE 近似值。

四、注意事项

1）应将仪表置于正确的挡位进行测量，严禁在测量进行中转换挡位，以防损坏仪表。

2）不允许使用电流测试端子或在电流挡测试电压。

3）被测信号不允许超过规定的极限值，以防电击和损坏仪表。

4）当 LCD 上显示 🔋 符号时，应及时更换电池，以确保测量精度。

第二章

常用电子元器件基础知识

电子元器件种类繁多，性能、参数、形状、用途各不相同。特别是微电子技术的飞速发展，新技术、新工艺、新材料的不断出现，使电子元器件朝着超小型、高精度、高集成度、高稳定性方向发展，新型电子元器件层出不穷。电阻器、可变电阻、电容器、电感器、二极管、晶体管是电子电路中应用最多的元器件，下面对常用的电子元器件加以简单介绍。

第一节　电　阻　器

一、电阻器的符号及参数标注

电阻器的种类很多，可分为固定和可变两类。按结构可分为合成电阻器、薄膜电阻器、线绕电阻器和电阻网络等几种。按制作的材料不同，可分为（实心）电阻器、碳膜电阻器（RT）、金属膜电阻器（RJ）、线绕电阻器（RX）等。碳膜电阻器具有较好的稳定性，而且适用于高频场合；金属膜电阻器各方面的性能均优于碳膜电阻器，其缺点是售价较高；线绕电阻器最大优点是阻值精确，功率范围大，但它不适用于高频场合。

1. 电阻器的符号

国家标准规定电阻器图形符号及文字符号如图 2-1 所示。固定电阻器用字母 R 表示，可变电阻用 RP 表示，敏感电阻器用 R 加英文字母下标来表示，如热敏电阻器用 RT 或 R_t 来表示。

图 2-1　电阻器图形符号及文字符号

a）固定电阻器　b）敏感电阻器　c）微调电阻器　d）可变电阻

2. 电阻器的参数

电阻器的主要参数有标称阻值、允许误差、标称功率、最大工作电压、温度系数和噪声。

（1）标称阻值和允许误差

电阻器表面标注的电阻阻值叫作标称阻值。电阻器实际阻值对于标称阻值允许最大误差的范围称为允许误差，也称容许误差、精度。国家规定普通电阻器的允许误差分为 ±5%、±10%、±20% 三个等级。标称阻值系列及允许误差如表 2-1 所示。它也适用于可变电阻和电容器。

（2）标称功率

电阻体通过电流，就要发热升温，温度太高就要烧毁。根据电阻器制造材料的耐热情况和使用环境，对电阻器的功率损耗提出一定的限制，即称为电阻器的标称功率。不同类型电阻器的标称功率系列如表 2-2 所示。在电路原理图中，电阻器的功率必须标注出来，如果在电阻器符号上没有瓦数标志，就表示对功率没有要求，一般为 0.125 ～ 0.25W 的电阻器。

表 2-1 标称阻值系列及允许误差

误　　差	系列代号	标称阻值	备　　注
±20%	E6	1.0　1.5　2.2　3.3　4.7　6.8	较少用
±10%	E12	1.0　1.2　1.5　1.8　2.2　2.7 2.0　3.3　3.9　5.6　6.8　8.2	常用
±5%	E24	1.0　1.1　1.2　1.3　1.5　1.6　1.8　2.0 2.2　2.4　2.7　3.0　3.3　3.6　3.9　4.3 4.7　5.1　5.6　6.2　6.8　7.5　8.2　9.1	最常用

表 2-2 电阻器标称功率系列

线绕电阻器标称功率系列	非线绕电阻器标称功率系列
0.05　0.125　0.25　1　2　4　8　12　16　25　40 75　100　250　500	0.05　0.125　0.25　1　2　5　10　25　50　100

3. 电阻器阻值标注方法

国家标准规定电阻器阻值标注方法有三种：直接标注法、文字符号标注法和色环标注法。

（1）直接标注法

直接标注法是在电阻器表面用数字、单位符号和百分数直接标出电阻器的阻值和允许误差。表示方法如图 2-2 所示。

（2）文字符号标注法

文字符号标注法是用数字、单位符号和百分数直接标出电阻器的阻值和允许误差。表示方法如图 2-3 所示。

（3）色环标注法

色环标注法是用颜色环表示电阻器的阻值和允许误差，不同颜色代表不同的数值。色环标注的电阻器，颜色醒目、标志清晰、不易褪色，从每个方向都能看清电阻器的阻值和允许误差，给安装、调试和维修带来极大方便，已被广泛采用。普通电阻采用四色环表示法，精密电阻器采用五色环表示法，如图 2-4 所示。

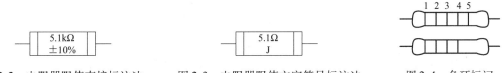

图 2-2 电阻器阻值直接标注法　　　图 2-3 电阻器阻值文字符号标注法　　　图 2-4 色环标记

色环的两种表示方法分别是五个色环的前三位为有效数字，第四位表示倍率，第五位表示误差；四色环的前二位为有效数字，第三位表示倍率，第四位表示误差。有效数字后面的倍率为 10^n。色环的表示方法如表 2-3 所示。

例如，四色环电阻器的四种颜色分别是棕、黑、红、银，则二位有效数字分别是 1、0，

倍率为 10^2，误差为 ±10%，所以阻值为 $10 \times 10^2 \Omega = 1000\Omega = 1k\Omega$；又如五色环电阻器的五种颜色分别是蓝、灰、黑、橙、棕，则三位有效数字分别为 6、8、0，倍率为 10^3，误差为 ±1%，所以阻值为 $680 \times 10^3 \Omega = 680k\Omega$。

表 2-3　色环的表示方法

数值	颜色													
	黑	棕	红	橙	黄	绿	蓝	紫	灰	白	金	银	本色
代表数值	0	1	2	3	4	5	6	7	8	9			
允许误差	F(±1%)	F(±1%)				F(±1%)	F(±1%)	F(±1%)			F(±1%)	F(±1%)	F(±1%)

二、可变电阻

可变电阻是一种具有两个固定端和一个滑动端的电子元器件，电阻值连续可调，其种类、形式很多，常见的有旋转式、推拉式、直滑式、带开关式和多圈式可变电阻。

可变电阻的基本结构及图形符号如图 2-5 所示，有三个引出端，中间 B 是滑动端，外侧两个端子 A、C 是固定端。可变电阻的标称值、误差、功率与固定电阻器相同，它的参数一般直接标注在可变电阻的外壳上。

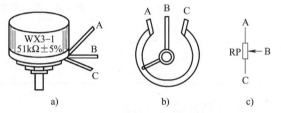

图 2-5　可变电阻基本结构及图形符号

a）外形　b）内部结构　c）图形符号图

三、电阻器和可变电阻的测量

电阻器的好坏可用万用表检查，万用表置"Ω"挡位，调零后用测试笔分别接电阻器的两端，即可测量其阻值。若任何挡位测量均为无穷大，表明电阻器开路已损坏。若与标称阻值相差很大，则表明电阻器变质。

检查可变电阻阻值大小和好坏的方法是，适当选择万用表"Ω"挡位，调零后用测试笔分别接可变电阻两个固定端，测量阻值是否与标称阻值相符。若指针不动，表示可变电阻引出端或电阻体断路；若读值比标称阻值大许多，表明可变电阻损坏；若相符，然后将任一个测试笔接滑动端 B，另一测试笔接固定端 A 或 C，缓慢移动滑动端，若万用表指针平稳上升或下降，没有跳动和跌落现象，说明可变电阻良好，若指针示值忽大忽小，或根本不动，则滑动端与电阻体接触不良或开路。

第二节　电容器及电感器

一、电容器

电容器（简称电容）也是电子电路中常用的电子元件之一，它具有隔直流、通交流、储存能量等特性，常用它来组成滤波、耦合、旁路、振荡等电子电路。

1. 电容器的分类、型号及符号

电容器可分为固定电容器、可变电容器及半可调电容器（微调电容）。电容器外形及图形符号如图 2-6 所示。

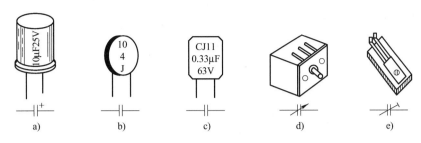

图 2-6　电容器外形及图形符号

a）电解电容器　b）瓷介电容器　c）聚酯薄膜电容器　d）可变电容器　e）微调电容器

电容器是一种储存电能的元件，它由两块金属板中间隔一层绝缘介质所构成。根据绝缘介质种类可分为纸介、有机薄膜、瓷介、云母、电解电容器。

2. 电容器的型号

电容器的品种繁多，其型号由四部分组成。第一部分表示电容器，第二部分表示介质材料，第三部分表示结构类型的特征，第四部分为序号，如表2-4所示。

表 2-4　电容器的型号组成

第一部分	第二部分介质材料		第三部分结构类型	
	符号	意义	符号	意义
C	C	高频瓷	G	高功率
	T	低频瓷	W	微调
	I	玻璃釉	1	
	O	玻璃膜	2	
	Y	云母	3	
	Z	纸介质	4	
	J	金属化纸介质	5	如表2-5所示
	B	聚苯乙烯等非极性有机薄膜	6	
	L	涤纶等有极性有机薄膜	7	
	Q	漆膜	8	
	H	纸膜复合介质	9	
	D	铝电解电容器	第四部分序号	
	A	钽电解电容器		
	G	铌电解电容器		
	E	其他材料电解电容器	数字	

3. 参数指标

允许误差——固定电容器的允许误差有9级，即005级（±0.5%）、01级（±1%）、0级（±2%）、Ⅰ级（±5%）、Ⅱ级（±10%）、Ⅲ级（±20%）、Ⅳ级（+20% ~ -10%）、Ⅴ级（+30% ~ -20%）和Ⅵ级（+50% ~ -20%）。

标称阻值——参见表2-1。

工作电压——按技术指标规定的温度长期正常工作时，电容器两端所能承受的最大安全工作直流电压简称电容器的耐压。固定电容器的直流额定工作电压等级如下：

6.3V、10V、16V、25V、32V、50V、63V、100V、160V、250V、400V 等。

表 2-5　电容器的结构类型

名称	数字								
	1	2	3	4	5	6	7	8	9
瓷介电容器	圆片	管形	叠片	独石	穿心	支柱管		高压	
云母电容器	非密封	非密封	密封	密封				高压	
有机电容器	非密封	非密封	密封	密封	穿心			高压	
电解电容器	非密封	箔式	烧结粉	烧结粉		无极性			特殊
	箔式	箔式	液体	液体					特殊

电容量的标注——电容器的电容量常按下列规则标印在电容器上：

（1）直接法

这种表示法通常是由表示数量的字母 m（10^{-3}）、μ（10^{-6}）、n（10^{-9}）和 p（10^{-12}）加上数字组合表示的。例如，4n7 表示 4.7×10^{-9} F = 4700pF；47n 表示 47×10^{-9} F = 47000pF = 0.047μF；6p8 表示 6.8pF；另外有时在数字前冠以 R，如 R33 表示 0.33μF；有时用大于"1"的 4 位数表示，单位为 pF，如 2200 为 2200pF；有时用小于 1 的数表示，单位为 μF，如 0.22 表示 0.22μF，0.1 表示 0.1μF；电解电容器以 μF 为单位直接标印在电容器上，如 10μF/16V，表示标称容量为 10μF，耐压为 16V。

（2）数码表示法

用三位数码表示容量大小，前两位是电容量的有效数字，第三位表示倍率，单位为 pF。如 103 表示 10×10^{3}pF = 10000pF；若第三位数字为"9"，则表示"10^{-1}"，如 479 代表 47×10^{-1}pF = 4.7pF；也有在数字后面加字母"k"的，如 473k 表示为 47×10^{3}pF = 47000pF = 0.047μF，这种表示方法最常见。

（3）色环法

电容器的色环表示方法与电阻器的色环表示方法大致相同。

4. 电容器的性能测量及使用常识

用万用表的"Ω"挡位，可判断电容器短路、断路、漏电等故障。

0.1μF 以下的电容器用万用表 ×1k 或 ×10k 挡位，1μF 以上的电容器用 ×100 或 ×10 挡位，测量电容器两引出端之间的电阻值。若测试笔接触瞬间，指针摆动一下立即回到"∞"位置，将测试笔对调再测量其阻值，指针出现同一现象，则说明电容器是好的。容量越大，指针摆动的角度也越大，1000pF 以下电容几乎看不到指针的摆动。若指针根本不动（小容量电容器除外），则说明电容器已断路。若指针一直停在"0"位置，说明电容器短路。若指针摆动后，虽然向"∞"位置摆动，但始终不能达到"∞"（大容量电解电容器不能完全回到"∞"位置），说明电容器漏电，阻值越小，漏电越严重。断路、短路、漏电的电容器均不能使用。

电解电容器有正负极性之分，判别正负极性的方法：用万用表的"Ω"挡位测量两极之间的漏电电阻，记下第一次测量的阻值，然后调换测试笔再测量一次，两次漏电电阻中，电阻大的那次，黑色测试笔接的是电解电容器的正极，红色测试笔接的是负极。

二、电感器

电感器即电感线圈，是用导线（漆包线、纱包线、裸铜线、镀金铜线）绕制在铁心、磁心上的一种常用电子元件。

电感线圈的种类很多，有高频阻流线圈、低频阻流线圈、调谐线圈、高频电感线圈、提升线圈、稳频线圈等。

电感器参数有电感量 L、品质因数 Q、分布电容 C、电流量等，最常用的参数是电感量，单位为亨利，简称亨，用 H 表示。毫亨（mH）、微亨（μH）、纳亨（nH）也是电感量的基本单位。在高频电路中，电感器的品质因数 Q 是一个很重要的物理参数，Q 值高，电感损耗就小。

电感器参数一般都直接标注在电感器上，在中、高频电路中的电感器均是特制的，它们的参数是以某种型号所代替，如电视机高频调谐器中的电感器。

第三节　二极管、晶体管及集成电路

一、半导体管

半导体管的种类很多，通常分为二极管、晶体管（BJT，即双极型晶体管，三极管）、晶闸管（SCR，即可控硅）、场效应晶体管（FET）等几大类。

1. 半导体管的分类、型号及命名方法

半导体管的型号由五部分组成，各部分符号及意义如表 2-6 所示。

表 2-6　半导体管各部分符号及意义

第一部分	第二部分	第三部分	第四部分	第五部分
用数字表示器件电极数目	用汉语拼音字母表示器件材料和极性	用汉语拼音字母表示器件的类型	用数字表示序号	用汉语拼音字母表示规格号
2：二极管	A：N 型锗材料 B：P 型锗材料 C：N 型硅材料 D：P 型硅材料	P：普通管　D：低频大功率晶体管 V：微波管　A：高频大功率晶体管 W：稳压管　X：低频小功率晶体管 C：参量管　G：高频小功率晶体管 K：开关管　J：阶跃恢复管 Z：整流管　CS：场效应器件 L：整流堆　T：晶闸管 S：隧道管　U：光电器件 N：阻尼管　BT：特殊器件 B：雪崩管　JC：激光器件 FH：复合管	给出极限参数、直流参数和交流参数等的差别	给出承受反向击穿电压的程度。如规格号为 A、B、C、D 等。其中 A 承受的反向击穿电压最低，B 次之……
3：三极管	A：PNP 型锗材料 B：NPN 型锗材料 C：PNP 型硅材料 D：NPN 型硅材料			

例如：

锗 PNP 型低频小功率晶体管 3AX31A

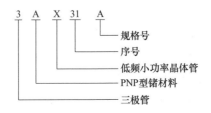

2. 二极管

（1）二极管的分类

二极管种类很多，按材料分类，可分为锗二极管、硅二极管、砷化镓二极管等；按制作工艺分类，可分为点接触型和面接触型二极管；按用途分类，可分为整流、检波、稳压、变容、光电、开关二极管等；按封装分类，可分为塑料封装、玻璃封装、金属封装等。

（2）普通二极管的参数

不同类型的二极管有不同的参数指标。普通二极管的主要参数应考虑最大整流电流 I_F，反向击穿电压 U_{BR}，反向电流 I_R，最高工作频率 f_M 等，这些参数直接影响二极管在电路中能否正常工作。各种型号的二极管参数请查阅相关手册。

（3）稳压管

稳压管又称齐纳二极管，也是由一个 PN 结组成，当它的反向电压大到一定数值（即稳压值）时，PN 结被击穿，反向电流突然增加，而反向电压基本不变，从而实现稳压功能。稳压管的主要参数有稳定电压 U_z、稳定电流 I_z 和耗散功率 P_M。不同型号的稳压管具有不同的稳压范围，即使是同一型号其稳压值也不尽相同，使用时一定要测量它的实际稳压值。稳压管常在电子电路中起稳压、限幅、恒流等作用。

（4）发光二极管

发光二极管同样具有单向导电特性，正向导通时会发光，发光的颜色与其材料有关，亮度与流过的正向电流有关。发光二极管作为各类显示及光电传感器，在实际电路中得到越来越广泛的应用。

（5）二极管性能测量及使用常识

利用二极管的单向导电性，可用万用表的"Ω"挡位判别二极管的极性和性能。将万用表置×100 或×1k 挡位上，两测试笔分别接二极管的两电极，再将两测试笔对调测量，两次测量的电阻值悬殊较大，阻值小的那一次，黑色测试笔接的是二极管的正极，红色测试笔接的是负极。若两次测量的阻值均为无穷大，表明二极管断路。若两次测量的阻值均为零，表明二极管短路。若两次测量的阻值相差不大，则说明二极管的性能不佳。

3. 晶体管

（1）晶体管的结构分类及符号

晶体管又称双极型晶体管（BJT），内含两个 PN 结，三个导电区域。从三个导电区域引出三根电极，分别为集电极（C）、基极（B）、发射极（E）。

晶体管的种类很多，按半导体材料不同可分为锗型和硅型晶体管；按功率不同可分为小功率、中功率和大功率晶体管；按工作频率不同可分为低频管、高频管和超高频管；按用途不同可分为放大管、开关管、阻尼管和达林顿管等。晶体管型号命名方法如表 2-6 所示。

（2）晶体管的引脚识别方法

晶体管的三个电极可由它的外形确定。外形及三个电极的位置如图 2-7 所示。

1）小功率晶体管外形电极位置规定如下：

金属外壳：

① 带定位销的不标注极性。使用者面对管底，由定位销起，按顺时针方向，引线依次为 E、B、C、D（接地线），三根引线的没有"D"，如图 2-7a 所示。

② 引线在半圆内的不标注极性。使用者面对管底，使带引线的半圆位于上部，按顺时针方向，引线依次为 E、B、C，如图 2-7b 所示。

塑料封装外壳：对于 S—1 型、S—2 型，使用者面对切面，引线向下，由左至右引线依

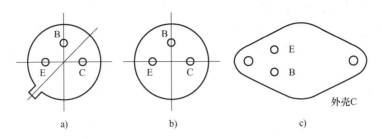

图2-7　晶体管外形及三个电极的位置

a) 带定位销的外形　b) 不带定位销的外形　c) F型

次为 E、B、C。对于 S—3 型，使用者面对切角面（位于右侧），引线向下，由左至右引线依次为 E、B、C，如图 2-8 所示。

2）大功率晶体管外形电极位置规定如下：

① F 型：使用者面对管底，两根引线均位于左侧，其上引线为 E，下引线为 B，管底为 C，如图 2-7c 所示。

② G 型：使用者面对管顶，三根引线位于上半圆，按顺时针方向，引线依次为 E、B、C，外形如图 2-7b 所示。

（3）晶体管电极的判别

晶体管上的标志消失或需要判断晶体管的好坏或三个电极时，可用万用表来判别晶体管的类型和区分三个电极。判断方法如下：

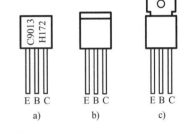

图2-8　塑料封装晶体管外形引线标注

a) S—1 型　b) S—2 型　c) S—3 型

可将晶体管视为两个"背靠背"的二极管。

1）基极的判别：将万用表置于 ×100 或 ×1k 挡位上，随意假设其中一个电极为基极。用万用表测量其对另外两个电极的正反向电阻值是否相等。如相等，假设成立，否则重新假设基极。

2）类型的判别：基极判别出来后，当测量其对另外电极的正向电阻时，如基极连接的是黑色测试笔，则基极是 P，类型就是 NPN 型；若基极连接的是红色测试笔，则基极是 N，类型就是 PNP 型。

3）集电极、发射极的判别：类型判别出来以后，假设另外两个电极之一为集电极。用手指捏住基极和假设的集电极（勿碰在一起），按图 2-9 所示搭接测试笔，构成最基本的放大电路，记下此时万用表指针摆动位置。假设另外一个电极为集电极重复上述过程。比较两次假设的测量结果，指针摆动较大的一次测量假设正确。

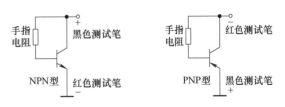

图2-9　晶体管电极判别电路

PNP 型锗管不用上述方法判别。对 PNP 型锗管判别集电极、发射极时将基极悬空，用万用表测量 C、E 两极之间的正向电阻，则黑色测试笔连接的电极为发射极，另一个电极为集电极。

（4）结型场效应晶体管的判别

1）栅极的判别：任意假设其中一个电极为栅极，测量此栅极对另外两个电极的正向或反向电阻是否相等（正向电阻值较小，反向电阻值趋于无穷大）。若阻值相等，则假设成立，否则重新假设栅极。

2）类型判别：栅极判别出来以后，测量其对另外一个电极的正向电阻时，若栅极接的是黑色测试笔，则表明此管是N沟道的，反之则是P沟道。

在上述测量中漏极与源极之间的正向电阻应该是相等的，否则该管是坏的。

二、集成电路

集成电路缩写为IC（Integrated Circuits），它是将晶体管、电阻器、电容器等电子元器件，按电路结构要求，制作在一块半导体芯片上，封装而成的。

1. 集成电路的分类

集成电路的类别众多，品种成千上万，大致可按如下方法进行分类：

（1）按功能及用途分类

按功能及用途可分为数字集成电路、模拟集成电路及数模混合型集成电路。

1）数字集成电路是能传输"0""1"两种状态信息并完成逻辑运算、存储、传输及转换的集成电路。以二极管、晶体管为核心器件制作的数字集成电路称为TTL电路，常见的TTL集成电路型号有74××、74LS××、54××等系列。以MOS场效应晶体管为核心制作的数字集成电路称为CMOS电路，常见的CMOS集成电路型号有40××、4××、74HC××等系列。

2）模拟集成电路用来处理模拟电信号，可分为线性集成电路和非线性集成电路。线性集成电路是指输入、输出信号呈线性关系的电路，如各类运算放大器（μA741、LM324等）。输出信号不随输入信号而变化的电路称为非线性集成电路，如调幅电路用的BG314、稳压用的CW7805等。

3）数模混合型集成电路是指输入模拟或数字信号，而输出为数字或模拟信号的集成电路，在电路内部有一部分为模拟信号处理，另有一部分为数字信号处理。常见的有各类A/D、D/A转换器，如ADC0809、DAC0832，定时电路NE555、NE556等。

（2）按电路集成度高低分类

集成度是指一块集成电路芯片中所包含的电子元器件数量。按数量的多少可分为小、中、大、超大规模集成电路。

（3）按工艺结构或制造方式分类

按工艺结构或制造方式可分为半导体集成电路、厚膜集成电路、薄膜集成电路、混合集成电路4类。

2. 半导体集成电路的外形结构

半导体集成电路的外形结构大致有三种：圆形金属外壳封装、扁平形外壳封装和直插式封装。

（1）圆形金属外壳封装

圆形外壳采用金属封装，引出线根据内部电路结构不同有8、10、12根等多种，一般早期的线性集成电路采用这种封装形式，目前较少采用，如图2-10a所示。

（2）扁平形外壳封装

扁平形外壳采用陶瓷或塑料封装，引出线有14、16、18、24根等多种，早期的数字集成电路有不少采用这种封装形式，目前高集成度小型贴片式集成电路仍采用这种形式，如

图 2-10b所示。

（3）直插式封装

直插式集成电路一般采用塑料封装，形状又分为双列直插式和单列直插式两种，如图 2-10c、d 所示。这种封装工艺简单，成本低，引脚强度大、不易折断。这种集成电路可以直接焊在印制电路板上，也可用相应的集成电路插座焊装在印制电路板上，再将集成电路块插入插座中，随时插拔，便于测试和维修。

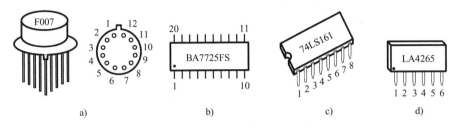

图 2-10　集成电路外形及引脚的识别

a）圆形金属外壳封装　b）扁平形外壳封装　c）双列直插式塑料封装　d）单列直插式塑料封装

集成电路的引脚引出线数量不同，且数目多，但其排列方式有一定规律。它是以一个凹口（或一个小圆孔）置于使用者左侧时为正方向（扁平结构器件以集成器件上的型号标志为正方向）。正方向确定以后，器件的左下角为第 1 脚，按逆时针读数即可。

3. 集成电路的使用常识

1）使用集成电路前首先必须弄清其型号、用途、各引脚的功能，正负电源及地线不能接错，否则有可能造成集成电路永久性损坏。

2）集成电路正常工作时应不发热或微发热，若集成电路发热严重，烫手或冒烟，应立即关掉电源，检查电路接线是否有错误。

3）拔、插集成电路时必须均匀用力，最好使用专用集成电路拔起器，如果没有专用拔起工具，可用小螺钉旋具（起子）在集成电路的两头小心均匀地向上撬起。插入集成电路时，注意每个引脚都要对准插孔，然后平行用力向下压。

4）带有金属散热片的集成电路，必须加装适当的散热器，散热器不能与其他元器件或机壳相碰，否则可能会造成短路。

5）用万用表可以粗略测试运算放大器的好坏。方法：根据运算放大器的内部电路结构，找出测试脚，首先用万用表×1k 挡测量正负电源端与其他各引脚之间是否有短路。如果运算放大器是好的，各引脚与正、负电源端应无短路现象。再测量运算放大器各级电路中主要晶体管的 PN 结的电阻值是否正常，一般情况下正向电阻小，反向电阻大。例如，检查 μA741 输入级差动放大器的对管是否损坏，可以测量 3 脚与 7 脚之间的正向电阻（3 脚接黑色测试笔，7 脚接红色测试笔）与反向电阻（3 脚接红色测试笔，7 脚接黑色测试笔）以及 2 脚与 7 脚之间的正、反向电阻，如果正向电阻小、反向电阻大，则说明输入级的差分对管是好的。同理，可以检查输出级的互补对称管是否损坏，如果 6 脚与 7 脚之间的正向电阻小、反向电阻大，而且 4 脚与 7 脚之间的正向电阻也小、反向电阻也大，说明互补对称管是好的。μA741 的引脚图如图 2-11 所示。

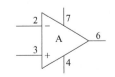

图 2-11　μA741 的引脚图

第三章

电子技术实验中应注意的问题

第一节　电子电路设计的一般方法与步骤

一个实用的电子电路通常是由若干个单元电路组成的，因此设计中不仅包括单元电路的设计，还包括总体电路的系统设计。电子电路设计一般包括以下步骤。

一、总体方案的设计、选择、确定

（1）提出原理方案

一个比较复杂的课题往往需要进行方案原理的构思，也就是用什么原理来实现课题的要求。因此，应对课题的任务、要求和条件进行仔细的分析与研究，找出其关键问题是什么，据此提出实现的原理与方法并画出其原理框图，即提出原理方案。

（2）原理方案的比较与选择

原理方案提出后，还必须对所提出的几种方案进行分析比较。在详细的总体方案尚未完成之前，只能就原理方案的简单与复杂、方案实现的难易程度进行分析比较，并做出初步的选择。一旦方案确定应尽量避免大的反复。

（3）总体方案的确定

原理方案确定后，便可着手进行总体方案的确定。原理方案只着眼于方案的原理，不涉及方案的许多细节。因此，原理方案框图中的每个框图也只是原理性的、粗略的，它可能由一个单元电路构成，也可能由许多个单元电路构成。当然，每个框图不宜分得太细，也不能分得太粗。太细对选择不同的单元电路或器件带来不利，但太粗将使单元电路本身功能过于复杂，不好进行设计或选择。

二、单元电路的设计与选择

该部分主要包括电路结构形式的选择与设计、元器件的选择和电路参数计算等环节。

（1）单元电路结构形式的选择与设计

按已确定的总体方案框图，对图中各功能框分别设计或选择满足其要求的单元电路。必要时应详细拟定出单元电路的性能指标，满足要求的单元电路可能不止一个，择优选择。

（2）元器件的选择

首先应考虑满足单元电路对元器件性能指标的要求，其次是考虑价格、货源和元器件体积等。实验作为一个教学环节，应当尽量选用实验室已有的元器件。

目前集成电路的应用越来越广泛，优先选用集成电路已是共识。一块集成电路常常就是一个具有一定功能的单元电路，它的性能、体积、成本、安装调试和维修等方面一般都优于由分立件构成的单元电路。图 3-1 所示为按功能分类的集成电路。

选用集成电路时如没有特殊情况，集成运算放大器尽量选用通用型。TTL 和 CMOS 应尽量选用常用的器件，既可降低成本，又易保证资源。不要盲目追求高性能指标，满足要求即可。

（3）参数计算

关于参数计算的方法已在理论课中学习过，要灵活运用计算公式，有时也需要估算。课题给的是总体性能指标，这就需要加以分解，定出对单元电路指标的要求，然后进行参数计算。

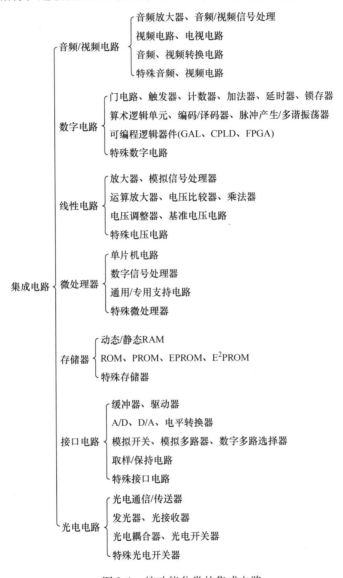

图 3-1　按功能分类的集成电路

三、单元电路之间的级联设计

各单元电路确定以后，还要认真解决好级联问题。如果级联问题处理不好，将会影响到单元电路和总体电路的稳定性及可靠性。

（1）电气性能相互匹配

关于单元电路之间电气性能相互匹配的问题主要有阻抗匹配、负载能力匹配、高低电平匹配。

从提高放大倍数和负载能力考虑，希望后一级的输入电阻要大（吸取信号能力强），前一级的输出电阻要小（带负载能力强），但从改善频率响应角度考虑，则要求后一级的输入电阻要小。

对于线性范围匹配问题，涉及前后级单元电路中信号的动态范围。显然，为保证信号不失真地放大，则要求后一级单元电路的动态范围大于前级的。

负载能力的匹配实际上是前一级单元电路能否正常驱动后一级的问题。特别是在最后一级单元电路中，因为末级电路往往需要驱动执行机构，如果驱动能力不够，则应增加一级功率驱动单元。

在模拟电路中，如对驱动能力要求不高，可采用由集成运算放大器构成的电压跟随器，否则需采用功率集成电路，或互补对称输出电路。在数字电路中，则采用达林顿驱动器、单管射极跟随器或单管反相器。当然，并非一定要增加一级驱动电路，在负载不是很大的场合，往往改变一下电路参数就可满足要求，总之要视负载大小而定。

电平匹配问题在数字电路中经常遇到。若高低电平不匹配，则不能保证正常的逻辑功能，为此必须增加电平转换电路。尤其是 CMOS 和 TTL 集成电路之间的连接，当两者的工作电源不同时（如 CMOS 为 +15V，TTL 为 +5V），两者之间必须加电平转换电路。

（2）信号耦合方式

常见的单元电路耦合方式有 4 种：直接耦合、阻容耦合、变压器耦合和光电耦合。可查看教材相关内容。

（3）时序配合

单元电路之间信号作用的时序在数字系统中是非常重要的。哪个信号作用在前，哪个信号作用在后，以及作用时间长短等，都是根据系统正常工作的要求而决定的。也就是说，一个数字系统有一个固定的时序。时序配合错乱，将导致系统工作的失常。

时序配合是一个十分复杂的问题，为确定每个系统所需的时序，必须对该系统中各单元电路的信号关系进行仔细的分析，画出各信号的波形关系图即时序图，确定出保证系统正常工作下的信号时序，然后提出实现该时序的措施。

单纯的模拟电路不存在时序问题，但在模拟与数字电路混合组成的系统中是存在时序问题的。

第二节　电子电路调试的方法与步骤

由于电子电路设计要考虑的因素很多，加之元器件性能的分散性，以及许多人为因素的影响，一个组装好的电子电路必须经过调试才能满足设计要求。

一、调试方法

电子电路调试方法有两种：分块调试法和整体调试法。

（1）分块调试法

分块调试是把总体电路按功能分成若干个模块，对每个模块分别进行调试。模块的调试顺序最好是按信号的流向，一块一块地进行，逐步扩大调试范围，最后完成总调。

分块调试法有两种方式，一种是边安装边调试，即按信号流向组装一模块就调试一模块，然后再继续组装其他模块。另一种是总体电路一次组装完毕后，再分块调试。

分块调试法的优点：问题出现的范围小，可及时发现，易于解决。所以，此种方法适于新设计的电子电路。

（2）整体调试法

此种方法是把整个电路组装完毕后，不进行分块调试，实行一次性总调。显然，它只适于定型产品或某些需要相互配合、不能分块调试的产品。

不论是分块调试还是整体调试，调试的内容应包括静态与动态调试两部分。静态调试一般是指在没有外加输入信号的条件下，测试电路各点的电位，比如测试模拟电路的静态工作点，数字电路各输入和输出的高、低电平和逻辑关系等。动态调试包括调试信号幅值、波形、相位关系、频率、放大倍数及时序逻辑关系等。

值得指出的是，如果一个电路中包括模拟电路、数字电路和微机系统三个部分，由于它们对输入信号的要求各不相同，故一般不允许直接联调和总调，而应分三部分分别进行调试后，再进行整机联调。

二、调试步骤

不论是分块调试还是整体调试，其调试步骤大致如下：

（1）调试准备——检查电路

任何组装好的电子电路，在通电调试之前，必须认真检查电路连线是否有错误。特别要注意电源是否接错，电源与地是否有短接，器件及引脚是否接错，轻轻拔一拔元器件，观察是否接触牢固。

（2）通电观察

一定要调试好所需要电源电压数值，然后才能给电路接通电源。电源一经接通，不要急于用仪器观测波形和数据，而是要观察是否有异常现象，如冒烟、异常气味、放电的声光、器件是否发烫等。如果有，不要惊慌，应立即切断电源，进行排查。

（3）静态调试

先不加输入信号，测量有关点的电位是否正常。对于模拟电路为测量静态工作点；对于数字电路为测量逻辑电平及逻辑关系。

（4）动态调试

加上输入信号，观测电路输出信号是否符合要求。对于模拟电路，观测输出波形是否符合要求；对于数字电路，则观测输出信号波形、幅值、脉冲宽度、相位及逻辑关系是否符合要求。

采用分块调试时，除输入级采用外加输入信号外，其他各级应采用前一级的输出信号或用信号注入法。

（5）指标测试

电路经静态和动态调试正常之后，即可对课题要求的技术指标进行测试，确定是否满足设计要求。如有不符，一般是对某些元器件参数加以调整，若仍达不到要求，则应对某部分电路进行修改，甚至要对整个电路加以修改，或推倒重来。

（6）调试中的注意事项

1）采用分块调试时，对那些非信号流向中的电路应首先单独进行调试，之后才能按信号流向顺序进行分块调试。这些电路是作为电路时钟信号的振荡电路、作为电路节拍控制的节拍信号发生器、作为电路电源的直流稳压电路等。

2）调试前，熟悉所使用仪器的使用方法，调试时，应注意仪器的地线与被测试电路的地线是否接好，以避免因为仪器使用不当而做出错误的判断。

3）调试过程中，不论是更换元器件，还是更改连线，一定要关断电源。

4）调试过程中，要勤于记录，调试记录是分析电路及其性能的重要证据。初学者往往只注重技术指标测试记录，而不注重对调试过程中出现的非正常现象进行记录，这是十分错误的。非正常记录包括故障现象、故障原因分析、解决措施、措施效果等。

随着电子技术的发展，EDA软件的功能日益强大，在综合实验中一定要充分利用EDA软件的仿真功能。按照课题要求设计出完整电路后，即可用电子电路专用仿真工具Multisim进行仿真，仿真通过后，再在实验板上搭建电路。利用EDA工具软件进行仿真，因为避免了很多人为因素的影响，更多着眼于电路本身的设计原理，所以对课题的设计很有帮助。另外，利用仿真软件可以探究多种实现方法，弥补了实验条件的不足。

第三节 故障诊断技术

故障诊断就是采用适当方法查找、判断和确定故障具体部位及其原因。下面是在电子电路故障检测中常用的方法，当然对于具体情况还要灵活运用、正确分析。

一、观察法

观察法是通过人体感觉发现电子电路故障的方法。这是一种最简单、最安全的方法，也是各种仪器设备通用的检测过程的第一步。观察法可分为静态观察法和动态观察法两种。

（1）静态观察法

静态观察法又称为不通电观察法，需仔细观察，否则不能发现故障。

观察时应注意，仪器外表有无碰伤，按键、插口电线电缆有无损坏，熔断器是否熔断等；元器件有无相碰、断线、烧坏等。对于实验电路或样机，要对照原理图检查接线有无错误，元器件是否符合设计要求，芯片引脚有无插错方向或折弯，有无漏焊等故障。

（2）动态观察法

动态观察法即通电后，运用人体的视、嗅、听、触觉检查线路故障。

较大设备通电时，应尽可能采用隔离变压器和调压器逐渐加电，防止故障扩大。一般情况下还应用仪表监视电路状态。

通电后，要看电路内有无打火、冒烟等现象；要听电路内有无异常声音；要闻电器内有无烧焦、烧煳的异味；手要触摸一些管子、芯片等，以了解是否发烫（注意：高压、大电流电路须防触电、烫伤）。发现上述异常现象立即断电。

通过这种方法有时可以确定故障原因，但大部分情况下并不能确认故障准确部位及原因。例如，一个集成电路发热，可能是周边电路故障，也可能是供电电压有误，既可能是负载过重也可能是电路自激，当然也不排除芯片本身损坏，必须配合其他检测方法分析判断，找出故障原因。

二、测量法

测量法是故障检测中使用最广泛、最有效的方法，根据检测的电参数特性又可分为电阻法、电压法、电流法、波形法和逻辑状态法。

（1）电阻法

电阻是各种电子元器件和电路的基本特征，利用万用表测量电子元器件或电路各点之间电阻值来判断故障的方法称为电阻法。分为"在线"和"离线"两种方式。

"在线"测量需要考虑被测元器件受其他并联支路的影响，测量结果应对照原理图分析判断。"离线"测量需要将被测元器件或电路从整个电路或印制电路板上脱焊下来，操作较麻烦但结果准确可靠。

电阻法对确定开关、接插件、导线、印制电路板导电图形的通断及电阻器的变质、电容器的短路、电感线圈断路等故障非常有效而且快捷，但对晶体管、集成电路以及电路单元来说一般不能直接判定故障，需要对比分析或兼用其他方法。由于电阻法不用给电路通电，可将检测风险降到最小，故在一般检测中经常首先采用。

（2）电压法

电子电路正常工作时，电路各点都有一个确定的工作电压。电压法是通电检测手段中最基本、最常用的方法。电压法可分为交流和直流两种电压测量。

交流电压测量：一般电子电路中交流回路较为简单，对 50Hz/60Hz 工频电压升压或降压后的电压只需使用普通万用表选择合适 AC 量程即可，测高压时要注意安全并养成单手操作的习惯。对于非工频电压，例如变频器输出电压的测量就要考虑所用电压表的频率特性，一般指针式万用表为 45~2000Hz，数字式万用表为 45~500Hz，超过范围或非正弦波测量结果都不正确。

直流电压测量：检测直流电压一般分为三步。

首先，测量稳压电路输出端是否正常。其次，各单元电路及电路的"关键点"是否正常。最后，电路主要元器件，例如晶体管、芯片各引脚电压是否正常，对集成电路要先测量电源端。注意，在测量晶体管的集电极电压时，应尽量避免测试笔使用不当而使集电极与基极短路导致晶体管损坏。测量共地元器件也应避免"短路"问题。

（3）电流法

电子电路正常工作时，各部分工作电流是稳定的。电流法分直接测量法和间接测量法。

"直接测量法"是将电流表串接在被测回路，需要断开相应线路，不方便。"间接测量方法"用测电压的方法换算成电流值，这种方法快捷方便，但如果所选测量点的元器件有故障则不容易准确判断。

（4）波形法

对交变信号产生和处理电路来说，采用示波器观察信号通路各点的波形是最直观、最有效的故障检测方法。包括以下几个方面：

波形的有无和形状：如果测出该点波形没有或形状相差较大，则故障发生于该电路的可能性较大。

波形失真：在放大或缓冲等电路中，若电路参数失配、元器件选择不当或损坏都会引起波形失真，通过分析波形和电路可以找出故障原因。

波形参数：利用示波器测量波形的各种参数，如幅值、周期、相位等，与正常工作时的波形参数对照，找出故障原因。

（5）逻辑状态法

对数字电路而言，只需判断电路各部位的逻辑状态即可确定电路工作是否正常。数字逻辑主要有高低电平两种状态，另外还有脉冲串及高阻状态。因而可以使用逻辑笔进行电路检测。

三、跟踪法

信号传输电路包括信号产生、信号处理、信号执行，在现代电子电路中占有很大比例。

这种电路的检测关键是跟踪信号的传输环节。跟踪法分为信号寻迹法和信号注入法两种。

（1）信号寻迹法

信号寻迹是针对信号产生和处理电路的信号流向寻找信号踪迹的检测方法，具体分为正向寻迹（由输入到输出顺序查找）、反向寻迹（从输出到输入）、等分寻迹三种。

（2）信号注入法

信号注入是在信号处理电路的各级输入端输入已知的测试信号，通过终端指示器（如仪表、扬声器、显示器等）或检测仪器来判断，从而找出电路故障。对于本身不带信号发生电路或信号发生电路有故障的信号处理电路采用信号注入法是有效的检测方法。应用此法时要注意：信号注入顺序根据具体电路可采用正向、反向或中间注入的顺序。注入信号的性质和幅度要根据电路和注入点变化。信号与被测电路要选择合适的耦合方式，例如交流信号要串接合适电容，直流信号要串接适当电阻，使信号与被测电路阻抗匹配。

四、替换法

替换法是用规格性能相同的正常元器件、电路或部件，代替电路中被怀疑的相应部分，从而判断故障位置的一种检测方法，也是电路调试、检修中最常用、最有效的方法之一。替换法包括元器件替换、单元电路替换、部件替换。

五、简易故障诊断法

由于影响电子电路工作的因素复杂，出现故障是难以避免的，应尽量少出故障，不出大故障，出现故障时能很快地排除。

在模拟电路中，常见的故障有静态工作点异常、电路输出波形异常、带负载能力差、电路自激振荡等；在数字电路中，常见的故障有逻辑功能不正常、时序错乱、带不起负载等。发现某个电路有无故障，一般不是很难，难的是确定故障的原因和部位，可利用信号注入法，逐级观测各级模块的输出是否正常，从而找出故障所在模块。

查找故障模块内部的故障点，步骤如下：

1）检查元器件引脚电源电路，确定电源是否已连接且电压值是否正常。

2）检查电路关键点上电压的波形和数值是否合乎要求。

3）断开故障模块的负载，判断故障来自故障模块本身还是负载。

4）对照原理图，仔细检查故障模块内部电路是否有错。

5）检查可疑的故障处元器件是否已损坏。

6）检查用于观测的仪器是否存在问题，使用是否得当。

7）重新分析原理图是否存在问题，进一步分析原理、参数等。

当然，想要快速查出故障，必须熟悉电路各部分原理、波形形状、性能指标。有时即使不使用逐级判断也能得出正确结论，当然这是实践经验积累的结果。

最常见的故障原因列出如下：

1）电源线断路、数值不正确、极性接反。

2）元器件引脚接错。

3）集成电路插反，未按引脚标记插片。

4）用错集成电路芯片。

5）元器件已坏或质量差。

6）二极管和稳压管极性接反、电解电容器极性接反。

7）连线接错、开路、短路（线间或对地等）。

8）接插件接触不良。

9）焊点虚焊、焊点碰接。

10）元器件参数不对或不合理。

值得指出，一个故障现象并非只对应一个故障原因，需要把涉及的故障原因一个个排除，最后才能肯定是哪个故障原因。

例如，电路中的 TTL 与非门输出电压固定为高电平，这可能是：①输出端连线断路或与电源线短接；②TTL 内部驱动管开路；③有一条输入线与地短路。

第四节　抗干扰技术

大多数电子电路都是在弱电流下工作，尤其是 CMOS 集成电路更是在微安级电流下工作，再加上元器件与电路的灵敏度较高，因此，电子电路很容易因干扰而导致工作失常。

一、电子电路中常见的干扰

1）来自电网的干扰。

2）来自地线的干扰。

3）来自信号通道的干扰（主要是长线）。

4）来自空间电磁辐射的干扰。

其中，危害最大的是来自电网和地线的干扰。干扰是客观存在的，只能是适应环境，抑制干扰，加强电子系统的抗干扰能力，以保证电子电路的可靠运行。

二、常见的抗干扰措施

（1）电网干扰及抗干扰措施

大多数电子电路的直流电源都是由电网交流电源经过整流、滤波、稳压后提供的。若此电子系统附近有大型电力设备接于同一个交流电源线上，那么电力设备的起停将产生频率很高的浪涌电压叠加在 50Hz 的电网电压上。为防止交流电源线引入的干扰，常见的抗干扰措施如下：

1）交流稳压器，只用于较大型的电子系统，以及对抗干扰要求较高的场合。

2）电源滤波器，接在电源变压器之前，其特性使交流 50Hz 基波通过，而滤去高频干扰，改善电源波形。一般小功率的电子电路可采用小电感和大电容构成的滤波网络。

3）带有屏蔽层的电源变压器，这是常见的抗电源干扰措施。

4）采用 $0.01 \sim 0.1\mu F$ 的无极性电容，并接到直流稳压电路的输入端和输出端以及集成芯片的电源引脚上，用以滤掉高频干扰。

（2）地线干扰及抗干扰措施

地线干扰是存在于电子系统内的干扰。由于电子系统各部分电路往往共用一个直流电源，或者虽然不用同一个电源，但不同电源之间往往共地，因此，当各部分电路的电流均流过公共地电阻（地线导体电阻）时便产生电压降，该电压降便成为各部分之间相互影响的噪声干扰信号，即所谓地线干扰。抗地线干扰措施如下：

1）尽量采用一点接地。对印制电路板采用串联接法，可适当加大地线宽度。

2）强信号电路（即功率电路）和弱信号电路的"地"应分开，然后再接"公共地"。

3）模拟"地"和数字"地"也应分开，然后再在一点上接"公共地"，切忌两者交叉混连。

4）不论哪种方式接地，接地线均应短而粗，以减小接地电阻。

另外还要注意长线的干扰，可参看相关资料。

第四章

模拟电子技术基础性实验

实验一　双极型晶体管单管放大器（一）

一、实验目的

1）熟悉和掌握放大器电路参数对放大器性能的影响。
2）学会对放大器静态工作点的调整和测试。
3）掌握放大器几个重要动态参数的测量和故障排除方法。
4）进一步掌握双踪示波器、函数信号发生器、数字万用表等仪器设备的使用方法。

二、预习要求

1）预习理论课教材和实验教材，复习阻容耦合共射极基本放大电路的工作原理及电路中各元器件的作用。
2）掌握小信号低频放大器静态工作点的选择原则和放大器主要性能指标的定义及测量方法。
3）若电路参数不满足要求，确定调整方案。

三、实验原理

1. 实验电路说明

单级共射放大实验电路如图 4-1 所示，该电路为单级阻容耦合共射放大器，为稳定静态工作点，采用基极分压式偏置电路，并接有射极直流负反馈电阻 R_e。静态工作点可通过 RP 调节，以便研究工作点的改变对放大器性能的影响。

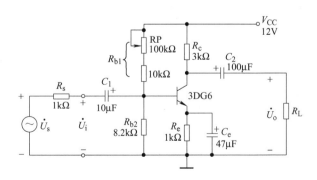

图 4-1　单级共射放大实验电路

在图 4-1 所示电路中，当满足近似条件时，其静态工作点可用下式估算：

$$U_B = \frac{R_{b2}}{R_{b1} + R_{b2}} V_{CC} \qquad (4-1)$$

$$I_{EQ} = \frac{U_B - U_{BEQ}}{R_e} \approx I_{CQ} \qquad (4-2)$$

$$U_{CEQ} \approx V_{CC} - I_{CQ}(R_c + R_e) \qquad (4-3)$$

中频段电压放大倍数 $\qquad A_{um} = -\dfrac{U_o}{U_i} = -\dfrac{\beta(R_c /\!/ R_L)}{r_{be}} \qquad (4-4)$

输入电阻 $\qquad R_i = R_{b1} /\!/ R_{b2} /\!/ r_{be} \approx r_{be} \qquad (4-5)$

输出电阻 $\qquad R_o = R_c \qquad (4-6)$

式中，$\beta = 80$，$r_{be} = r'_{bb} + \beta \dfrac{26\text{mV}}{I_C(\text{mA})}$，小功率管 $r'_{bb} \approx 300\Omega$。

2. 放大器的最佳工作点和最大不失真输出电压

放大器的不失真输出电压幅度与工作点的选择有关。当放大器作为前置放大级和中间放大级时，其输出信号电压幅度一般不大，故其工作点往往选得偏低一点，以减小直流功耗和输出噪声。但作为末级和末前级放大器，一般都要求有足够大的输出电压，为了避免严重失真，要求放大器的静态工作点选在交流负载线的中点，这样可以获得最大不失真输出电压。

四、实验设备与器件

1）电子技术综合实验箱。
2）双路直流稳压电源。
3）函数信号发生器。
4）双踪示波器。
5）数字万用表。

五、实验内容与步骤

实验电路如图 4-1 所示。测量电路的连接如图 4-2 所示，连线时注意各仪器"共地"。

1. 静态工作点的调试与测量

测量放大器的静态工作点，应在输入信号 $U_i = 0$ 的情况下进行。分别将万用表置合适的电流挡和电压挡，测出集电极电流 I_{CQ} 和管压降 U_{CEQ}。使用直接测量法测量集电极电流时需要断开集电极回路，不方便，所以实验时往往采用间接测量法，先测量集电极电阻 R_c 或发射极电阻 R_e 上的电压，再换算出电流，即

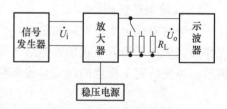

图 4-2 测量电路的连接

$$I_{CQ} = \frac{U_{Rc}}{R_c} \approx \frac{U_{Re}}{R_e}$$

静态工作点对放大器的性能和输出波形有很大影响，选定工作点后必须进行动态调试，即在放大器的输入端加入一定的 U_i，检查输出电压 U_o 的大小和波形是否满足要求，否则应调整静态工作点的位置。

改变电路参数 V_{CC}、R_c、$R_b(R_{b1}、R_{b2})$ 都会引起静态工作点的变化，通常采用调整上偏置电阻 R_{b1} 的方法来改变静态工作点。

测试条件：调节 RP，使 $I_{CQ} = 2\text{mA}$，将测试数据填入表 4-1 中。

2. 观测输出波形和测量放大倍数

1）调节函数信号发生器的输出信号。在函数信号发生器未接入实验电路之前，先用示波器 CH1 通道进行测试，调节函数信号发生器的有关旋钮使其输出为正弦波信号，频率 $f = 1\text{kHz}$，幅值 $U_s = 10\text{mV}$（若输出 U_o 失真，将输入信号 U_s 减小，确保输出 U_o 不失真）。

2）将已调节好的输入信号加入到放大器的输入端，同时示波器 CH1 通道监测输入信号的变化情况。

3）用示波器 CH2 通道观测放大器的输出电压波形。在不失真情况下测量 U_o 的值，计算出电压放大倍数 A_u，即

$$A_u = \frac{U_o}{U_i}$$

保持 U_i 不变，改变 R_L，观察负载电阻对电压放大倍数的影响，将测量结果填入表 4-2 中。

3. 观察由于工作点不正常所形成的失真波形

将 RP 的阻值调至最大与最小，分别测量管压降 U_{CEQ} 与集电极静态电流 I_{CQ}，同时描绘所观察输出信号 U_o 的波形，并确定失真类型（若失真）。将测量数据填入表 4-3 中（条件：接入负载 $R_L = 3\text{k}\Omega$，$U_s = 10\text{mV}$，$f = 1\text{kHz}$）。

4. 测量输入电阻 R_i

（1）直接法

为了测量放大器的输入电阻，在放大器的输入端与信号源之间串入一个已知电阻 R_s，如图 4-3 所示。在输出电压波形不失真的条件下，用示波器分别测出 R_s 两端对地电压 U_s 和 U_i 值，根据输入电阻的定义可得

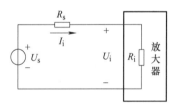

图 4-3　用直接法测量输入电阻

$$I_i = \frac{U_s - U_i}{R_s}$$

$$R_i = \frac{U_i}{I_i} = \frac{R_s}{\dfrac{U_s}{U_i} - 1} \tag{4-7}$$

（2）间接法

放大器输入信号较小，尤其是多级放大器，由于增益高，输入信号往往是毫伏级，直接测量 U_s 和 U_i 时容易引入较大的测量误差。可以通过测量放大器的输出电压经过换算，计算出输入电阻。测量方法如图 4-4 所示，在放大器的输入端串入电阻 R_s，把开关 S 拨向位置 1（不接入 R_s），测量放大器的输出电压为 U_{o1}，则

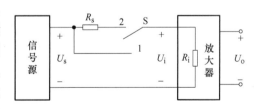

图 4-4　用间接法测量输入电阻

$$U_s = \frac{U_{o1}}{A_u}$$

保持 U_s 不变，再把 S 拨向 2（接入 R_s），测量放大器的输出电压 U_{o2} 为

$$U_i = \frac{U_{o2}}{A_u}$$

由于两次测量中 A_u 和 U_s 保持不变，整理后得

$$R_{\mathrm{i}} = \frac{U_{\mathrm{i}}}{I_{\mathrm{i}}} = \frac{\dfrac{U_{\mathrm{o2}}}{A_{\mathrm{u}}}}{\dfrac{U_{\mathrm{o1}}}{A_{\mathrm{u}}} - \dfrac{U_{\mathrm{o2}}}{A_{\mathrm{u}}}} R_{\mathrm{s}} = \frac{U_{\mathrm{o2}}}{U_{\mathrm{o1}} - U_{\mathrm{o2}}} R_{\mathrm{s}} \qquad (4\text{-}8)$$

测量放大器的输入电阻时必须注意以下几点：

1）测量交流电压值时，一般不能直接测量交流压降，必须分别测量 R_{s} 两端对地电压 U_{s} 和 U_{i}，然后取差值计算出 R_{s} 上的交流压降。

2）串联电阻 R_{s} 不宜取得过大，否则容易引起干扰，但若取得过小会使测量误差较大，通常取 R_{s} 和 R_{i} 为同一数量级较为合适。

3）在测量输入电阻时，必须用示波器监视输出波形，以保证在输出波形不失真的条件下进行测量。

将测量结果填入表 4-4 中。

5. 测量输出电阻 R_{o}

由放大器输出电阻的定义可知，通过图 4-5 可以测得放大器的输出电阻。即在放大器的输入端加一个固定的输入信号 U_{s}，在输出端得到一个不失真输出信号的条件下，可以分别测出负载 R_{L} 开路时的输出电压 U_{∞} 和接入负载 R_{L} 时的输出电压 U_{o}，根据

$$U_{\mathrm{o}} = \frac{R_{\mathrm{L}}}{R_{\mathrm{o}} + R_{\mathrm{L}}} U_{\infty}$$

可以求出 R_{o} 为

$$R_{\mathrm{o}} = \left(\frac{U_{\infty}}{U_{\mathrm{o}}} - 1 \right) R_{\mathrm{L}} \qquad (4\text{-}9)$$

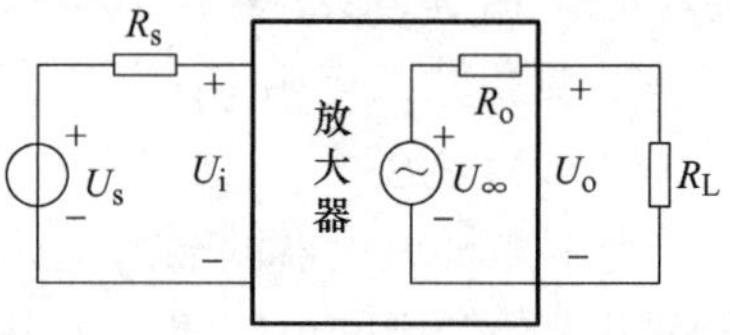

图 4-5 测量输出电阻

测量放大器的输出电阻时应注意以下几点：

1）为了提高测量的准确性，负载电阻 R_{L} 的取值应与 R_{o} 在同一数量级。

2）测量过程中，应保持输出信号不失真。

将测量结果填入表 4-5 中。

6. 测量幅频特性曲线

将静态集电极电流 I_{CQ} 恢复到 2mA，信号发生器输出电压 $U_{\mathrm{s}} = 5\text{mV}$ 保持不变，改变其频率 f，逐点测出 U_{o}，并计算出放大倍数 A_{u}，即可得到幅频特性曲线。当输出电压下降到中频值的 0.707 倍时，即为放大器的上下限截止频率 f_{H}、f_{L}，求得通频带 f_{BW}。

在绘制幅频特性曲线时，横坐标应取对数坐标，纵坐标常用相对变化量 $A_{\mathrm{u}}(f) / A_{\mathrm{um}}$ 来标度，另外频率特性必须在输出波形不失真条件下测量。将测量结果填入表 4-6 中。

六、实验报告要求

1）列表整理测量结果，并把实测的静态工作点、电压放大倍数、输入电阻、输出电阻的值与理论值比较（取一组数据进行比较），分析产生误差的原因。

2）总结 R_{c}、R_{L} 以及静态工作点对 A_{u}、R_{i}、R_{o} 的影响。

3）讨论静态工作点变化对放大器输出波形的影响。

4）分析讨论在调试过程中出现的问题。

七、思考题

1）怎样根据晶体管各极的静态电位或它们之间电压大小判断晶体管处于哪种工作状

态，即放大、饱和及截止。

2）测量静态工作点时使用什么仪器仪表；测量放大器的输入、输出电压时使用何种仪器仪表？

3）如果电路的静态工作点正常，在输入交流信号后，放大器无输出信号，故障可能出在什么地方？如何分析和排除故障？

实验一　双极型晶体管单管放大器（一）实验记录

1. 静态工作点的调试与测量

表 4-1　静态工作点实验数据（$R_{RP} = $　　　）

直接测量值			测量值		理论值				
U_{BQ}/V	U_{CQ}/V	U_{EQ}/V	U_{CEQ}/V	I_{CQ}/mA	U_{BQ}/V	U_{CQ}/V	U_{EQ}/V	U_{CEQ}/V	I_{CQ}/mA

2. 观测输出波形和测量放大倍数

表 4-2　电压放大倍数实验数据（一）

R_L	U_{ipp}/mV	U_{opp}/V	A_u 测量值	A_u 理论值
∞				
3kΩ				
5.1kΩ				

3. 观察由于工作点不正常所形成的失真波形

表 4-3　观测失真波形实验数据

R_{RP}	R_{RP}最大	R_{RP}最小	R_{RP}正常
U_{CEQ}			
I_{CQ}			
U_o			
失真类型			

4. 测试输入电阻 R_i

表 4-4　电压放大倍数实验数据（二）

U_s/mV	U_i/mV	R_i测量值	R_i理论值

5. 测试输出电阻 R_o

表 4-5　电压放大倍数实验数据（三）

$R_L/kΩ$	$U_∞/V$	U_o/V	R_o测量值	R_o理论值

6. 测量幅频特性曲线

表 4-6　幅频特性实验数据（$A_{um}=$　　）

f/Hz								
U_o/V								
$A_u(f)$								
$|A_u(f)/A_{um}|$								

7. 交流信号放大输入输出波形记录

指导教师（签字）：　　　　　　　　　　　　　　　　日期：

实验二　双极型晶体管单管放大器（二）

一、实验目的

掌握共射极放大器工作原理，并对电路的主要技术指标进行分析和计算。从电路的设计和实际应用方面进行考虑，调试电路和测量放大器的各项指标。

二、预习要求

1）复习共射极放大器的工作原理及非线性失真内容。

2）按设计任务与要求设计出电路、元器件的具体参数，若某一技术指标不合适，先确定调整方案。

3）阅读本章实验一中关于参数测量方法的内容。

4）自拟实验步骤及数据记录表格。

三、设计任务与要求

1）静态工作点稳定的共射极放大器。

2）在输出信号不失真的条件下，放大器中频电压增益 $|A_u|\geqslant50$，负载电阻 $R_L=5.1\text{k}\Omega$。

3）直流电源电压为12V，晶体管 $\beta=50\sim100$。

4）输入电阻 $R_i\geqslant1\text{k}\Omega$。

5）输出电阻 $R_o\leqslant5.1\text{k}\Omega$。

四、实验原理

1. 实验电路选择

静态工作点稳定，是指在环境温度变化时静态集电极电流 I_{CQ} 和管压降 U_{CEQ} 基本不变，即静态工作点在输出特性曲线中的位置基本不变。因此，必然依靠变化来抵消 I_{CQ} 和 U_{CEQ} 的变化，常采用引入直流负反馈或温度补偿的方法使 I_{BQ} 在温度变化时产生与 I_{CQ} 相反的变化。

本实验可以选择图 4-6 所示的分压偏置共射极放大电路。

2. 静态工作点的选择

放大器的基本任务是不失真地放大小信号。要使放大器能够正常工作，必须设置合适的静态工作点。静态工作点对放大器很重要，它影响晶体管的静态功耗、波形失真、动态范围和放大倍数等。

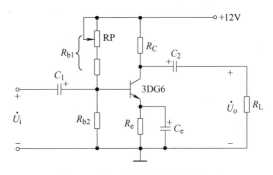

图 4-6 分压偏置共射极放大电路

为了获得最大的不失真输出电压，静态工作点应该选在交流负载线的中点。若工作点选得太高，会引起饱和失真；若选得太低，会产生截止失真。

对于小信号放大器而言，由于输出交流信号幅度很小，非线性失真不是主要问题，因此 Q 点不一定要选在交流负载线的中点。如果希望放大器功耗小、噪声低或输入阻抗高，Q 点可选低一些；希望放大器增益高就要求 Q 点适当选高一些。

如图 4-6 所示的 NPN 硅管共射极放大电路，晶体管基极直流电位一般取 $U_{BQ} = 3 \sim 5V$。合适的 I_{CQ} 可以降低噪声系数 N_F，实验证明：对于锗管，$I_{CQ} = 0.5 \sim 1mA$ 时，N_F 最小；对于硅管，$I_{CQ} = 1 \sim 5mA$ 时，N_F 最小。

3. 电路参数设计

（1）集电极电阻 R_c 的选择

选择 R_c 的依据，是保证技术指标所要求的足够宽的动态范围（即最大不失真输出电压范围）。对于输入级和中间级选择 R_c 的依据是电压增益，即

$$A_{um} = -\frac{U_o}{U_i} = -\frac{\beta(R_c /\!/ R_L)}{r_{be}}$$

依此计算集电极电阻 R_c。通常增大 R_c 可以提高增益 A_u，但 R_c 也不能过大，若 $R_c \gg R_L$ 时，A_u 不但不会明显升高，反而会造成饱和失真。

（2）偏置电阻 R_{b1}、R_{b2}，射极电阻 R_e 的选择

射极电阻 R_e 越大，工作点稳定性越好。但 R_e 过大会使动态范围明显减小，故应两者兼顾。对于硅管，一般选取 $U_{EQ} = 3 \sim 5V$。因此，可由式 $R_e = U_E/I_{EQ}$ 确定 R_e。

下偏置电阻 R_{b2} 越小，温度稳定性越好。但 R_{b2} 小，对信号的分流作用明显，会使 A_u 下降。对于硅管，一般选 $R_{b2} = (5 \sim 10)R_e$ 为好。

上偏置电阻 R_{b1} 主要作用是保证放大器有合适的工作点。可按式

$$R_{b1} = \frac{V_{CC} - U_B}{I_2} \qquad I_2 = \frac{U_B}{R_{b2}}$$

其中，I_2 选取原则为远大于 I_{BQ}，硅管 $I_2 = (3 \sim 5)I_{BQ}$，锗管 $I_2 = (10 \sim 20)I_{BQ}$。

（3）耦合电容 C_1、C_2 和射极旁路电容 C_e 的选择

一般 C_1、C_2 容量越大，电路的低频响应越好，但是容量过大也不行，因为容量大，体积大，分布电容和电感相应增大，使电路高频响应变差，同时容量大的电解电容器漏电流大。所以，应以满足放大电路下限频率为选取原则。通常 C_1、C_2 选取范围为 $10 \sim 30\mu F$，C_e 选取范围为 $50 \sim 100\mu F$。

五、实验设备与器件

1）电子技术综合实验箱。

2) 双路直流稳压电源。

3) 函数信号发生器。

4) 双踪示波器。

5) 数字万用表。

六、实验内容与步骤

1. 测量静态工作点

按照设计好的元器件参数连接成实验电路，检查实验电路接线无误后接通电源。调整静态工作点，用间接测量法测量 I_{CQ}，记录 U_{BQ}、U_{EQ}、U_{CEQ} 的值。

2. 测量电压放大倍数 A_u

自拟输入信号 U_i 参数，用示波器观察输入、输出电压波形，在不失真的条件下，计算出电压放大倍数 A_u。

3. 测量输入电阻 R_i

利用直接测量法，如图 4-3 所示，测量放大器的输入电阻，并按下式计算放大器输入电阻 R_i 的值：

$$R_i = \frac{R_s}{\dfrac{U_s}{U_i} - 1}$$

4. 测量输出电阻 R_o

分别测量放大器的空载输出电压 U_∞ 和有载输出电压 U_o，并按下式计算放大器输出电阻 R_o 的值：

$$R_o = \left(\frac{U_\infty}{U_o} - 1 \right) R_L$$

5. 测量放大器的电压放大倍数 A_u 与静态工作电流 I_{CQ} 的关系

调节 RP，改变静态工作点，微调输入信号，使输出电压不失真，测量 U_i 与 U_o，计算电压增益 A_u。比较测量结果，总结 A_u 与 I_{CQ} 的关系，并进行理论解释。

6. 观察静态工作点的改变对输出波形失真的影响

调节 RP 至最大和最小，用间接法测量 I_{CQ} 的值。增大输入信号，使输出波形失真，画出失真波形，判断失真类型。

7. 测量最大不失真输入电压 U_{im} 和最大不失真输出电压 U_{om}

把工作点调整在交流负载线的中点，微调输入信号的大小，得到最大不失真输出电压。测量此时的输入电压和输出电压，即为放大器的最大不失真输入电压 U_{im} 和输出电压 U_{om}。

七、实验报告要求

1) 写出设计原理、设计步骤，画出电路图并标明元器件参数。

2) 整理实验数据，将 A_u、R_i、R_o 的设计指标与实验结果进行比较，分析误差产生原因。

3) 分析输出波形失真的原因及性质，如何消除。

4) 分析讨论在调试过程中出现的问题。

5) 实验中的收获与体会。

八、思考题

1) 哪些参数影响静态工作点的变化？哪些参数影响 A_u 的变化？

2）总结 R_b、R_c、R_L 对静态工作点、放大倍数的影响。

3）如何设置电路的静态工作点？

4）有哪几种失真波形？分别是由什么原因造成的？

实验二 双极型晶体管单管放大器（二）实验记录

1. 静态工作点实验记录

2. 动态工作点实验记录

3. 其他实验记录

指导教师（签字）： 日期：

实验三 场效应晶体管放大器

一、实验目的

1）掌握场效应晶体管性能和特点。

2）熟悉场效应晶体管放大器的工作原理和静态及动态指标计算方法。

3）学习场效应晶体管放大器主要技术指标的测量方法。

二、预习要求

1）复习场效应晶体管放大器工作原理、性能特点。

2）按电路所给参数，估算电路的静态工作点及电压放大倍数、输入电阻、输出电阻。

3）复习本章实验一中有关输入电阻、输出电阻的测量方法的相关内容。

三、实验原理

场效应晶体管是一种电压控制型器件，按结构可分为绝缘栅型和结型两大类。由于场效应晶体管栅源间处于绝缘或反向偏置，所以输入电阻很高（一般为几百兆欧以上），所以常作为高输入阻抗放大器的输入级。又由于场效应晶体管是一种单极型器件，因此具有稳定性好、抗辐射能力强的特点，同时制造工艺简单，便于集成，应用广泛。

场效应晶体管放大实验电路如图4-7所示。

1. 静态分析

静态时，由于栅极电流为0，所以电阻 R_G 上的电流为0，栅极电位为

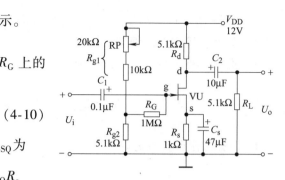

$$U_{GQ} = \frac{R_{g2}}{R_{g1} + R_{g2}} V_{DD} \qquad (4\text{-}10)$$

源极电位 $U_{SQ} = I_{DQ}R_s$。因此，栅-源电压 U_{GSQ} 为

$$U_{GSQ} = U_{GQ} - U_{SQ} = \frac{R_{g2}}{R_{g1} + R_{g2}} V_{DD} - I_{DQ}R_s$$

$$(4\text{-}11)$$

图 4-7　场效应晶体管放大实验电路

漏极电流 I_{DQ} 为

$$I_{DQ} = I_{DSS}\left(1 - \frac{U_{GSQ}}{U_{GS(off)}}\right)^2 \qquad (4\text{-}12)$$

当 $U_{GS(off)} < U_{GS} < 0$，且 $U_{DS} > U_{GS} - U_{GS(off)}$ 时，场效应晶体管处于放大状态。

当 $U_{GS} < U_{GS(off)}$ 时，场效应晶体管处于夹断状态。

当 $U_{GS(off)} < U_{GS} \leq 0$，且 $U_{DS} < U_{GS} - U_{GS(off)}$ 时，场效应晶体管处于可变电阻区。

2. 动态分析

放大倍数

$$A_u = -g_m \left(R_d /\!/ R_L\right) \qquad (4\text{-}13)$$

输入电阻

$$R_i = R_G + R_{g1} /\!/ R_{g2} \qquad (4\text{-}14)$$

输出电阻

$$R_o = R_d \qquad (4\text{-}15)$$

四、实验设备与器件

1）电子技术综合实验箱。

2）双路直流稳压电源。

3）函数信号发生器。

4）双踪示波器。

5）数字万用表。

五、实验内容与步骤

1. 调试测量静态工作点

按图4-7所示连接好电路，调节可变电阻RP，使得 $I_{DQ} = 2\text{mA}$，用万用表分别测量场效应晶体管各极对地静态电位，检查静态工作点是否合适。如不合适，则适当调整RP，以使场效应晶体管工作在恒流区。

2. 测量电压放大倍数 A_u 和输出电阻 R_o

由于场效应晶体管放大器的电压放大倍数较小，只有几至十几，所以输入信号的幅值可以相对大些。这里输入信号 $f = 1\text{kHz}$，$U_i = 50 \sim 100\text{mV}$，观察输出波形。在不失真的条件下测量输入电压 U_i、空载输出电压 U_∞ 和有负载输出电压 U_o，由下式分别计算出 A_u 和 R_o：

$$A_u = \frac{U_o}{U_i} \qquad R_o = \left(\frac{U_\infty}{U_o} - 1\right)R_L$$

3. 测量输入电阻 R_i

在本章实验一中介绍过，测量放大器的输入电阻有两种方法：直接测量法和间接测量

法。由于场效应晶体管的输入电阻 R_i 比较大，限于测量仪器的输入电阻有限，如果采用测量 U_s 和 U_i 的直接测量法，必然会带来较大的误差。因此为了减小误差，常利用被测放大器的隔离作用，通过测量输出电压 U_o 来计算输入电阻，也就是在实验一中提到的输入电阻间接测量法。参考图4-4，利用下式测量出输入电阻：

$$R_i = \frac{U_{o2}}{U_{o1} - U_{o2}} R_s$$

六、实验报告要求

1）按照各项实验内容的要求整理实验数据，分析实验结果，得出相应的结论。

2）将实验数据与理论值进行比较，分析产生误差的原因。

3）比较场效应晶体管放大器与晶体管放大器，总结场效应晶体管放大器的特点。

七、思考题

1）场效应晶体管放大器中输入耦合电容为什么可以取较小值？

2）在测量场效应晶体管静态工作电压 U_{GSQ} 时，能否用直流电压表直接并在 G、S 两端测量？为什么？

3）为什么测量场效应晶体管输入电阻时，要用间接测量法（即测量输出电压）？

实验三　场效应晶体管放大器实验记录

1. 静态工作点实验记录

2. 动态工作点实验记录

3. 其他实验记录

指导教师（签字）：　　　　　　　　　　　　　　　　　　　　　日期：

实验四　差分放大器

一、实验目的

1）掌握差分放大器的结构特点和工作原理及其主要技术指标的测量方法。

2）通过实验了解差分放大器元器件参数的计算、选择和电路调试。

3）了解产生零漂的原因及抑制零漂的方法，了解 R_e 对共模干扰的抑制作用，加深理解共模抑制比的含义。

4）了解恒流源差分放大器对性能指标的改善。

二、预习要求

1）复习差分放大器的工作原理，比较长尾式和恒流源式差分放大器的性能特点及克服零漂的能力。

2）复习差分放大器的静态工作点、差模电压放大倍数、共模电压放大倍数及共模抑制比的概念及计算方法。

3）按设计任务与要求设计电路，写明参数选择的计算过程。

三、设计任务与要求

设计一个双端输出的差分放大器，差模电压放大倍数 $|A_{ud}| = 100$，共模抑制比 $K_{CMR} = 50\text{dB}$。如果提高共模抑制比至 $K_{CMR} = 70\text{dB}$，如何修改原设计电路。差分放大器参考实验电路如图 4-8 所示。

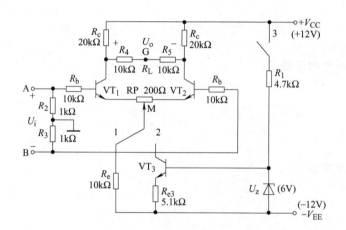

图 4-8　差分放大器参考实验电路

四、实验原理

1. 电路说明

图 4-8 是差动放大器参考实验电路，VT_1、VT_2 对称位置的电路元件要求参数一致。当开关 1 闭合时，构成基本的长尾式差分放大器。当输入信号 $U_i = 0$ 时，应有 $U_o = 0$。RP 为可变电阻，当两管对称性不好时，可以调节 RP，以改变两管的静态电流。VT_1、VT_2 公共的发射极电阻 R_e，它对差模信号无负反馈作用，因而不影响差模电压放大倍数，但对共模信号有较强的负反馈作用，可以有效地抑制零漂和稳定静态工作点。

当开关 2、3 接通时，构成具有恒流源的差动放大器。它利用晶体管恒流源电路代替发射极电阻 R_e，可以进一步提高差分放大器抑制共模信号的能力。

2. 静态工作点的估算

（1）基本差分放大器

差分放大器正常工作同样要有一个合适的静态工作点，对于图4-8的静态估算可得

双端输出时 $U_{B1} \approx 0$

$$I_{E1} = I_{E2} = \frac{V_{EE} - U_{BE}}{R_w/2 + 2R_e} \approx I_{C1} = I_{C2} \tag{4-16}$$

$$U_{C1} = U_{C2} = V_{CC} - I_{C1}R_c \tag{4-17}$$

单端输出时（从 VT_1 输出）

$$U_{C1} = \frac{R_L}{R_c + R_L}V_{CC} - I_{C1}R_c /\!/ R_L \tag{4-18}$$

（2）恒流源差分放大器

$$I_{C3} \approx I_{E3} = \frac{U_z - U_{BE}}{R_{e3}} \tag{4-19}$$

$$I_{C1} = I_{C2} = \frac{1}{2}I_{C3} \tag{4-20}$$

3. 差模电压放大倍数 A_{ud} 和共模电压放大倍数 A_{uc}

当差分放大器的两个输入端加入大小相等、相位相反的信号时，为差模信号，它是差分放大器要放大的信号。当差分放大器的两个输入端加入大小相等、相位相同的信号时，为共模信号，这是需要抑制的信号。

当差分放大器的射极电阻 R_e 足够大，或采用恒流源电路时，差模电压放大倍数 A_{ud} 仅由输出端连接方式决定，而与输入端连接方式无关。

双端输出时，RP 在中点，则

$$A_{ud} = -\frac{\beta\left(R_c /\!/ \frac{R_L}{2}\right)}{R_b + r_{be} + (1+\beta)R_{RP}/2} \tag{4-21}$$

$$A_{uc} = 0 \tag{4-22}$$

$$R_{id} = 2\left[R_b + r_{be} + \frac{1}{2}(1+\beta)R_{RP}\right] \tag{4-23}$$

$$R_{od} = 2R_c \tag{4-24}$$

在单端输出时，RP 在中点，则

$$A_{ud1} = \frac{1}{2}A_{ud}, \quad A_{ud2} = -\frac{1}{2}A_{ud} \tag{4-25}$$

$$R_{id} = 2\left[R_b + r_{be} + \frac{1}{2}(1+\beta)R_{RP}\right], \quad R_o = R_c \tag{4-26}$$

$$A_{uc} = \frac{-\beta(R_c /\!/ R_L)}{R_b + r_{be} + (1+\beta)\left(2R_e + \frac{R_{RP}}{2}\right)} \approx -\frac{R_c /\!/ R_L}{2R_e} \tag{4-27}$$

4. 共模抑制比

$$K_{CMR} = \left|\frac{A_{ud}}{A_{uc}}\right| \quad 或 \quad K_{CMR}(dB) = 20\lg\left|\frac{A_{ud}}{A_{uc}}\right| \tag{4-28}$$

五、实验设备与器件

1）电子技术综合实验箱。

2）双路直流稳压电源。

3）函数信号发生器。

4）双踪示波器。

5）数字万用表。

6）交流毫伏表。

六、实验内容与步骤

1. 测量静态工作点

1）调零。先将输入端 A 和 B 对地短路。用万用表的直流电压挡测量 U_o 值，反复调节可变电阻 RP 直至 $U_o = 0$ 为止。

2）测静态工作点。分别测量 VT_1、VT_2 各极对地电位 U_{C1}、U_{C2}、U_{B1}、U_{B2}、U_{E1}、U_{E2} 和 U_M，填入表 4-7 中，并推算 I_C 及 U_{CE} 的值。

2. 测量差模电压放大倍数 A_{ud}

测试条件：$R_e = 10\text{k}\Omega$、双端输入。

1）在 A、B 两端之间输入交流信号 $U_i = 20\text{mV}$、$f = 400\text{Hz}$，如图 4-9 所示（此时信号浮地）。或在 A、B 两端输入直流差模信号。注意不能让信号发生器的"地"与实验电路中的"地"接在一起（测量 U_i 时因浮地会有干扰，可分别测量 A 点和 B 点对地间电压，两者之差即为 U_i）。

2）$R_L = 20\text{k}\Omega$ 或开路时，用交流毫伏表测出两个集电极、G 点和 M 点对地的交流电位，即 U_{o1}、U_{o2}、U_G 和 U_M。将上述测量的结果填入表 4-8 中。由此计算出相应的双端输出与单端输出的各自差模电压增益。注意以上测量是在输出信号不失真的条件下进行的。

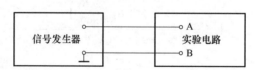

图 4-9　输入差模信号的连线

3. 测量共模电压放大倍数 A_{uc}

测试条件：R_L 开路、双端输入。

1）将放大器 A、B 短接，输入信号接 A 端与地之间构成共模输入方式，如图 4-10 所示。也可以在 A（B）与地之间输入直流共模信号。调节输入信号 $U_i = 1\text{V}$、$f = 400\text{Hz}$。

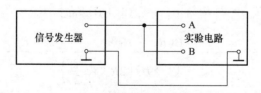

图 4-10　输入共模信号的连线

2）在输出电压不失真的情况下，测量 U_{o1} 及 U_{o2} 的值，记入表 4-9 中。由此计算出单端输出与双端输出情况下的共模电压增益。测量时观察 U_i、U_{o1}、U_{o2} 之间的相位关系。

4. 计算共模抑制比 K_{CMR}

根据测量结果，按式（4-23）计算共模抑制比。

5. 恒流源差分放大器的测试

将图4-8中开关1断开，闭合2、3，构成恒流源差分放大器。重新测量 A_{ud} 和 A_{uc}，比较 K_{CMR} 的变化。

七、实验报告要求

1）详细说明电路设计、参数计算和元器件选择。

2）整理实验数据，根据实测数值和计算结果，分别把长尾差分放大器及恒流源差分放大器的静态工作点、差模电压放大倍数与估算值进行比较，分析误差原因。

3）根据实验结果分析 R_e 对共模信号的抑制作用，比较长尾差分放大器和恒流源差分放大器的性能特点。

4）通过实验，简要说明差分放大器是如何解决放大和零漂之间的矛盾的。

八、思考题

1）差分放大器中两个晶体管及元件对称性对放大器有关性能有何影响？

2）实验中，每次输入信号之前为什么要调零？

3）R_e 在电路中起什么作用，为什么有时改用恒流源？

4）改变 R_e 的同时，为什么同时改变 V_{EE} 的值？

实验四　差分放大器实验记录

表4-7　静态工作点实验数据

VT$_1$ 直接测量值				VT$_1$ 间接测量值		VT$_1$ 的理论值				
U_B/V	U_C/V	U_E/V	U_M/V	U_{CE}/V	I_C/mA	U_B/V	U_C/V	U_E/V	U_{CE}/V	I_C/mA

VT$_2$ 直接测量值				VT$_2$ 间接测量值		VT$_2$ 的理论值				
U_B/V	U_C/V	U_E/V	U_M/V	U_{CE}/V	I_C/mA	U_B/V	U_C/V	U_E/V	U_{CE}/V	I_C/mA

表4-8　差模增益实验数据

$R_L = 20k\Omega$	测 量 值	理 论 值
U_{o1}/mV		
U_{o2}/mV		
U_G/mV		
U_M/mV		
A_{ud}		
A_{ud1}		
$R_L = \infty$	测 量 值	理 论 值
U_{o1}/mV		
U_{o2}/mV		

表 4-9 共模增益实验数据

$R_L = \infty$	测 量 值	理 论 值
U_{o1}/mV		
U_{o2}/mV		
A_{uc}		

指导教师（签字）：   日期：

实验五 集成运算放大器负反馈放大电路

一、实验目的

1）加深理解负反馈对放大电路主要性能的影响。

2）掌握负反馈放大电路各项性能指标的测试方法。

3）根据设计要求，完成实验中要求的设计部分。

二、预习要求

1）复习 4 种负反馈组态放大电路的工作原理及对放大电路性能的影响。

2）复习放大倍数的估算方法及深度负反馈电路放大倍数的近似计算法。

3）自拟实验步骤及数据记录表格。

4）按实验要求设计电路。

三、设计任务与要求

1）设计一个单级运算放大器构成的负反馈放大电路。要求 $A_{uf} = -10$；输入电阻 $R_{if} = 10k\Omega$；放大电路具有较强的带负载能力。

2）设计一个两级运算放大器构成的闭环放大电路。要求开环电压放大倍数 $A_u = 500$，闭环电压放大倍数 $A_{uf} = 80$。

四、实验原理

在实际的负反馈放大电路中，有 4 种常见的组态：电压串联、电压并联、电流串联、电流并联。引入负反馈后，放大电路的很多性能得到改善，下面以电压负反馈为例进行分析。

1. 引入负反馈降低了电压放大倍数

闭环电压放大倍数 A_{uf} 为

$$A_{uf} = \frac{A}{1 + AF} \tag{4-29}$$

式中，A 为电路开环时电压放大倍数；$(1 + AF)$ 为反馈深度，其大小决定了负反馈对放大器性能改善的程度；F 为反馈系数。

如果 $AF \gg 1$，则称为深度负反馈，此时闭环电压放大倍数 A_{uf} 为

$$A_{uf} \approx \frac{1}{F} \tag{4-30}$$

对于集成运算放大器引入负反馈，一般都满足深度负反馈的条件。

2. 负反馈提高了放大电路增益的稳定性

在深度负反馈前提下 $A_{uf} \approx 1/F$，即 A_{uf} 几乎仅决定于反馈网络，而反馈网络通常由电阻组成，因而可获得很好的稳定性。稳定性的提高一般以相对变化量表示为

$$\frac{\mathrm{d}A_f}{A_f} = \frac{A}{1 + AF} \frac{\mathrm{d}A}{A} \tag{4-31}$$

负反馈放大电路放大倍数 A_f 的相对变化量 $\mathrm{d}A_f/A_f$ 仅为其基本放大电路放大倍数 A 的相对变化量 $\mathrm{d}A/A$ 的 $1/(1 + AF)$，也就是说 A_f 的稳定性是 A 的 $(1 + AF)$ 倍。应当指出，稳定性是以损失放大倍数为代价的，即 A_f 减小到 A 的 $1/(1 + AF)$，才使其稳定性提高到 A 的 $(1 + AF)$ 倍。

3. 引入负反馈改变输入电阻和输出电阻

（1）输入电阻

串联负反馈增大输入电阻，即

$$R_{if} = (1 + AF)R_i$$

并联负反馈减小输入电阻，即

$$R_{if} = \frac{R_i}{1 + AF}$$

（2）输出电阻

电压负反馈减小输出电阻，即

$$R_{of} = \frac{R_o}{1 + AF}$$

电流负反馈增大输出电阻，即

$$R_{of} = (1 + AF)R_o$$

另外，引入负反馈还可以展宽频带、减小非线性失真等。

五、实验设备与器件

1）电子技术综合实验箱。
2）双路直流稳压电源。
3）函数信号发生器。
4）双踪示波器。
5）数字万用表。
6）交流毫伏表。

六、实验内容与步骤

1. 单级运算放大器负反馈放大电路的测试

对于设计题目一，可参考图 4-11 所示电路。

（1）测量电压放大倍数 A_{uf}

输入端加入 $U_i = 100\mathrm{mV}$、$f = 500\mathrm{Hz}$ 的正弦信号，测量输出电压 U_o，计算电压放大倍数 A_{uf}，并与理论值比较。

（2）测量电路的输出电阻 R_{of}

观察电压负反馈稳定输出电压的作用。改变 R_L，使之分

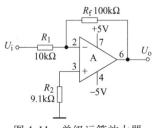

图 4-11　单级运算放大器
负反馈放大电路

别为∞、10kΩ、100Ω，测量并记录所对应的每个 U_o 值，说明电压负反馈稳定输出电压作用。用 $R_L = ∞$ 和 $R_L = 100Ω$ 时的 U_o 值计算输出电阻 R_{of}，说明电压负反馈对输出电阻的影响。

（3）测量电路的输入电阻 R_{if}

方法一：把 R_1 当作外串电阻 R_s，输入信号不变，测量 U_i、U_+、U_- 的值，计算 R_{if}，与理论值比较，说明并联负反馈对输入电阻的影响。

用实测的 U_+、U_- 的值说明虚地现象，并分析共模电压的大小。

方法二：在 R_1 前串联 $R_s = 10kΩ$，测量 U_s、U_i，计算 R_{if}。

2. 两级运算放大器负反馈放大电路的测试

对于设计题目二，可参考图 4-12 电路。

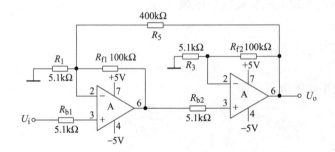

图 4-12　两级运算放大器负反馈放大电路

（1）开环放大电路的测量

1）测量开环电压放大倍数 A_u。图 4-13 为图 4-12 接成开环放大器的电路图。电路接成开环放大器时，根据网络理论，当考虑反馈网络在输入端的负载效应时，应令输出量的作用为零；而当考虑反馈网络在输出端的负载效应时，应令输入量的作用为零。

在图 4-13 两级放大器中，由于前级的输出电阻很小（电压反馈），后级的输入电阻很大（串联反馈），所以可以认为前后级互不影响。经分析可得

$$F = \frac{R_1}{R_1 + R_5} \quad A = A_{u1}A_{u2} = \left(1 + \frac{R_2}{R_5 /\!/ R_1}\right)\left(1 + \frac{R_4}{R_3}\right)$$

输入端加入 $U_i = 5mV$、$f = 500Hz$ 的正弦信号，测量输出电压 U_o，计算开环电压放大倍数 A_u，并与理论值比较。

2）测量开环放大电路的上限截止频率 f_H。保持输入信号 U_i 的幅值不变，改变输入信号频率，用示波器监视输出波形。在不失真的条件下，当信号频率升高到使放大倍数下降到中频时的 0.707 倍时，所对应的频率即为上限截止频率 f_H。

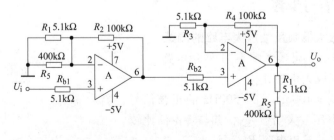

图 4-13　两级运算放大器负反馈放大电路的开环结构

（2）闭环放大电路的测量

1）测量闭环电压放大倍数 A_{uf}。将负反馈放大电路接为闭环状态。输入端加入 $U_i =$ 10mV、$f = 500$Hz 的正弦信号，测量闭环输出电压 U_{of}，计算闭环电压放大倍数 A_{uf}，并与理论值比较，同时比较 A_u 与 A_{uf}，得出相应结论。

2）测量闭环放大电路的上限截止频率 f_{Hf}。采用测量开环放大电路上限频率的方法，测量出闭环时的上限截止频率 f_{Hf}，将 f_H 与 f_{Hf} 进行比较，得出相应结论。

七、实验报告要求

1）写出设计原理、设计步骤、计算公式，画出完整的电路图。

2）以表格形式列出经整理归纳后的实验数据，总结出负反馈对放大电路性能的影响，并与计算结果进行比较分析。

3）对调试、测量中出现的问题进行分析，说明排除故障的方法。

八、思考题

1）什么是"虚短""虚断"现象？什么是"虚地"？用实验数据说明。

2）"电压串联"和"电压并联"负反馈各自的特点是什么？各在什么情况下被应用？

实验五　集成运算放大器负反馈放大电路实验记录

1. 开环放大电路测量数据

2. 开环放大电路上限截止频率测量数据

3. 闭环放大电路测量数据

指导教师（签字）：　　　　　　　　　　　　　　　　　　　　　日期：

实验六　集成运算放大器的基本运算电路

一、实验目的

1）掌握集成运算放大器正确的使用方法。

2）掌握常用单元电路的设计和调试方法。

3）了解集成运算放大器在实际应用时应注意的问题。

二、预习要求

1）复习集成运算放大器线性应用部分内容。

2）自拟实验步骤及数据记录表格。

3）按实验要求设计电路，有完整的设计过程。

4）从理论分析上得出实验数据及输出波形。

5）根据电路的具体形式和参数，确定合适的输入信号。

6）熟悉 μA741 的引脚排列和主要技术指标。

三、设计任务与要求

1）反相比例运算电路：要求 $A_{uf} = -10$；输入电阻 $R_{if} \geqslant 10\text{k}\Omega$。

2）同相比例运算电路：要求 $A_{uf} = 11$。

3）反相加法运算电路：$U_o = -5U_{i1} - 4U_{i2}$。

4）差分比例运算电路：$U_o = 10(U_{i1} - U_{i2})$。

四、实验原理

集成运算放大器是一种具有高增益的直接耦合多级放大电路，在线性应用方面可以组成多种运算电路。集成运算放大器可以进行直流放大，也可进行交流放大。

1. μA741 运算放大器简介

μA741 运算放大器的引脚图如图 4-14 所示。理想情况下，运算放大器应具有如下参数：

1）开环差模电压放大倍数 $A_{ud} = \infty$。

2）输入电阻 $R_i = \infty$。

3）输出电阻 $R_o = 0$。

4）频带宽度 $f_{BW} = \infty$。

5）共模电压放大倍数 $A_{uc} = 0$。

6）没有零点漂移。

图 4-14　μA741 运算
放大器引脚图

实际应用运算放大器时，其性能与理想值有一定的差别，但分析电路原理时可用理想参数代替实际参数进行分析。

因为运算放大器的开环差模放大倍数（简称开环放大倍数）很大，集成运算放大器在线性区应用时一般都接成闭环形式。因此在分析集成运算放大器组成的运算电路时，要正确理解"虚短""虚断"和"虚地"的概念。

使用运算放大器时，调零和相位补偿是必须注意的两个问题，此外还应注意同相端和反相端与"地"之间的直流电阻相等，以减少输入端直流偏流引起的误差。

一般来说运算放大器无须调零也可以正常工作。但有时管子的失调参数较大，如输入失调电压会使直流放大器无法正常工作，对交流放大器则影响它的动态范围。

2. 反相比例运算电路

图 4-15 为反相比例运算电路。为了减小输入端偏置电流引起的运算误差，在同相端应接入平衡电阻 $R_2 = R_1 // R_f$，根据理想运算放大器条件，该电路的输入与输出的关系为

$$U_o = -\frac{R_f}{R_1}U_i \tag{4-32}$$

U_o、U_i 成反相位，改变 R_1、R_f 的阻值，可以改变放大器的电压增益，放大倍数 $|A_u|$ 可以大于 1 也可以小于 1。若 $R_1 = R_f$，则 $U_o = -U_i$，称为反相器。

反相比例运算电路的输入电阻 $R_i \approx R_1$，反馈电阻 R_f 不能取得太大，否则会产生较大的噪声及漂移，其值一般取几十千欧至几百千欧之间。R_1 的值应远大于信号源的内阻。

3. 同相比例运算电路

同相比例运算电路如图 4-16 所示。该电路具有输入电阻很高，输出电阻很低的特点，广泛用于前置放大器。平衡电阻同样满足 $R_2 = R_1 /\!/ R_f$，根据理想运算放大器条件，该电路的输入与输出的关系为

$$U_o = \left(1 + \frac{R_f}{R_1}\right)U_i \tag{4-33}$$

当 R_1 为有限值时，放大倍数恒大于 1。

同相比例运算电路的输入电阻为 $R_i \approx r_{ic}$，r_{ic} 是运算放大器同相端对地的共模输入电阻，一般约为 $10^8 \Omega$。

如果 $R_1 = \infty$ 或 $R_f = 0$，则 $A_{uf} = 1$，即同相比例放大电路变为同相跟随器，也就是电压跟随器，因此可视为电压源，是比较理想的阻抗变换器。

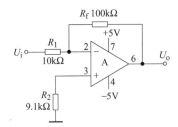

图 4-15　反相比例运算电路

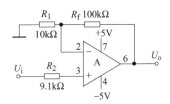

图 4-16　同相比例运算电路

4. 反相加法运算电路

如图 4-17 所示，在电路的反相输入端加入两个输入信号，构成反相加法运算电路。当运算放大器开环增益足够大时，由于同相输入端为"虚地"，两个输入电压可以彼此独立地通过自身输入回路的电阻转换为电流，故能精确地实现代数求和运算。根据理想运算放大器的条件，由叠加定理可得输出电压与输入电压的关系为

$$U_o = -R_f\left(\frac{U_{i1}}{R_1} + \frac{U_{i2}}{R_2}\right) \tag{4-34}$$

式中，负号表示输出信号与输入信号反相位，同相端的输入电阻 $R_3 = R_1 /\!/ R_2 /\!/ R_f$。

5. 差分比例运算电路

如图 4-18 所示，输入信号分别加在运算放大器的同相输入端和反相输入端，构成差分比例运算电路。根据理想运算放大器的条件，由叠加定理可得输出电压与输入电压的关系为

$$U_o = \frac{R_f}{R_1}(U_{i1} - U_{i2}) \tag{4-35}$$

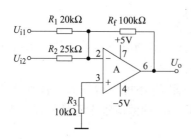

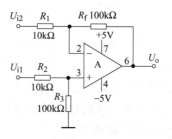

图 4-17   反相加法运算电路

图 4-18   差分比例运算电路

由于该差分比例运算电路的输入电阻较小，为了增大输入电阻可以改为两级运算放大器或采用仪表用放大器实现。

五、实验设备与器件

1）电子技术综合实验箱。
2）双路直流稳压电源。
3）函数信号发生器。
4）双踪示波器。
5）数字万用表。

六、实验内容与步骤

1. 集成运算放大器的调零

下面以反相比例运算电路为例，如图 4-19 所示，说明集成运算放大器的调零方法。一般集成运算放大器具有外接调零端，如 μA741 的 1 脚和 5 脚，如图 4-19 所示。在调零端加一个补偿电压，以抵消运算放大器本身的失调电压，达到调零目的。

将输入端接 "地"，用直流电压表检测输出电压 U_o 是否为零。若不为零，调节可变电阻 RP，以保证 $U_i = 0$ 时，$U_o = 0$。运算放大器调零后，在后面的实验中就不用调零了。

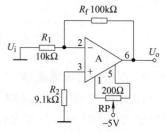

2. 反相比例运算电路

1）在输入端加入直流电压信号，用万用表的直流电压挡或示波器测量输出电压 U_o，将测量数值填入表 4-10 中。

图 4-19   集成运算放大器
调零电路

2）在输入端加入正弦信号，频率 $f = 400\text{Hz}$，幅值 $U_i = 100\text{mV}$（若 U_o 失真，将 U_i 减小，保证 U_o 不失真）。观察并记录输入和输出的电压波形，测量它们之间相位关系、幅值关系。

3）测量最大不失真输出电压 U_{om}。输入正弦信号频率不变，幅值增加，用示波器监视输出波形，找到输出电压 U_o 幅值最大且不失真波形，即为 U_{om}。

3. 同相比例运算电路

重复上面反相比例运算电路中步骤 1）和 2）的内容。做好记录。

4. 电压跟随器

将图 4-16 同相比例运算电路中的 R_1 断开，去掉 R_f，2 脚与 6 脚相连，即为电压跟随器电路。分别输入直流信号和交流信号，信号大小自定。记录 U_i 与 U_o 的幅值和相位，得出相应的结论。

5. 反相求和运算电路

1）在输入端加入直流电压信号，用万用表的直流电压挡或示波器测量输出电压 U_o，将测量数值填入表 4-11 中。

2）$U_{i1} = 0.1 \text{V}$，直流信号；$U_{i2} = 100 \text{mV}$，正弦交流信号，$f = 400 \text{Hz}$。

观察并记录输入和输出的电压波形，测量它们之间相位关系、幅值关系。

6. 差分运算电路

1）在输入端加入直流电压信号，用万用表的直流电压挡或示波器测量输出电压 U_o，将测量数值填入表 4-11 中。

2）$U_{i1} = 0.1 \text{V}$，直流信号；$U_{i2} = 100 \text{mV}$，正弦交流信号，$f = 400 \text{Hz}$。

观察并记录输入和输出的电压波形，测量它们之间相位关系、幅值关系。

在求和与差分运算电路中，由于是交直流叠加，要特别注意示波器的正确使用，选好挡位和量程。

七、实验报告要求

1）画出完整的电路图，说明参数的设计过程。

2）以表格形式列出经整理归纳后的实验数据，用坐标纸画出有关实验波形，并与计算结果进行比较分析。

3）对比实验数据与理论计算数据有何差别，分析误差大小及产生的原因。分析实验现象，总结规律。

4）对调试中出现的问题进行分析，并说明解决的措施。

八、思考题

1）理想运算放大器有哪些特点？

2）比例运算电路的运算精度与电路中哪些参数有关？如果运算放大器已选定，如何减小误差？

3）在测试各运算电路中，输出始终为一接近电源值的较大电压，电路可能发生了什么问题？应如何解决？

4）在测试各运算电路中，若输入端对地短路，输出电压 $U_o \neq 0$，说明电路存在什么问题？应如何处理？

实验六　集成运算放大器的基本运算电路实验记录

1. 直流信号放大实验记录

表 4-10　比例运算输入直流信号的实验数据

直流电压信号值 U_i/V		反相比例运算		同相比例运算	
		0.1	0.2	0.1	0.2
输出电压 U_o	理论估算值/V				
	测量值/V				
	误差（%）				

表4-11　反相求和与差分运算输入直流信号的实验数据

直流电压信号值 U_i/V		反相求和运算		差分运算	
		$U_{i1} = +0.2V$ $U_{i2} = -0.4V$	$U_{i1} = +0.2V$ $U_{i2} = -0.2V$	$U_{i1} = +0.2V$ $U_{i2} = +0.3V$	$U_{i1} = +0.3V$ $U_{i2} = +0.2V$
输出电压 U_o	理论估算值/V				
	测量值/V				
	误差（%）				

2. 交流信号放大实验记录

指导教师（签字）：　　　　　　　　　　　　　　　　　日期：

实验七　积分、微分运算电路

一、实验目的

1）加深理解有关积分和微分运算电路的基本性能与特点。

2）掌握积分运算和微分运算电路的基本结构，加深对各元器件参数之间、输入/输出函数关系的理解。

二、预习要求

1）复习集成运算放大器组成积分和微分电路的原理。

2）从理论上分析并画出实验电路波形，得出相应的结论。

3）分析实验电路中各元器件的作用。

三、设计任务与要求

1）设计一个将方波转换成三角波的反相积分电路。输入方波电压幅值为 ±1V，周期为 1ms。要求积分电路输入电阻 $R_i \geqslant 10k\Omega$，输出三角波的幅值能达到运算放大器的限幅值，约为 ±2V。

2）设计一个将方波转换成尖顶波的微分电路。微分电路时间常数为 1ms。

四、实验原理

1. 积分电路

（1）电路说明

积分电路可以实现对输入信号的积分运算，图4-20为实

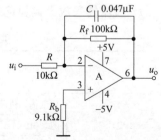

图4-20　实用积分电路

用积分电路。

根据运算放大器"虚短"和"虚断"概念分析，运算放大器反相输入端为"虚地"点，推导得积分电路的运算关系式为

$$u_o = \frac{-1}{RC}\int_{t_1}^{t_2} u_i dt + u_C \bigg|_{t_1} \tag{4-36}$$

式中，RC 为积分时间常数；$u_C \big|_{t_1}$ 是 t_1 时刻电容两端的电压值，即初始值。

当 $u_i(t)$ 是幅度为 E 的阶跃电压信号时

$$u_o = \frac{-1}{RC}\int_{t_1}^{t_2} E dt + u_C \bigg|_{t_1} = -\frac{E}{RC}(t_2 - t_1) + u_C \bigg|_{t_1} \tag{4-37}$$

为了限制电路的低频增益，减少失调电压的影响，与电容 C 并联一个电阻 R_f，即得到图 4-20 所示的实用积分电路。当输入信号频率大于 $f_0 [f_0 = 1/(2\pi R_f C)]$ 时，电路为积分器；若输入信号频率远低于 f_0 则电路近似为一个反相器，低频电压增益为 $A_u = -R_f/R$。

（2）参数选择

1）R、C 值的确定。在积分电路中，R、C 的值决定时间常数，由于受集成运算放大器最大输出电压 U_{omax} 的限制，其值必须满足

$$RC \geqslant \frac{1}{U_{omax}}\int_{t_1}^{t_2} u_i dt$$

对于阶跃信号满足

$$RC \geqslant \frac{E}{U_{omax}}\Delta t$$

这样可以避免 RC 过大或过小给积分电路输出电压造成的影响。否则 RC 过大，在一定的积分时间内，输出电压将很低；RC 值太小，积分电路达不到积分时间要求时就饱和了。

当输入信号为角频率 ω、峰值 E 的正弦信号时，应满足

$$RC \geqslant \frac{E}{U_{omax}\omega}$$

此时，RC 不仅受运算放大器最大输出电压的限制，而且还与输入信号的频率有关。当 U_{omax} 的值一定时，对于一定幅值的正弦信号，频率越低，RC 值就越大。

当时间常数 RC 确定之后，就可以选择 R 和 C 参数。因为反相积分电路的输入电阻 $R_i = R$，所以往往希望 R 取值大些。但加大 R 后，必须减小 C，这会使积分漂移变大。因此，一般选 R 满足输入电阻要求的条件下，尽量加大 C 值，但一般情况下积分电容 $C \leqslant 1\mu F$。

2）R_b 值的确定。在积分电路中，R_b 为静态平衡电阻，用以补偿偏置电流所产生的失调，一般情况下选 $R_b = R /\!/ R_f$。

3）R_f 值的确定。R_f 是积分漂移泄放电阻，用以防止积分漂移所造成的饱和或截止。但也要注意引入 R_f 后，由于对积分电容的分流作用，将产生新的积分误差。综合考虑，常取 $R_f > 10R$。

（3）反相积分电路

设计一个将方波转换成三角波的反相积分电路，输入方波电压的幅值为 4V，周期为 1ms。积分电路输入电阻大于 $10k\Omega$。

用积分电路将方波转换成三角波，即对方波的每半个周期分别进行不同方向的积分运算。在正半周，输入相当于正极性的阶跃信号，积分时间为 $T/2$。如果运算放大器的 $U_{omax} = 10V$，积分时间常数 RC 为

$$RC \geqslant \frac{E}{U_{omax}}\Delta t = \frac{4V}{10V} \times \frac{1}{2}ms = 0.2ms \quad 取 RC = 0.5ms$$

为满足输入电阻 $R_i \geqslant 10k\Omega$，取 $R = 10k\Omega$，则积分电容为

$$C = 0.5ms/R = 0.05\mu F$$

为减小 R_f 引入的误差，取 $R_f > 10R$，则 $R_f = 100k\Omega$。取平衡电阻 $R_b = R // R_f = 9.1k\Omega$

（4）积分电路的主要用途

1）延迟：将输出电压作为电子开关的输入电压，积分电路可起延迟作用。

2）将方波转换为三角波。

3）移相位 90°：积分输入信号是正弦波，若运算放大器处于线性工作范围，那么输出电压的相量关系是

$$\dot{U}_o = -\frac{\frac{1}{j\omega C}}{R}\dot{U}_i \quad 即 \quad \dot{U}_o = \frac{j}{\omega RC}\dot{U}_i$$

因此在正弦稳态条件下，输出电压的相位比输入电压超前 90°，而且这个相位差与频率无关，但输出电压的幅度随频率升高而下降。

2. 微分电路

微分电路可以实现对输入信号的微分运算，微分是积分逆运算，因此把积分电路中的 R 与 C 的位置互换，就组成了最简单的微分电路。实用微分电路如图 4-21 所示。

在理想情况下，微分电路的输出电压与输入电压的函数关系为

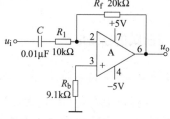

$$u_o = -R_f C\frac{du_i}{dt} = -\tau\frac{du_i}{dt} \quad (4-38)$$

图 4-21　实用微分电路

在实用微分电路中，输入端与电容 C 串接一个小电阻 R_1。在低频区，$R_1 \ll 1/\omega C$，因此在主工作频率范围内，电阻 R_1 的作用不明显，电路起微分作用。在高频区，当容抗小于电阻 R_1 时，R_1 的存在限制了闭环增益的进一步增大，从而有效地抑制了高频噪声和干扰。但 R_1 的值不可过大，太大会引起微分运算误差，一般取 $R_1 \leqslant 10k\Omega$ 比较合适。当输入信号的频率低于 $f_0 = 1/(2\pi R_1 C)$ 时，电路起微分作用；当信号频率远高于上式时，电路近似为反相器，即高频电压增益 $A_u = -R_f/R_1$。

五、实验设备与器件

1）电子技术综合实验箱。

2）双路直流稳压电源。

3）函数信号发生器。

4）双踪示波器。

5）数字万用表。

六、实验内容与步骤

1. 积分运算电路

1）输入方波信号，频率 $f = 1kHz$，幅值 $U_{ipp} = 1V$。将示波器置双通道工作，观测并准

确记录输入和输出波形之间幅度、相位和周期。计算积分时间常数。

2）输入正弦信号，频率 $f = 1\text{kHz}$，幅值 $U_{ipp} = 1\text{V}$。将示波器置双通道工作，观测并准确记录输入和输出波形之间幅度、相位和周期。

3）降低正弦信号频率，但幅值不变。观测输出波形，记录不起积分作用而成反相器时的输入信号频率，计算此时的电压增益。

2. 微分运算电路

1）输入方波信号，频率 $f = 1\text{kHz}$，幅值 $U_{ipp} = 1\text{V}$。将示波器置双通道工作，观测并准确记录输入和输出波形之间幅度、相位和周期。

2）输入正弦信号，频率 $f = 1\text{kHz}$，幅值 $U_{ipp} = 1\text{V}$。将示波器置双通道工作，观测并准确记录输入和输出波形之间幅度、相位和周期。

3）增大正弦信号频率，但幅值不变。观测输出波形，记录不起微分作用而成反相器时的输入信号频率，计算此时的电压增益。

4）输入三角波信号，频率 $f = 1\text{kHz}$，幅值 $U_{ipp} = 1\text{V}$。将示波器置双通道工作，观测并准确记录输入和输出波形之间幅度、相位和周期。

七、实验报告要求

1）画出完整的电路图，说明参数的设计过程。

2）以表格形式列出经整理归纳后的实验数据，用坐标纸画出有关实验波形，并与计算结果进行比较分析。

3）对比实验数据与理论计算数据有何差别，分析误差大小及产生的原因。分析实验现象，总结规律。

4）对调试中出现的问题进行分析，并说明解决的措施。

八、思考题

1）实用积分电路中，R_f 起什么作用？

2）实用微分电路中，R_1 起什么作用？

实验七 积分、微分运算电路实验记录

1. 积分运算电路实验数据

2. 微分运算电路实验数据

指导教师（签字）：   日期：

实验八 有源滤波器

一、实验目的

1）加深理解有源滤波器的基本性能与特点，了解集成运算放大器在信号处理方面的应用。

2）掌握各种有源滤波器的基本结构，分清 LPF、HPF、BPF、BEF 和 APF 滤波器各自的特点。

3）掌握有源滤波器的设计方法及幅频特性的测试。

二、预习要求

1）复习有源滤波器的工作原理和幅频特性。

2）按设计任务与要求设计出电路图，要有设计过程。

3）从理论上分析得出实验数据及输出波形。

4）弄清截止频率、中心频率、带宽、阻带宽度及品质因数的含义。

三、设计任务与要求

1）设计一个有源二阶低通滤波器。设计要求：上限截止频率 $f_H = 10\text{kHz}$，通带增益 $A_{up} = 2$，品质因数 $Q = 0.707$。

2）设计一个带通滤波器。设计要求：通带增益 $A_{up} = 2$，中心频率 $f_0 = 1600\text{Hz}$。

四、实验原理

1. 低通滤波器（LPF）

图 4-22 所示为一阶有源低通滤波器及其幅频特性。其电路的特点是：将 RC 无源滤波电路接到运算放大器的同相输入端，运算放大器的反相输入端为深度负反馈，因此运算放大器工作在线性区。该滤波电路的缺点是高频段下降缓慢，只有 – 20dB/10 倍频，滤波效果不好。

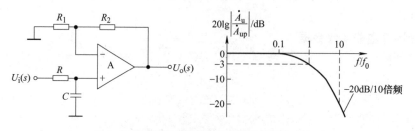

图 4-22 一阶有源低通滤波器及其幅频特性

为了使输出电压在高频段以更快的速率下降，改善滤波效果，可以再加一级 RC 低通滤波，构成二阶有源低通滤波器，如图 4-23 所示。

一般来说，当 $f = f_0$ 时，二阶低通滤波器能提供 – 40dB/10 倍频的衰减特性，滤波效果比一阶电路要好。注意此电路第一级电容 C 改接在输出端，相当于在二阶有源滤波电路中加入了正反馈。其目的是让输出在高频段迅速下降，而在接近截止频率 f_0 的范围内，输出电压又不至下降太多，从而有利于改善滤波特性。其输出与输入电压的关系为

$$\dot{A}_u = \frac{\dot{U}_o}{\dot{U}_i} = \frac{\dot{A}_{up}}{1 + (3 - \dot{A}_{up})\mathrm{j}\dfrac{f}{f_0} + \mathrm{j}^2\left(\dfrac{f}{f_0}\right)^2} = \frac{\dot{A}_{up}}{1 - \left(\dfrac{f}{f_0}\right)^2 + \mathrm{j}\dfrac{1}{Q}\left(\dfrac{f}{f_0}\right)} \tag{4-39}$$

式中，通带电压放大倍数 $\dot{A}_{up}$ 为

$$\dot{A}_{up} = 1 + \frac{R_f}{R_1} \tag{4-40}$$

截止频率 f_0 为

$$f_0 = \frac{1}{2\pi RC} \tag{4-41}$$

品质因数 Q 为

$$Q = \left.\frac{|\dot{A}_u|}{A_{up}}\right|_{f=f_0} = \frac{1}{3 - \dot{A}_{up}} \tag{4-42}$$

当 $Q = 1$ 时，在 $f = f_0$ 时，保持通频带增益，而高频段幅度衰减很快，所以滤波效果较好。从幅频特性可以看出 Q 值不同时对幅频特性的影响。Q 值越大从通带到阻带的过渡就越快，但 Q 值较大时会在截止频率附近出现尖峰，有可能使电路工作不稳定，因此通常选 $Q = 0.5 \sim 1$ 比较好，特别是 $Q = 0.707$ 时容易获得最大平坦特性。当闭环放大倍数 $A_{up} = 3$ 时，Q 值将趋于无穷大，此时电路将产生自激振荡，因此必须满足 $R_f < 2R$。

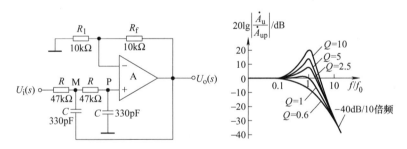

图 4-23   二阶低通滤波器及其幅频特性

2. 带通滤波器（BPF）

带通滤波器的作用是只允许某一频带内的信号通过，具有选频特性，常用于从许多信号（包括干扰、噪声）中获取所需信号。

将低通滤波器和高通滤波器串联，设前者的截止频率为 f_{p1}，后者的截止频率为 f_{p2}，$f_{p2} < f_{p1}$，构成压控电压源二阶带通滤波器，如图 4-24 所示，通频带为 $(f_{p1} - f_{p2})$。当 $C_1 = C_2 = C$，$R_1 = R$，$R_2 = 2R$ 时，中心频率 f_0 为

$$f_0 = \frac{1}{2}(f_{p1} + f_{p2}) = \frac{1}{2\pi RC} \tag{4-43}$$

当 $f = f_0$ 时，通带电压放大倍数为

$$\dot{A}_{up} = \frac{\dot{A}_{uf}}{3 - A_{uf}} \qquad \dot{A}_{uf} = \frac{\dot{U}_o}{\dot{U}_i} = 1 + \frac{R_f}{R} \tag{4-44}$$

电压放大倍数为

$$\dot{A}_{u} = \frac{\dot{A}_{uf}}{3 - \dot{A}_{uf}} \frac{1}{1 + j\dfrac{1}{3 - \dot{A}_{uf}}\left(\dfrac{f}{f_0} - \dfrac{f_0}{f}\right)} \tag{4-45}$$

当 $f = f_0$ 时，得通带放大倍数

$$\dot{A}_{up} = \frac{\dot{A}_{uf}}{3 - \dot{A}_{uf}} = Q\dot{A}_{uf} \tag{4-46}$$

令 $\dot{A}_{u} = \dot{A}_{up}/\sqrt{2}$ 时的两个截止频率为

$$f_{p1} = \frac{f_0}{2}\left[\sqrt{(3 - \dot{A}_{uf})^2 + 4} - (3 - \dot{A}_{uf})\right], f_{p2} = \frac{f_0}{2}\left[\sqrt{(3 - \dot{A}_{uf})^2 + 4} + (3 - \dot{A}_{uf})\right]$$

$$\tag{4-47}$$

因此，通频带

$$f_{bw} = f_{p2} - f_{p1} = (3 - \dot{A}_{uf})f_0 = \frac{f_0}{Q}$$

设品质因数

$$Q = \frac{f_0}{f_{bw}} = \frac{1}{3 - A_{uf}} \tag{4-48}$$

则

$$\frac{|\dot{A}_{u}|}{A_{up}} = \frac{1}{\sqrt{1 + \left[Q\left(\dfrac{f}{f_0} - \dfrac{f_0}{f}\right)\right]^2}} \tag{4-49}$$

从图 4-24 所示带通滤波器及其幅频特性可得，Q 值越大，通带放大倍数数值越大，频带越窄，选频特性越好。调整电路的 $\dot{A}_{up}$，能够改变频带宽度。

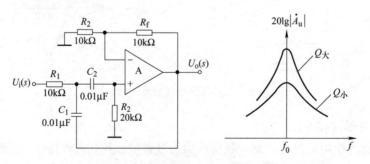

图 4-24　带通滤波器及其幅频特性

五、实验设备与器件

1）电子技术综合实验箱。
2）双路直流稳压电源。
3）函数信号发生器。
4）双踪示波器。
5）数字万用表。

六、实验内容与步骤

1. 低通滤波器测试

（1）一阶低通滤波器特性测试

1）调整信号的幅值和频率，在全频范围内粗略观察电路是否具备低通特性，并保证 U_o 不失真。

2）输入信号从 M 点加入，构成一阶低通滤波器。输入端加入正弦波信号，其幅值保持不变，$U_i = 1V$，频率从最低频率开始逐渐升高，观察输出电压 U_o 变化情况，记下当电压下降到 0.707 倍时的频率，即为截止频率 f_0。然后将频率调至 $10f_0$ 处，记下此时的输出电压，验证其斜率是否符合 $-20dB/10$ 倍频。

3）根据电路的参数，确定输入信号的频率，将实验数据填入表 4-12 中。画出幅频特性曲线。

（2）二阶低通滤波器特性测试

参考上面测试步骤，信号频率从最低频率开始逐渐升高，观察输出电压 U_o 的变化，一直到 $f = f_0$ 时记下此时输出电压值（此时输出并不是通带时的 0.707 倍）。然后将频率调至 $10f_0$，记下此时的输出电压，验证其高频处下降斜率是否符合 $-40dB/10$ 倍频。自拟数据表格，画出幅频特性曲线。

2. 带通滤波器测试

参考低通滤波器的测试步骤。

改变频率，找到带通滤波器的最大输出电压，然后在 f_0 的两侧分别找到输出电压为通带输出的 0.707 倍时的频率，即为 f_{p1} 和 f_{p2}。画出幅频特性。

选频曲线最高点（即 U_{omax}）不易调准，取多次读数的平均值可减少测量误差。也可用测量输入、输出波形的相移来确定 U_{omax}，因为当 $U_o = U_{omax}$ 时附加相移为零。

七、实验报告要求

1）画出完整的电路图，说明参数的设计过程。

2）以表格形式列出经整理归纳后的实验数据，用坐标纸画出有关实验波形，并与计算结果进行比较分析。

3）分析一阶低通滤波器和二阶低通滤波器的滤波特性，将实验数据与理论分析相比较。

4）在本实验中，二阶低通滤波器的 $Q = ?$（根据 R、R_f 的数值）在 $f = f_0$ 处输出电压 $U_o = ?$ 为什么？将测试数据和理论分析相比较。

八、思考题

1）如何区分低通滤波器的一阶、二阶电路？它们有什么共性和不同点？它们的幅频特性曲线有区别吗？

2）如何提高有源滤波器的品质因数？在电路中改变哪些元件的参数？

实验八　有源滤波器实验记录

1. 低通滤波器测试数据

表 4-12　低通滤波器测试数据（$U_i = 1\text{V}$）

输入信号频率/Hz											
输出电压 U_o/V											
$20\lg|U_o/U_i|$											

2. 带通滤波器测试数据

指导教师（签字）：　　　　　　　　　　　　　　　　　　日期：

实验九　RC 正弦波振荡电路

一、实验目的

1）掌握由集成运算放大器组成 RC 桥式正弦波振荡电路的工作原理和电路结构。
2）学习调整振荡电路与测量振荡频率的方法。
3）学会测量选频网络的幅频特性及相频特性。
4）熟悉稳幅电路的工作原理与方法。

二、预习要求

1）复习正反馈振荡原理和 RC 桥式正弦波振荡电路的组成、工作原理。
2）分析稳幅电路的工作原理，按设计要求选取合适的稳幅电路。
3）如果电路不起振，如何分析和调整。

三、设计任务与要求

设计一个 RC 桥式正弦波振荡电路。设计要求：振荡频率为 500Hz；有稳幅措施，保证振荡波形对称，无明显非线性失真。

四、实验原理

1. 电路说明

图 4-25 是二极管稳幅的 RC 桥式正弦波振荡电路。各部分构成如下：

放大部分：集成运算放大器。

稳幅环节：R_1、R_2、RP 和二极管 VD_1、VD_2。

选频网络：RC 串并联电路。

正反馈网络：RC 串并联电路和集成运算放大器结合构成具有选频特性的正反馈网络。

电路的振荡频率为

$$f_0 = \frac{1}{2\pi RC} \qquad (4\text{-}50)$$

起振条件为

$$R_f \geqslant 2R_1 \qquad (4\text{-}51)$$

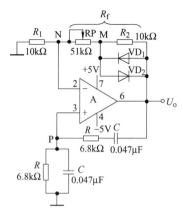

图 4-25　RC 桥式正弦波振荡电路

在图 4-25 中，$R_f = R_{RP} + R_2 /\!/ r_d$，$r_d$ 为限幅二极管导通时的动态电阻。二极管 VD_1、VD_2 组成自动稳幅环节，调节可变电阻 RP 满足起振条件。

2. 参数选择

（1）确定 R、C 值

根据设计要求的振荡频率 f_0 确定 RC。为了使选频网络的特性不受集成运算放大器输入和输出电阻的影响，选择 R 时还应考虑下列条件：

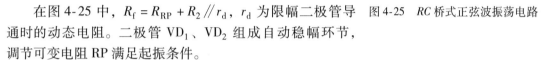

$$r_i \gg R \gg r_o$$

式中，r_i 为运算放大器输入电阻，约为几百千欧以上，而输出电阻 r_o 仅为几百欧以下，考虑到电容 C 的标称档次较少，可先选电容 C，再选电阻 R。实际应用时，要选择稳定性好的电阻和电容。

（2）确定 R_1、R_f 值

选择 R_1、R_f 可根据式（4-51）来确定，通常取 $R_f = 2.1R_1$，这样既能保证起振，又不会引起严重的波形失真。为了减小运算放大器输入失调电流及其漂移的影响，应尽量满足 $R = R_1 /\!/ R_f$。注意，R_1、R_f 的值还要通过实验调整来确定。

（3）确定 R_2、RP 值

在图 4-25 中，二极管 VD_1、VD_2 在振荡过程中总有一个处于正向导通状态，正向导通电阻 r_d 与 R_2 并联。当振幅大时，r_d 减小，负反馈增强，限制振幅继续增长，反之同样，达到稳幅的目的。

实验证明，r_d 和与之并联的 R_2 阻值差不多时，稳幅特性和改善波形失真都有好的效果。通常，R_2 选几千欧。R_2 选定后，根据 $R_f = R_{RP} + R_2 /\!/ r_d$ 和 $R_2 = r_d$，RP 的值便可以初步确定。R_2、RP 的值要通过实验调整来确定。

另外，为了提高电路的温度稳定性，应尽量选用硅管。同时，为了保证上下振幅对称，两个二极管特性参数必须匹配。

五、实验设备与器件

1）电子技术综合实验箱。

2）双路直流稳压电源。

3）函数信号发生器。

4）双踪示波器。

5）数字万用表。

六、实验内容与步骤

1. 不带稳幅环节的 *RC* 桥式正弦波振荡电路

调节 RP，用示波器能观测到振荡波形，然后再慢慢调节 RP 使振荡波形消失，仔细调节 RP，找出电路起振的临界点，观察输出波形。

2. 接入稳幅环节的 *RC* 桥式正弦波振荡电路

1）调节 RP，使电路起振，观察振荡波形和振荡幅度的变化，并与无稳幅电路结果进行比较，说明稳幅电路的作用。

2）调节 RP 观察波形变化，并使振荡波形成为最大不失真正弦波，记录此时的 RP 阻值。测量正弦波的振荡频率 f_0 和输出电压值。

3）观察上述情况下 M、N 和 P 点的波形，记录电压值，分析并得出结论。

3. 测量负反馈情况下闭环电压增益 A_{uf}

在图 4-25 中，将 *RC* 串并联网络从 P 点处断开，成为一个同相输入负反馈放大电路，在同相输入端加正弦波信号，令该信号频率与振荡频率 f_0 相同，调节函数信号发生器的输出，使放大电路输出幅度与原振荡电路输出电压相同。记录此时放大电路的输入与输出电压，由此计算出 A_{uf}。

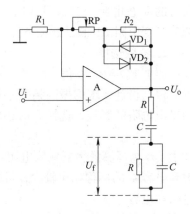

4. 测量 *RC* 串并联网络的幅频特性

将 *RC* 串并联网络接到上述负反馈放大电路输出端作为负载，运算放大器同相输入端仍加正弦波信号，如图 4-26 所示。调节信号频率，但保持输入电压 U_i 幅值不变，测量输出 U_o 和 U_f 值。以实测振荡频率为参考找出使 U_f 为最大时的信号频率（此值不应与 f_0 相同），然后在两侧各自找几个频率点，测量相应的 U_o 和 U_f 值。由此绘出幅频特性。

图 4-26　测量 *RC* 串并联网络幅频特性电路

七、实验报告要求

1）画出完整的电路图，说明参数的设计过程。

2）整理实验数据，画出相应的波形图。

3）对比实验数据与理论计算数据有何差别，分析误差大小及产生的原因。分析实验现象，总结规律。

4）对调试中出现的问题进行分析，并说明解决的措施。

八、思考题

1）正弦波振荡电路所产生的自激振荡和负反馈放大电路中所产生的自激振荡有区别吗？为什么正弦波振荡电路中必须有选频网络？选频网络可由哪些元器件组成？

2）正弦波振荡电路中共有几个反馈支路？各有什么作用？运算放大器工作在线性区还是非线性区？

3）二极管 VD_1 和 VD_2 为什么能起稳幅作用？断开二极管波形会有什么变化？说明二极管稳幅的工作原理，还有哪些稳幅措施？

实验九　RC 正弦波振荡电路实验记录

指导教师（签字）：　　　　　　　　　　　　　　　　日期：

实验十　电压比较器

一、实验目的

1）掌握电压比较器的组成、工作原理及其特性。

2）掌握电压比较器的测试方法。

3）掌握稳压管在限幅电路中的应用。

4）熟悉比较器的应用。

二、预习要求

1）复习电压比较器的工作原理和传输特性。

2）完成电路设计，计算相关参数。从理论上分析实验电路图，画出波形。

3）复习稳压管的工作原理，并掌握如何使用稳压管。

三、设计任务与要求

1）过零比较器：要求输出电压 $u_o = \pm U_z = \pm 2V$。

2）滞回比较器：设计一个具有滞回特性的过零检测电路，要求输入端有限幅功能，过零比较器的回差为 200mV，输出电压 $u_o = \pm U_z = \pm 2V$。

3）窗口（双限）比较器：使其电压传输特性如图 4-27 所示。

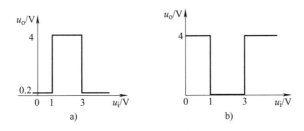

图 4-27　窗口比较器电压传输特性

四、实验原理

1. 简单比较器

简单比较器如图 4-28a 所示，运算放大器处于开环状态，阈值电压 $U_T = U_R$，输出端电阻和稳压管为整形电路。输出电压 u_o 只有两个值 U_{oL} 或 U_{oH}。在实际电路中，输出电压一般为运算放大器的正负限幅值，或稳压管的 $\pm U_z$ 值，且

$$u_o = U_{oL}(U_i > U_R)$$
$$u_o = U_{oH}(U_i < U_R)$$

当 $U_T = U_R$ 时，u_o 发生高、低电平跳转。

简单比较器的传输特性如图 4-28b 所示，根据输出电压是高或低，就可以判断输入信号是小于还是大于参考电压 U_R，如果 $U_R = 0$，称为过零比较器。图中输入端反向并联的二极管具有输入端限幅功能。

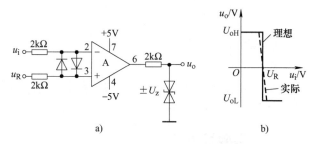

简单比较器在实际工作时，由于零漂的存在，对控制系统的执行机构动作很不利，一般要求输出特性具有滞回特性。

图 4-28 简单比较器及其传输特性

2. 滞回比较器

图 4-29a 为滞回比较器，又叫迟滞比较器或施密特触发器，因抗干扰能力强，应用广泛。

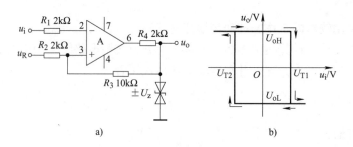

图 4-29 滞回比较器及其传输特性

信号 u_i 从反相端输入，称反相输入滞回比较器，也可以组成同相输入滞回比较器。图 4-29a 中通过 R_3 引入正反馈。R_4 与两只稳压管组成双向限幅电路。

由于 u_o 有高电平 U_{oH} 和低电平 U_{oL} 两个值，因此阈值电压 U_T 也存在两个值，即

$$U_{T1} = \frac{R_3 U_R + R_2 U_{oH}}{R_2 + R_3}(称上限触发电平)$$

$$U_{T2} = \frac{R_3 U_R + R_2 U_{oL}}{R_2 + R_3}(称下限触发电平)$$

若 $U_R = 0$，传输特性是关于原点对称的，相当于在过零比较器中增加了回差特性，提高了抗干扰能力。$(U_{T1} - U_{T2})$ 称为回差，改变 R_2 的数值可以改变回差大小。图 4-29b 是滞回比较器的传输特性曲线，对于该曲线应明确以下几点：

1）滞回比较器传输曲线在坐标中的位置完全取决于 U_{oH}、U_{oL}、U_{T1} 和 U_{T2} 的大小，可能是对称图形，也可能是非对称图形。

2）滞回比较器有两个电平跳转点 U_{T1} 和 U_{T2}，对 u_i 相对于坐标轴原点由远及近变化时近点不跳远点跳。

3）u_o 一旦发生电平跳转，U_T 随之而变。

3. 窗口比较器

图 4-30a 是窗口比较器。图中 A_1 和 A_2 分别组成同相输入和反相输入的电压比较器；U_{RH} 和 U_{RL} 是设定的参考电压，且 $U_{RH} > U_{RL}$；VD_1 和 VD_2 是隔离二极管，消除 A_1 和 A_2 两个输出电压的互相影响。

如果有两路可调的直流信号源，可直接接于 U_{RH}、U_{RL}，不使用图 4-30a 中的电阻分压。

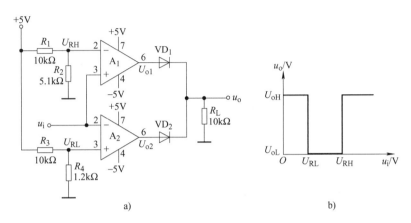

图 4-30 窗口比较器及其传输特性

当 $u_i > U_{RH}$，VD_1 导通，VD_2 截止，此时

$$u_o = u_{o1} = + U_{oM} = U_{oH}$$

当 $u_i < U_{RL}$，VD_1 截止，VD_2 导通，此时

$$u_o = u_{o2} = + U_{oM} = U_{oH}$$

当 $U_{RL} < u_i < U_{RH}$，VD_1 和 VD_2 均呈负向饱和，VD_1 和 VD_2 均截止，此时

$$u_o = 0 = + U_{oL}$$

窗口比较器的传输特性如图 4-30b 所示。由图可见，当窗口比较器有两个阈值电压即 U_{RL} 和 U_{RH}，有两种稳态输出 U_{oH} 和 U_{oL}。当 $u_o = U_{oL}$ 时表明 u_i 处以上指定电压 U_{RL} 和 U_{RH} 之间，当 $u_o = U_{oH}$ 时表明 u_i 处在指定电压 U_{RL} 和 U_{RH} 之外。窗口比较器在 u_i 单方向变化时输出电平发生两次跳转。

4. 专用比较器

LM311 是通用型集成电压比较器。它的电源电压允许范围宽，可用正、负双电源供电，也可用单电源供电。若用 +5V 单电源供电，则可直接驱动 TTL 器件；若用 +15V 单电源供电，可直接驱动 CMOS 器件，此时输出电流较大可达 50mA，能直接驱动某些继电器或发光二极管。

6 脚为选通端，接"地"时，芯片不工作，输出不受输入信号的影响；当 6 脚为高电平或悬空时，输出状态取决于输入信号，即实现电压比较器的功能。LM311 工作时，可接成集电极输出和发射极输出两种形式，分别如图 4-31a、b 和 c 所示。图 4-31a 和 b 中 R 的阻值，应根据负载电流的大小（最大不能超过 50mA）和电源电压的高低选择。如果希望减小失调电压和失调电流的影响，可外接可变电阻，其接法如图 4-31d 所示。图 4-32 所示的引脚排列图中，输入端所标"同相"和"反相"是指集电极输出接法。图 4-33 为 LM311 构成的滞回比较器电路。

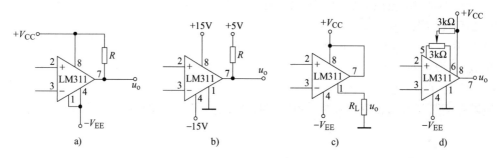

图 4-31 LM311 的几种常用接法

图 4-32 LM311 引脚排列图

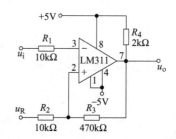

图 4-33 LM311 构成的滞回比较器电路

五、实验设备与器件

1）电子技术综合实验箱。

2）双路直流稳压电源。

3）函数信号发生器。

4）双踪示波器。

5）数字万用表。

六、实验内容与步骤

1. 简单比较器的测试

按照电路图 4-28，根据所用运算放大器的引脚功能接线。检查无误后方可接通电源。

1）测传输特性。令 $U_R = 1V$。u_i 从小于 1V 缓慢增大，直至 u_o 刚发生电平跳转为止，测出此时的 u_i 值与 u_o 值。继续增加 u_i 值观察 u_o 有无变化，记录下来。

往回减小 u_i，直至再度刚发生电平跳转为止，测出此时的 u_i 值与 u_o 值。

根据以上记录数据画出传输特性曲线。

2）观测波形变换。在 u_i 处加入正弦波输入信号，令 $f = 500Hz$，峰峰值为 4V。示波器置双通道工作，同时观测输入、输出瞬时波形，为便于观测和记录，在水平方向上调出几个完整波形。记录 u_i 与 u_o 的波形，注意关键点的数据。

3）令 $U_R = 0V$，重复上述内容。

测试结果填入表 4-13 中。

2. 滞回比较器的测试

参考图 4-29 的电路，根据所用运算放大器的引脚功能接线。检查无误后方可接通电源。

1）测传输特性。滞回比较器有两种测试传输特性方法：

方法一：与简单比较器测试传输特性方法相同，输入 u_i 加直流信号。

方法二：输入 u_i 加正弦信号，用示波器直接观察测出传输特性，具体方法如下：

令 $U_R = 1V$。输入 u_i 正弦信号，$f = 500Hz$，峰峰值 6V。此时示波器置于 X—Y 运行，CH1 通道作为 X 轴，测量输入信号 u_i，CH2 作为 Y 轴，测量输出信号 u_o。此时显示图像即为滞回比较器的传输特性曲线。绘制下来，注意关键点的数据。

2）观测波形变换。令 $U_R = 1V$，将示波器置双通道工作，记录 u_i 与 u_o 的波形，注意关键点的数据。

3）再令 $U_R = 0V$，重复上述内容。

3. 窗口比较器的测试

参考图 4-30 的电路，根据所用运算放大器的引脚功能接线。检查无误后方可接通电源。预先测出两个参考电压 U_{RH} 和 U_{RL} 的值。

1）测传输特性。①u_i 加直流信号，从 0V 开始逐渐增大，直至 u_o 刚发生电平跳转立即停止，测出此时 u_i 与 u_o 的值；②继续增大 u_i 值，直至 u_o 再度发生电平跳转，测出此时 u_i 与 u_o 的值；③再继续增加 u_i 值，观察 u_o 有无变化。

根据以上记录数据画出传输特性曲线。

2）观测瞬时波形。在 u_i 处加入正弦信号，$f = 500Hz$，峰峰值为 6V。观测此时 u_i 与 u_o 瞬时波形，绘制下来。

4. 专用比较器的测试

测瞬时波形：令 $U_R = 1V$，输入 u_i 为正弦信号，$f = 500Hz$，峰峰值为 4V。观测此时 u_i 与 u_o 瞬时波形，绘制下来。

七、实验报告要求

1）画出完整的电路图，说明参数的设计过程。

2）以表格形式列出经整理归纳后的实验数据，用坐标纸画出有关实验波形，并与计算结果进行比较分析。

3）总结几种比较器的特点、应用方式。

4）比较理论与实际误差、分析原因。

八、思考题

1）集成运算放大器在电压比较器电路和运算电路中的工作状态一样吗？为什么？如何判断电路中集成运算放大器的工作状态？

2）为什么信号比较电路能实现正弦波到矩形波的变换？为什么信号比较电路可以用于信号检测和控制电路？

3）电压比较器能否将模拟信号转换成数字信号？如果能，请说明转换过程。

4）窗口比较器也称为双限比较器。图 4-34 所示也是窗口比较器，试画出其传输特性曲线。

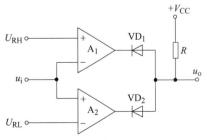

图 4-34　双限比较器

实验十　电压比较器实验记录

1. 简单比较器测试实验

表4-13　简单比较器传输特性实验数据

u_i/V	−1	0	0.8	0.9	0.95	1	1.05	1.1	1.2	2	3
u_o/V											

2. 滞回比较器测试实验

3. 窗口比较器测试实验

指导教师（签字）：　　　　　　　　　　　　　　　　日期：

实验十一　集成功率放大器

一、实验目的

1）了解集成音频功率放大器内部电路、外围电路的工作原理及其特点、性能。
2）熟悉集成功率放大器的应用，采用 LM386 连接成单管 OTL 放大器。
3）了解集成功率放大器主要性能指标的测试方法及使用注意事项。

二、预习要求

1）复习功率放大电路的工作原理（OTL、OCL 等）。
2）按设计任务要求完成设计。
3）弄清所设计的功率放大电路的工作原理、电路中各元器件的作用，估算电路的静态输出电位及放大倍数。

三、设计任务与要求

设计一个功率放大电路。设计要求：负载电阻 $R_L = 8\Omega$；最大不失真输出功率 $P_{omax} =$

500mW；低频截止频率 $f_L \leqslant 80\text{Hz}$。集成功率放大器采用 LM386。

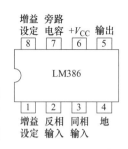

图 4-35　LM386 引脚图

四、实验原理

1. LM386 说明

LM386 是一种音频集成功率放大器，具有自身功耗低、电压增益可调整、电源电压范围大、外接元器件少和总谐波失真小等优点，广泛应用于录音机和收音机中。LM386 各引脚图如图 4-35 所示。使用时在引脚 7 和"地"之间接旁路电容，通常取 $10\mu\text{F}$。

集成功率放大器的主要性能指标除最大输出功率外，还有其他一些指标。LM386 的主要参数如表 4-14 所示。

表 4-14　LM386 的主要参数

电路类型	电源电压范围/V	静态电源电流/mA	输入阻抗/kΩ	输出功率/W	电压增益/dB	频带宽/kHz	总谐波失真（%）
OTL	5～18	4	50	1 （$V_{CC}=16\text{V}$、$R_L=32\Omega$）	26～46	300 （1、8 脚开路）	0.2

2. LM386 的典型应用

（1）基本用法（外接元器件最少）

图 4-36 所示为 LM386 的一种基本用法，也是外接元器件最少的一种用法。C_1 为输出电容。由于 1、8 脚开路，LM386 的电压增益为 26dB，即电压放大倍数为 20。利用 RP 可调节扬声器的音量。R_1 和 C_2 串联构成校正网络用来进行相位补偿。

最大输出功率为

$$P_{om} \approx \frac{V_{CC}^2}{8R_L} \qquad (4\text{-}52)$$

输入电压有效值为

$$U_{im} = \frac{\dfrac{V_{CC}}{2}/\sqrt{2}}{A_u} \qquad (4\text{-}53)$$

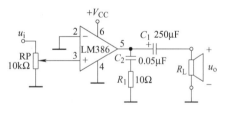

图 4-36　LM386 外接元器件最少的用法

当 $V_{CC}=16\text{V}$、$R_L=32\Omega$ 时，$P_{om} \approx 1\text{W}$，$U_{im} \approx 283\text{mV}$。

（2）LM386 电压增益最大时的用法

图 4-37 所示为 LM386 电压增益最大时的用法，C_3 使 1 脚和 8 脚在交流通路中短路，使 $A_u \approx 200$；C_4 为旁路电容；C_5 为去耦电容，滤掉电源的高频交流成分。当 $V_{CC}=16\text{V}$、$R_L=32\Omega$ 时，$P_{om} \approx 1\text{W}$，$U_{im} \approx 28.3\text{mV}$。

（3）LM386 的一般用法

图 4-38 所示为 LM386 的一般用法，R_2 改变了 LM386 的电压增益。

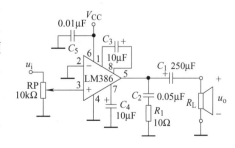

图 4-37　LM386 电压增益最大时的用法

五、实验设备与器件

1）电子技术综合实验箱。
2）双路直流稳压电源。
3）函数信号发生器。
4）双踪示波器。
5）数字万用表。

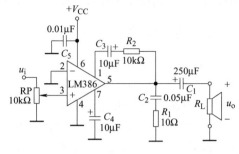

图 4-38　LM386 的一般用法

六、实验内容与步骤

1. 静态参数测试

按照给定电路图，根据所用集成功率放大器的引脚功能接线。检查无误后方可接通电源，电源电压选择为 +6V。

LM386 的 1 脚和 8 脚断开，断开 +6V 电源，将直流电流表串入电源回路中，将输入端 u_i 短路；然后接通 +6V 电源，电流表的读数即为电源提供的静态电流 I_{E1}，记录此数据，计算电源提供的功率。

2. 动态参数测试

1）LM386 的 1 脚和 8 脚断开，不接 C_3 电容。输入端加入正弦信号 $f = 1\text{kHz}$、$u_i = 10\text{mV}$，用示波器观测扬声器两端 u_o 的波形，记录 u_o 的值，计算电压放大倍数 A_{u1}。

2）将电容 C_3 接入 LM386 的 1 脚和 8 脚之间，不接 R_2。用示波器观察 u_o 波形，并测量 u_o 的值，计算电压放大倍数 A_{u2}。加入 C_3 后电压升高。

3）接入电容 C_3，同时接入 R_2。改变 R_2 的值，可以使电压放大倍数在 1）与 2）两步骤之间变化。给出一固定的 R_2 值，进行验证。

4）测量最大输出功率及输入灵敏度。调节 RP 增加输入信号，使 u_o 为最大不失真波形，记录此时的 U_{omax}。则最大输出功率为

$$P_{omax} = \frac{U_{omax}^2}{R_L}$$

输入灵敏度是指输出最大不失真功率时输入信号 u_i 的值，记录此 u_i 值。

3. 试听

将录音机输出作为输入信号，输出端接试听音箱及示波器。开机试听，并观察语言和音乐信号的输出波形。

4. 注意事项

1）输入信号 u_i 必须从零开始缓慢增大，但不要过大，否则容易烧坏集成电路。
2）电源电压不允许超过极限值，不允许接反。
3）电路工作时避免负载短路。
4）通电时应注意集成电路的温度，如未加输入信号时集成电路就很热，同时直流毫安表指示出较大电流及示波器显示出自激现象，应立即关机进行故障处理，等消除自激后方可进行实验。

七、实验报告要求

1）画出完整的电路图，说明参数的设计过程。

2）整理实验数据，根据实验结果分析功率放大电路的性能。

3）如电路有自激现象，应如何消除？

4）在实验电路测试过程中出现什么问题？是怎样解决的？

八、思考题

1）所谓功率放大是放大功率吗？

2）如何区别 OTL、OCL 和 BTL 三种功率放大电路，各有什么特点？

3）试说明功率放大电路与电压放大电路之间的共同点和不同点。

4）为什么在实验中，加入 C_3 电容和不加入 C_3 电容的电压增益不同？

实验十一　集成功率放大器实验记录

1. 静态工作点测试实验记录

2. 动态参数测试实验记录

指导教师（签字）：　　　　　　　　　　　　　　　　日期：

实验十二　直流稳压电源

一、实验目的

1）加深对集成稳压器的工作原理、性能指标的理解，提高工程实践能力。

2）完成小功率稳压电源电路设计、元器件选择、调试及指标测试。

3）掌握集成稳压器功能扩展的方法。

二、预习要求

1）复习集成稳压器的工作原理。

2）实验前拟出测量时所用的仪表及测量方案。

三、设计任务与要求

1）设计一个小型晶体管收音机用的稳压电源。主要技术指标如下：

输入交流电压：220V，$f = 50\text{Hz}$。

输出直流电压：$U_\text{o} = 4.5 \sim 6\text{V}$。

输出电流：$I_{omax} \leqslant 20mA$。

输出纹波电压：$\leqslant 100mV$。

2）设计一个稳压电路。主要技术指标如下：

输出电压：$U_o = 3 \sim 9V$。

输出电流：$I_{omax} \leqslant 800mA$。

输入交流电压：220V，$f = 50Hz$。

纹波电压：$\Delta U_{opp} = 5mV$。

稳压系数：$S_r \leqslant 3 \times 10^{-3}$。

四、实验原理

1. 常用三端稳压器介绍

（1）W78××/W79××系列固定式三端集成稳压器

W78××输出正电压，而W79××是负电压输出。其引脚定义如图4-39a所示，外形如图4-39b所示。以正压输出为例，其输出电压有5V、6V、12V、15V、18V、24V等规格，对应型号为7805、7806、…、7824。输出电流可达1.5A（加散热片）。同类型，78M系列三端稳压器的输出电流为0.5A，78L系列的输出电流为0.1A。

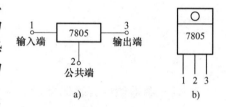

图4-39　W78××引脚定义及外形

集成稳压器对输入电压具有较好的适应性，以W78××系列为例。U_i最小值为7V，最大值为35V，它的缺点就是输出电压固定。三端固定式集成稳压器应用电路如图4-40所示。

图4-40中，C_1起滤波作用，C_2防止电路产生自激振荡，C_3消除高频噪声。若C_3容量较大，一旦输入端断开，C_3将从稳压器输出端向稳压器放电，损坏稳压器。因此，可在三端稳压器的输入端和输出端之间跨接一个二极管，起保护作用。

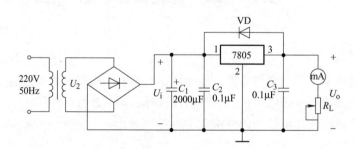

图4-40　三端固定式集成稳压器应用电路

（2）LM317/LM337可调式三端集成稳压器

LM117/217/317为正压可调，LM137/237/337为负压可调，其引脚功能及外形如图4-41所示。它没有公共接地端，只有输入端、输出端和调整端，采用悬浮式电路结构。

三端可调集成稳压器应用电路如图4-42所示，其输出电压调整范围为

$$U_o = 1.25\left(1 + \frac{R_2}{R_1}\right) \tag{4-54}$$

式中，R_1 为 240Ω 固定电阻，R_2 为可变电阻。

改变 R_2 的阻值，可得所需 U_o。

为了减小 R_2 上的纹波电压，可在其上并联一个 10μF 电容 C_3。但是，在输出短路时，C_3 将向稳压器调整端放电，并使调整管发射结反偏，为了保护稳压器，可加二极管 VD_2，提供一个放电回路，VD_1 的作用与前面相同。

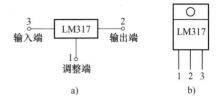

图 4-41　LM317 引脚功能及外形

LM317 特性参数：输出电压 $U_o = 1.2 \sim 37V$，输出电流 $I_{omax} = 1.5A$，最小输入、输出压差 $(U_i - U_o)_{min} = 3V$，最大输入、输出压差 $(U_i - U_o)_{max} = 40V$，基准电压 $U_{REF} = 1.25V$。

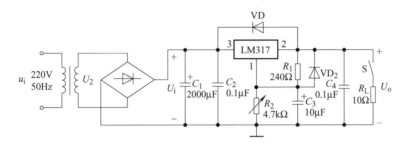

图 4-42　三端可调集成稳压器应用电路

2. LM317 设计举例

（1）选可变电阻 R_2

要求输出范围：$3 \sim 9V$，由式（4-54），取 $R_1 = 240Ω$，则 $R_{2min} = 336Ω$，则 $R_{2max} = 1.49kΩ$，故选 R_2 为 4.7kΩ 精密多圈可变电阻。

（2）选定电源变压器

输入电压范围为

$$U_{omax} + (U_i - U_o)_{min} \leqslant U_i \leqslant U_{omin} + (U_i - U_o)_{max} \qquad (4-55)$$

得

$$12V \leqslant U_i \leqslant 43V$$

稳压系数 S_r（测试条件 $I_o = $ 常数）为

$$S_r = \frac{\Delta U_o / U_o}{\Delta U_i / U_i} \qquad (4-56)$$

滤波电容 C 为

$$C = \frac{I_c t}{\Delta U_{ipp}} = \frac{I_{omax} t}{\Delta U_{ipp}} \qquad (4-57)$$

二次电压 $U_2 \leqslant U_{imin}/1.1 = 12V/1.1$，取 $U_2 = 11V$，二次电流 $I_2 > I_{omax} = 0.8A$，取 $I_2 = 1A$，则变压器二次侧输出功率 $P_2 \geqslant U_2 I_2 = 11W$。取变压器的效率 $\eta = 0.7$，则一次侧输入功率 $P_1 > P_2/\eta = 15.7W$，为留有余量，选功率为 20W 的电源变压器。

（3）选定整流二极管及滤波电容

整流二极管选 1N4001，其极限参数为 $U_{RM} > 50V$，$I_F = 1A$，满足 $U_{RM} > \sqrt{2} U_2$，$I_F > I_{omax}$ 的条件。

滤波电容 C_1 可由纹波电压 ΔU_{opp} 和稳压系数 S_r 来确定。

已知，$U_o = 9V$，$\Delta U_{opp} = 5mV$，$S_r \leqslant 3 \times 10^{-3}$。由式（4-56）可得稳压器的输入电压的

变化量为

$$\Delta U_i = \frac{\Delta U_{opp} U_i}{U_o S_r} = 2.2V$$

由式（4-57）得滤波电容为

$$C = \frac{I_c t}{\Delta U_{ipp}} = \frac{I_{omax} t}{\Delta U_{ipp}} = 3636 \mu F$$

电容 C 的耐压应大于 $\sqrt{2} U_2 = 15.4V$。故可取两只 2000μF/25V 的电容并联。

测试条件：$I_o = 500mA$，$R_L = 18\Omega$。

3. 集成稳压电源应用注意事项

1）正确连接电路，引出端要识别清楚，不同型号和规格的集成稳压器引出端功能与编号不同，使用前一定要注意弄清，否则将会损坏器件。

2）可调集成稳压器在输出端和调整端之间所接的外接电阻 R_1 的最大值有一定限制，例如 LM317 规定 R_1 不得大于 240Ω。

3）实验中采用 220V 交流电作为输入电压，要严格遵守操作规范，注意人身安全、仪器设备的安全。

4）用万用表测量交、直流电压以及电流时，要注意正确及时地转换挡位。

5）实验中如出现任何异常情况，都要先切断电源，再视具体情况加以处理。

五、实验设备与器件

1）电子技术综合实验箱。

2）双路直流稳压电源。

3）函数信号发生器。

4）双踪示波器。

5）数字万用表。

6）调压器。

六、实验内容与步骤

以图 4-42 所示三端可调集成稳压器应用电路为例进行测试。

1. 测量稳压电源输出电压 U_o 的调节范围

1）测试条件：$u_i = 220V$，$I_L = 0$。

2）调整调压器使其输出电压逐渐升高至使 $u_i = 220V$，断开负载 R_L。调节 R_2，观察输出电压 U_o 的值是否发生变化，否则电路有故障，排除后再实验。

3）调节 R_2 为两个极端情况，测量此时相对应的输出电压 U_o 的最大值与最小值。

2. 测量电源内阻 R_o

电源内阻 R_o 是当输入电压（即电网电压）不变时，负载变化所引起的输出电压变化与输出电流变化之比，即 $R_o = \Delta U_o / \Delta I_o$。测出不同 R_L 下的 U_o 与 I_o 的值，按定义求 R_o。

1）测试条件：$u_i = 220V$，$U_o = 9V$。

2）调节调压器使 $u_i = 220V$，调节 R_2 使 $U_o = 9V$。

3）调节 R_L 使 $I_L = 100mA$，测量此时稳压电路的输入电压 U_i 值。

4）调节 R_L 使 $I_L = 500mA$，但保持 U_i 值不变，测量此时的 U_o 值并记录下来。按公式计算输出电阻。

3. 测量稳压电路的稳压系数 S_r

1）测试条件为 $I_L = 500\text{mA}$，保持不变。

2）调节调压器，模拟电网电压变化，通常以 220（$1 \pm 10\%$）V 来测量，即分别测量 220V、198V 和 242V 时的 U_i、U_o 值，按式（4-56）计算 S_r。出现两个 S_r 值不同时，取其中最大者作为 S_r 值。

七、实验报告要求

1）写出设计原理及步骤，画出电路图，标明参数值。

2）分析整理实验数据。

八、思考题

1）测量负载电流 I_L 时，怎样接入电流表？画出测试接线图，并注明使用的量程。

2）在实验过程中为保证电路安全运行，应注意哪些问题？

3）测试电源技术指标应注意哪些测试条件？

4）线性电源和开关电源有何区别？分别应用在什么场合？

5）直流稳压电源能否在 I_o 变化时 U_o 不变，为什么？

实验十二　直流稳压电源实验记录

1. 稳压电源输出电压调节范围测量实验记录

2. 电源内阻测量实验记录

3. 稳压电路的稳压系数测量实验记录

指导教师（签字）：　　　　　　　　　　　　　　　　日期：

第五章

数字电子技术基础性实验

实验一　门电路的逻辑功能与参数测试

一、实验目的

1）掌握与非门的逻辑功能和主要参数的测试方法。

2）熟悉或门、或非门、与门、异或门的逻辑功能。

3）掌握门电路多余输入端的处理方法。

二、预习要求

1）复习门电路工作原理及使用方法。

2）了解与非门的主要参数及其测试方法。

三、实验原理

1. 门电路逻辑功能

（1）与非门逻辑功能

与非门的逻辑功能是当输入端中有一个或一个以上是低电平时，输出为高电平；只有当输入端全部为高电平时，输出才是低电平。其逻辑表达式为 $Y = (AB)'$ ⊖。

（2）其他门电路逻辑功能

1）与门的逻辑功能是当输入端中有一个或一个以上是低电平时，输出为低电平；只有当输入端全部为高电平时，输出才是高电平。其逻辑表达式为 $Y = AB$。

2）或非门的逻辑功能表达式为 $Y = (A + B)'$。

3）或门的逻辑功能表达式为 $Y = A + B$。

4）异或门的逻辑功能表达式为 $Y = A \oplus B$。

2. 与非门主要参数

（1）电压传输特性

电压传输特性是指输出电压 u_o 随输入电压 u_i 而变化的关系 $u_o = f(u_i)$，通过它可读出被测门电路的一些重要参数，如输出高电平 V_{OH}、输出低电平 V_{OL}、阈值电平 V_{TH}、输入为高电平时的噪声容限 V_{NH} 及输入为低电平的噪声容限 V_{NL}。电压传输特性测试电路如图 5-1 所示。

⊖　本书中采用"'"表示逻辑非运算，目前国内一些教材用"‒"表示，如 $Y = \overline{A}$ 与 $Y = A'$ 含义相同。

图 5-1a 是采用逐点测试法，即调节 RP，逐点测得 u_i 及 u_o 的值。图 5-1b 是用示波器置 X—Y 运行，测试电压传输特性曲线的电路，由示波器可直观地观察到被测门电路的电压传输特性。TTL 类型与 CMOS 类型门电路的逻辑功能相同，但由于内部结构不同，导致它们的电气特性稍有不同。

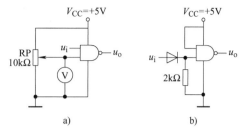

图 5-1　电压传输特性测试电路

（2）输入短路电流 I_{IS}

输入短路电流 I_{IS} 是指被测输入端接地，其余输入端悬空或接高电平时输入端的电流。而低电平输入电流 I_{IL} 是指被测输入端接 0.2V 的电压，其余输入端悬空或接高电平时输入端的电流。一般 I_{IS} 的数值比 I_{IL} 的数值要略大一些。经常用 I_{IS} 近似代替 I_{IL} 使用。在多级门电路中，I_{IL} 相当于前级门输出为低电平时，后级向前级门灌入的电流，因此它关系到前级门的灌电流负载能力，直接影响前级门电路带负载的个数，所以希望 I_{IL} 小些。图 5-2 是 I_{IS} 的测试电路。

（3）高电平输入电流 I_{IH}

I_{IH} 是指被测输入端接高电平，其余输入端接地时输入端的电流。在多级门电路中它相当于前级门输出高电平时，前级门的拉电流负载，其大小关系到前级门的拉电流带负载能力，希望 I_{IH} 越小越好。实际上 I_{IH} 也确实很小，难以测量，一般不进行测量。图 5-3 是 I_{IH} 的测试电路。

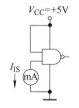

图 5-2　I_{IS} 测试电路

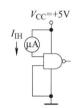

图 5-3　I_{IH} 测试电路

（4）电源电流 I_{CCL} 和 I_{CCH}

电源电流 I_{CCL} 是指所有输入端悬空或都接高电平时，输出为低电平，电源提供给器件的电流。电源电流 I_{CCH} 是指所有输入端接 0.2V 电压，输出为高电平，电源提供给器件的电流。通常 $I_{CCL} > I_{CCH}$，它们的大小标志着器件静态功耗的大小。I_{CCL} 和 I_{CCH} 测试电路分别如图 5-4 和图 5-5 所示。

（5）扇出系数 N

N 是指门电路能驱动同类门的个数，它是衡量门电路负载能力的一个参数，TTL 与非门有两种不同性质的负载，即灌电流负载和拉电流负载，因此有两种扇出系数，即输出低电平扇出系数 N_2 和高电平扇出系数 N_1。通常 $I_{IH} < I_{IL}$，所以 $N_1 > N_2$，故常以 N_2 作为扇出系数 N。

I_{OL} 是输出为低电平时所流经负载的电流，即为灌电流。测试该电流可确定其扇出系数，即可驱动负载个数。图 5-6 是扇出系数 N 的测试电路，门的输入端全部悬空或全部接高电平，输出端接灌电流负载 R_L，调节 R_L 使 I_{OL} 增大，V_{OL} 随之增大，当 V_{OL} 达到 V_{OLM}（手册中规定低电平规范值为 0.4V）时的 I_{OL} 就是允许灌入的最大负载电流，则

$$N = \frac{I_{OL}}{I_{IL}} \qquad 通常\ N_2 > 8 \tag{5-1}$$

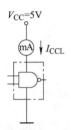

图 5-4　I_{CCL} 测试电路

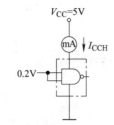

图 5-5　I_{CCH} 测试电路

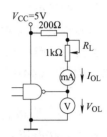

图 5-6　扇出系数 N 测试电路

（6）平均传输延迟时间 t_{pd}

传输延迟时间是指输出电压波形滞后于输入电压波形的时间。通常把输出电压由低电平跳变为高电平时的传输延迟称为截止延迟时间，记作 t_{PLH}，把输出电压由高电平跳变为低电平的传输延迟时间称为导通延迟时间，记作 t_{PHL}，如图 5-7a 所示。一般 t_{PLH} 略大于 t_{PHL}，平均传输延迟时间为

$$t_{pd} = \frac{1}{2}(t_{PLH} + t_{PHL}) \tag{5-2}$$

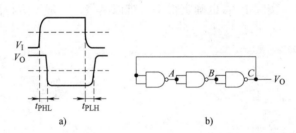

图 5-7　平均传输延迟时间波形及测试电路

a）平均传输延迟时间波形　b）t_{pd} 的测试电路

平均传输延迟时间是衡量门电路开关速度的重要参数，由于 TTL 门电路的延迟时间较小，一般采用环形振荡器法测量 t_{pd}，采用奇数个与非门组成环形振荡器，测试电路如图 5-7b 所示，由测量环形振荡器的周期 T 来得到平均延迟时间。其工作原理为当电路通电后，电路中的 A 点为高电平，经过 3 级门的传输后，使 A 点由原来的高电平变为低电平；再经过 3 级门的传输后，A 点的电平又回到高电平状态。电路中其他各点电平也随之变化。这说明 A 点发生了一个周期的振荡，必须经过 6 级门的延迟时间。因此平均传输延迟时间为

$$t_{pd} = \frac{T}{6} \tag{5-3}$$

TTL 电路的 t_{pd} 一般在 10 ~ 50ns 之间。

3. 门电路多余输入端的处理方法

当逻辑门芯片上的某个引脚没有连接，称该引脚为悬空。对 TTL 门电路来说，悬空相当于逻辑 "1"，而对于 CMOS 电路是绝对不允许悬空的。即使悬空能使 TTL 与非门和与门正常工作，但悬空容易接收外界干扰信号，有时会造成电路的误动作。还有悬空将使 TTL 或非门和或门的逻辑状态处于无效。所以对门电路的多余输入端，最好不要悬空。不同的逻辑门处理多余输入端的方法也不同。

（1）与非门、与门的多余输入端的处理

把多余的输入端接高电平，如图5-8a所示；把多余的输入端与有用的输入端并联使用，如图5-8b所示；把多余的输入端通过串接限流电阻（≥1kΩ）接高电平，如图5-8c所示。最后一种方法比较好。

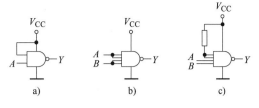

图5-8 TTL与非门、与门多余输入端的处理方法

（2）或非门、或门的多余输入端的处理

上述方法对或非门和或门也适用，只是需要用逻辑"0"使或非门和或门工作。因此可把多余输入端接地或通过串接限流电阻接地；也可将多余输入端并联使用。

四、实验设备与器件

1）电子技术综合实验箱。

2）数字万用表。

3）集成芯片 CPLD/FPGA、74LS00、74LS02、74LS08、74LS32、74LS86。

4）直流稳压电源。

5）示波器。

五、实验内容与步骤

1. 门电路逻辑功能测试

（1）与非门逻辑功能测试

与非门逻辑功能测试可以根据实验设备和器材选用如下不同的方式。

方式一：在电子技术综合实验箱上选一片四2输入与非门74LS00。在74LS00芯片中任选一个与非门进行测试。测试电路如图5-9所示。

方式二：选用大规模集成电路固化门电路中的任意一个与非门进行测试，如图5-10所示。

与非门输入端 A、B 分别接逻辑电平开关，输出端 Y 接发光二极管。输入端按表5-1输入逻辑电平，并将测试结果记录于表中。

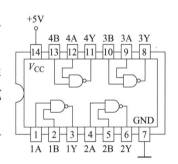

图5-9 与非门逻辑功能测试电路

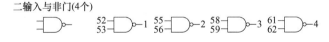

图5-10 大规模集成电路固化与非门电路

（2）其他门电路功能测试

与门、或门、或非门、异或门功能测试根据实验设备和器材选用如下不同的方式。

方式一：分别选取四2输入与门74LS08、四2输入或门74LS32、四2输入或非门74LS02、四2输入异或门74LS86和非门74LS04中任一门电路。

方式二：使用大规模集成电路固化门电路，具体引脚说明见第一章第三节电子技术综合实验箱。

仿照与非门的测试电路，测试相应门电路逻辑功能，逻辑功能分别记录在表5-1和表5-2中。

（3）门电路的简单应用

1）设计电路，验证摩根定理，即 $(A \cdot B)' = A' + B'$，$(A + B)' = A' \cdot B'$

2）设计电路，验证"异或"逻辑关系，即

$$A \oplus B = A'B + AB' = (A' + B')(A + B) = (AB + A'B')'$$

逻辑功能记录在表5-3和表5-4中。

2. 与非门主要参数的测试

（1）电压传输特性测试

按图5-1a连接测试电路，调节RP，按表5-5中的 u_i 电压值输入，记录对应的 u_o 数据。根据实验数据画出电压传输特性曲线。

图5-1b是用示波器测试电压传输特性曲线的电路，其中输入信号是频率为1kHz，峰值为4V的正弦波。示波器置X—Y运行，便可直观地观察到被测门电路的电压传输特性。将观察到的曲线记录在坐标纸上。

（2）输入短路电流 I_{IS} 的测试

按图5-2连接 I_{IS} 的测试电路，测试结果记录于表5-6中。

（3）高电平输入电流 I_{IH} 的测试

按图5-3连接 I_{IH} 的测试电路，测试结果记录于表5-6中。

（4）电源电流 I_{CCL} 和 I_{CCH} 的测试

参照图5-4和图5-5将74LS00中的四个"与非门"的8个输入端全部连在一起，检查无误后接通电源进行测试。测试数据记录于表5-6中。

（5）扇出系数 N 的测试

按图5-6连接电路图，调节 R_L 使 I_{OL} 增大，V_{OL} 随之增大，当 V_{OL} 达到 V_{OLM}（手册中规定低电平规范值为0.4V）时的 I_{OL} 就是允许灌入的最大负载电流，读出电流表上的读数。将数值记录于表5-6中。

（6）平均传输延迟时间 t_{pd} 的测试

按图5-7连接电路图，用示波器观察 u_o 输出波形的周期 T，将测试结果记录于表5-6中。

3. 门电路多余输入端的处理方法的测试

拟定测试记录表格和实验步骤，完成实验。

六、实验报告要求

1）整理实验数据，填写测试内容的各功能表，说明各门电路的逻辑功能。对实验结果进行分析。

2）根据表5-5中的数据画出实测的电压传输特性曲线。与用示波器测试的电压传输特性曲线进行比较。

3）根据实验数据计算74LS00的功耗

$$P = \frac{1}{4} \left[\frac{1}{2} V_{CC} (I_{CCL} + I_{CCH}) \right] \tag{5-4}$$

七、思考题

1）试说明TTL门电路和CMOS门电路的区别？

2）"与非门"的 V_{OH}、V_{OL}、V_{NH}、V_{NL}、V_{TH} 的含义各是什么?

3）与非门一个输入端接连续脉冲，其余端是什么状态时允许脉冲通过? 什么状态时禁止通过?

实验一 门电路的逻辑功能与参数测试实验记录

1. 门电路功能测试实验记录

表 5-1 与门、或门、与非门、或非门、异或门逻辑功能测试记录

输入		输出				
A	B	$A \cdot B$	$A + B$	$(A \cdot B)'$	$(A + B)'$	$A \oplus B$
0	0					
0	1					
1	0					
1	1					

表 5-2 非门逻辑功能测试记录

输入	输出
A	A'
0	
1	

2. TTL 门电路简单应用实验记录

表 5-3 摩根定理的验证记录

输入		输出			
		$(A \cdot B)'$	$A' + B'$	$(A + B)'$	$A' \cdot B'$
A	B				
0	0				
0	1				
1	0				
1	1				

表 5-4 "异或"逻辑关系的验证记录

输入		输出			
		$A \oplus B$	$A'B + AB'$	$(A' + B')(A + B)$	$(AB + A'B')'$
A	B				
0	0				
0	1				
1	0				
1	1				

3. 与非门参数测试实验结果记录

表 5-5　电压传输特性测试数据

u_i/V	0	0.2	0.5	0.7	0.9	1	1.1	1.2	1.3	1.4	1.5	1.6	2	4
u_o/V														

表 5-6　输入、输出电流及扇出系数测试数据

I_{IS}/mA	I_{IH}/mA	I_{OL}/mA	$N = \dfrac{I_{OL}}{I_{IL}}$	I_{CCL}/mA	I_{CCH}/mA	$t_{pd} = \dfrac{T}{6}/ns$

4. 其他实验数据记录在下面

指导教师（签字）：　　　　　　　　　　　　　　　　　　　日期：

实验二　TTL 集电极开路门、三态门

一、实验目的

1）掌握集电极开路（OC）门和三态门的电路特点与功能。

2）掌握 OC 门和三态门的电路的典型应用。

3）了解总线结构的工作原理。

二、预习要求

1）预习 OC 门和三态门的工作原理。

2）了解 OC 门和三态门的特点以及它们在电路中的特殊用途。

3）根据实验的要求，画出实验电路图。

三、实验原理

数字系统中有时需要将两个或两个以上集成逻辑门的输出端直接并联在一起完成一定的逻辑功能。对于普通的 TTL 门电路，由于输出级采用了推拉式输出，输出端并联必然有很大的负载电流同时流过所接门电路的输出级，这个电流的数值将远远大于正常工作电流，可能使门电路损坏，因此，通常不允许将它们的输出端并联在一起使用。

TTL 集电极开路（OC）门和三态门是两种特殊的门电路，它们可以把输出端直接并联在一起使用。

1. 集电极开路门（OC 门）的逻辑功能及应用

（1）OC 门的逻辑功能

以 74LS03 四 2 输入与非门（OC）为例，逻辑表达式为 $Y = (AB)'$，图 5-11 给出了 74LS03 的电路结构。这种门电路在工作时需要外加适当的负载电阻和电源，用以保证输出

的高、低电平符合要求，输出晶体管的负载电流又不过大，从而完成与非门的逻辑功能。

（2）OC 门的应用

1）OC 门实现"线与"。OC 门的"线与"特性可方便地完成一些特定的逻辑功能。图 5-12 所示为 OC 与非门的"线与"电路，则它的逻辑关系是

$$Y = (A_1 B_1)'(A_2 B_2)' = (A_1 B_1 + A_2 B_2)'$$

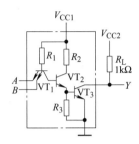

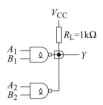

图 5-11　集电极开路与非门
74LS03 的电路结构

图 5-12　利用 OC 与非门
实现"线与"电路

因此可见，把两个 OC 与非门"线与"可完成"与或非"的逻辑功能。

2）OC 门实现多路信号采集。使两路以上信号共用一个传输通道，如图 5-13 所示。当 $K=1$ 时，$Y=A$；当 $K=0$ 时，$Y=B$。

3）OC 门实现电平转换。因为 74 系列 TTL 电路的 $V_{OHmin}=2.4V$，74LS 系列 TTL 电路的 $V_{OHmin}=2.7V$，而 CD4000 系列 CMOS 电路的 $V_{IHmin}=3.5V$，74HC 系列 CMOS 电路的 $V_{IHmin}=3.15V$，显然不满足 $V_{OHmin}\geqslant V_{IHmin}$。最简单的解决方法是 TTL 电路的输出端与电源之间接入上拉电阻 R_L。图 5-14 所示的电路实现了上述功能。

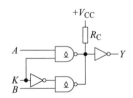

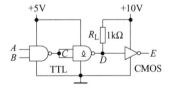

图 5-13　OC 门实现多路信号采集

图 5-14　用 OC 门实现电平转换

2. 三态门的逻辑功能及应用

（1）三态门的逻辑功能

三态门是在普通门电路的基础上附加控制电路而构成的，它的输出除了通常的高电平、低电平两种状态，还有第三种状态——高阻态。三态门按逻辑功能及控制方式来分有各种不同类型。以 74LS125 三态输出四总线缓冲器为例，当控制端 $EN'=1$ 时，三态门的输出为高阻态；当控制端 $EN'=0$ 时，三态门的输出取决于输入，74LS125 的控制端为低电平有效。

考虑到万用表表头内阻为非无穷大，对测量结果的影响，高阻态的测试电路如图 5-15 所示。

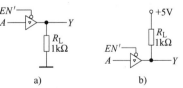

图 5-15　三态门的高阻态测试电路图

a）输出对"地"电压　b）输出对"+5V 电源"的电压

（2）三态门的应用

1）三态门实现单总线结构。利用控制端 EN' 轮流等于 0，而且任何时候仅有一个等于 0，就可以把各个门的输出信号轮流送到公共传输线——总线上，互不干扰。这种连接方式称为单总线结构。其电路如图 5-16 所示。

2）三态门实现数据双总线传输。用三态门输出电路可实现数据双向传输。如图 5-17 所示，当 $EN = 1$ 时 G_1 工作而 G_2 为高阻态，数据 D_0 经 G_1 门后送到总线上去。当 $EN = 0$ 时 G_2 工作而 G_1 为高阻态，来自总线的数据经 G_2 门后由 D_1 送出。

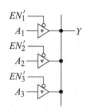

图 5-16　三态门实现单总线结构

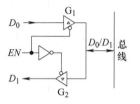

图 5-17　三态门实现数据双向传输

四、实验设备与器件

1）电子技术综合实验箱。

2）数字万用表。

3）集成芯片 CPLD/FPGA、74LS03、74LS04、74LS125、CC4011。

4）直流稳压电源。

5）示波器。

五、实验内容与步骤

1. 集电极开路门（OC 门）

（1）OC 门的逻辑功能测试

自拟实验电路，测试结果记录在表 5-7 中。

（2）OC 门实现"线与"逻辑

按图 5-12 连接实验电路，R_L 为 1kΩ，输入端 A_1、B_1、A_2、B_2 分别接逻辑开关，输出端接 LED 指示灯，测试结果记录在表 5-8 中。

（3）OC 门实现多路信号采集

按图 5-13 连接实验电路，测试并记录实验结果在表 5-9 中。

（4）OC 门实现电平转换

按图 5-14 连接实验电路，图中 CMOS 非门采用 CC4011。用万用表分别测试 C、D、E 点的电压值，将测试结果记录于表 5-10 中。也可将 A、B 两点并联，然后在输入端加入频率为 1kHz，峰值为 4V 的方波信号，用示波器观察 A、C、D、E 点的波形幅度的变化。

2. 三态门

（1）三态门的逻辑功能测试

当 $EN' = 0$ 时，三态门为工作状态，用指示灯显示输出 Y 的逻辑电平。当 $EN' = 1$ 时，三态门为高阻状态，按图 5-15 分别测出输出 Y 对"地"电压和"对 +5V 电源"的电压，即测出电阻 R_L 上的压降，将测试结构记录于表 5-11 中。

（2）三态门实现单总线结构

按图 5-16 连接实验电路，输入端 A_1、EN_1'、A_2、EN_2'、A_3、EN_3' 分别接逻辑开关，输出端接 LED 指示器，按表 5-12 测试逻辑功能，将测试结果记录于表 5-12 中。

（3）三态门实现数据双向传输

按图 5-17 连接实验电路，控制端 EN 接逻辑开关，数据 D_0 端接逻辑开关，来自总线的数据（经过 G_2 门传送的）D_1 接 LED 指示器，总线作为数据输入时接逻辑开关，作为数据输出时接 LED 指示器。自拟表格，记录实验数据。

六、实验报告要求

1）简述实验步骤，画出实验电路图，整理实验数据。
2）分析实验结果，给出实验结论。
3）完成思考题。

七、思考题

1）OC 门有哪些应用，列举三种。
2）用 OC 门时是否需要外接其他元件？如果需要，此元件应如何取值？
3）三态门和 OC 门都可以形成总线，它们之间的差异是什么？
4）怎样从输出结构区分门电路？共有几种输出结构？

实验二　集电极开路门、三态门实验记录

1. 集电极开路门测试

表 5-7　OC 门逻辑功能测试记录

输　入		输　出
A	B	Y
0	0	
0	1	
1	0	
1	1	

表 5-8　OC 门"线与"逻辑功能测试记录

输　入				输　出
A_1	A_2	B_1	B_2	Y
0	0	0	0	
0	0	0	1	
0	0	1	0	
0	0	1	1	
0	1	0	0	
0	1	0	1	

（续）

输 入				输 出
A_1	A_2	B_1	B_2	Y
0	1	1	0	
0	1	1	1	
1	0	0	0	
1	0	0	1	
1	0	1	0	
1	0	1	1	
1	1	0	0	
1	1	0	1	
1	1	1	0	
1	1	1	1	

表 5-9　OC 门多路信号采集功能测试记录

K	输 入		输 出
	A	B	Y
0	0	0	
	0	1	
	1	0	
	1	1	
1	0	0	
	0	1	
	1	0	
	1	1	

表 5-10　OC 门实现电平转换测试记录

A	B	U_C/V	U_D/V	U_E/V
1	0			
1	1			

2. 三态门测试

表 5-11　三态门逻辑功能测试记录

EN'	A	Y	EN'	A	Y
0	0	逻辑电平（　　）	1	X	对"地"电压（　　）V
	1	逻辑电平（　　）			对" +5V 电源"电压（　　）V

表 5-12 三态门实现单总线结构测试记录

EN_3'	EN_2'	EN_1'	A_3	A_2	A_1	Y
1	1	0	×	×	0	
			×	×	1	
1	0	1	×	0	×	
			×	1	×	
0	1	1	0	×	×	
			1	×	×	

指导教师（签字）：   日期：

实验三　组合逻辑电路设计

一、实验目的

1）掌握小规模组合逻辑电路的设计方法。

2）用实验验证所设计电路的逻辑功能。

二、预习要求

1）组合逻辑电路的设计方法。

2）熟悉实验内容，完成设计任务。

3）根据要求，拟定实验数据记录表格。

三、设计任务与要求

1）试用2输入与非门设计一个3输入的组合逻辑电路。当输入的二进制码<3时，输出为0；输入≥3时，输出为1。

2）设计一个监视交通信号灯工作状态的逻辑电路。每一组信号灯由红、黄、绿三灯组成。正常情况下，任何时刻必有且只能有一灯亮，其他情况要求发出故障信号。用基本逻辑门设计实现该电路的功能。

3）某足球评委会由一位教练和三位球迷组成，对裁判员的判罚进行表决。当满足以下条件时表示同意：有三人或三人以上同意，或者有两人同意，但其中一人是教练。用基本逻辑门设计实现该电路的功能。

四、实验原理

1. 组合电路一般设计方法

根据给出的实际逻辑问题，求出实现这一逻辑功能的最简逻辑电路，这就是设计组合逻辑电路时要完成的工作。组合逻辑电路设计的一般步骤如图5-18所示。

设计组合电路时，通常先要对命题要求的逻辑功能进行分析，确定哪些因素为输入量，哪些为输出量，要求它们具有何种逻辑关系，并对它们进行赋值，即确定什么情况下为逻辑"1"，什么情况下为逻辑"0"。根据逻辑功能列出真值表，根据真值表写出逻辑函数表达式，再根据选择器件类型将函数式化简，最后根据化简或变换所得到的逻辑函数式，画出逻

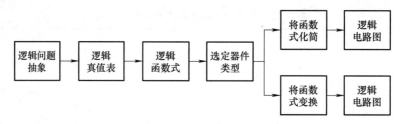

图 5-18　组合逻辑电路设计的一般步骤

辑电路图。

2. 设计实例

下面以设计监视交通信号灯工作状态的逻辑电路为例，说明小规模组合逻辑电路的设计过程。

1）进行逻辑抽象。取红、黄、绿三灯的状态为输入变量，分别用 R、A、G 表示，并规定灯亮时为 1，不亮时为 0。取故障信号为输出变量，用 Z 表示，并规定正常工作状态下 Z 为 0，发生故障时 Z 为 1。根据题意可列出表 5-13 所示的逻辑真值表。

表 5-13　逻辑真值表

R	A	G	Z
0	0	0	1
0	0	1	0
0	1	0	0
0	1	1	1
1	0	0	0
1	0	1	1
1	1	0	1
1	1	1	1

2）写出逻辑函数式，即

$$Z = R'A'G' + R'AG + RA'G + RAG' + RAG$$

3）选定器件类型为小规模集成门电路。

4）将逻辑函数式化简为

$$Z = R'A'G' + RA + RG + AG = ((R'A'G')'(RA)'(RG)'(AG)')'$$

5）根据化简结果，画出逻辑电路图。采用"与或"形式的逻辑图，如图 5-19 所示；采用"与非"形式的逻辑图，如图 5-20 所示。

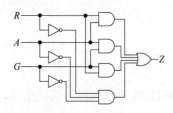

图 5-19　"与或"形式逻辑图

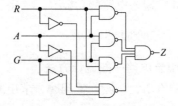

图 5-20　"与非"形式逻辑图

五、实验设备与器件

1）电子技术综合实验箱。

2）数字万用表。

3）集成芯片 CPLD/FPGA、74LS00、74LS04、74LS08、74LS32、74LS20。

4）直流稳压电源。

六、实验内容与步骤

1）按设计任务与要求设计出具体的电路图。

2）按测试要求，设计相应的记录表格。

实验结果填入表 5-14 ~ 表 5-16。

七、实验报告要求

1）要写清设计任务、设计过程及设计逻辑电路图，并注明引脚号。

2）在所设计的测试表格上标注清楚测试项目。

3）整理实验记录，并对实验结果进行分析，给出实验结论。

八、思考题

1）组合电路设计过程中最重要的是哪一步？为什么？

2）利用基本逻辑门实现组合电路时，逻辑函数式必须化简吗？是否化简对逻辑电路有什么影响？

3）用基本逻辑门设计一个照明灯控制电路。功能要求：三个开关控制一个照明灯，任意一个开关状态的改变都可以改变照明灯的亮灭状态。

实验三　组合逻辑电路设计实验记录

表 5-14　3 输入组合逻辑电路实验记录

输　　入			输　　出
A	B	C	Y
0	0	0	
0	0	1	
0	1	0	
0	1	1	
1	0	0	
1	0	1	
1	1	0	
1	1	1	

表 5-15　监视交通信号灯工作状态逻辑电路实验记录

输　　入			输　　出
G	A	G	Z
0	0	0	
0	0	1	
0	1	0	

（续）

输　入			输　出
G	A	G	Z
0	1	1	
1	0	0	
1	0	1	
1	1	0	
1	1	1	

表 5-16　足球评委会判罚表决电路实验记录

输　入				输　出
A（教练）	B	C	D	Y
0	0	0	0	
0	0	0	1	
0	0	1	0	
0	0	1	1	
0	1	0	0	
0	1	0	1	
0	1	1	0	
0	1	1	1	
1	0	0	0	
1	0	0	1	
1	0	1	0	
1	0	1	1	
1	1	0	0	
1	1	0	1	
1	1	1	0	
1	1	1	1	

指导教师（签字）：　　　　　　　　　　　　　　　　　　日期：

实验四　译码器应用

一、实验目的

1）掌握译码器的逻辑功能和使用方法。

2）用译码器实现组合逻辑函数。

二、预习要求

1）预习 74LS138 的功能和使用方法。

2）熟悉实验内容，完成设计任务。

3）根据要求，拟定实验数据记录表格。

三、设计任务与要求

1）设计实现如下逻辑函数的电路

$$Y = A'B'C + AB'C' + ABC' + BC$$

2）设计实现一个 1 位全减器电路。输入为被减数、减数和来自低位的借位。输出为两数之差和向高位的借位信号。列出真值表，画出逻辑电路图。

3）设计一个表决电路。设 A 为主裁判，B、C、D 为副裁判。只有在主裁判同意的前提下，三名副裁判中多数同意，比赛成绩才被承认，否则比赛成绩不予承认。列出真值表，画出逻辑电路图。

4）用译码器和逻辑门设计数值判别电路。该电路的输入 X，输出 F 均为 3 位二进制数。两者之间关系如下：

① 当 $2 \leqslant X \leqslant 5$ 时，$F = X + 2$。

② 当 $X < 2$ 时，$F = 1$。

③ 当 $X > 5$ 时，$F = 0$。

四、实验原理

1. 二进制译码器

常用的译码器有二进制译码器、二—十进制译码器和显示译码器三类。74LS138 是用 TTL 与非门组成的 3 线－8 线译码器，它有三个附加控制端 S_1、S_2' 和 S_3'。当 $S_1 = 1$、$S_2' + S_3' = 0$ 时，译码器处于工作状态，否则，译码器被禁止，所有的输出端均为高电平。其功能表如表 5-17 所示。

译码器是经常使用的重要芯片，不仅用于数字显示，实现函数，也可用于代码转换、数据分配等。

表 5-17　74LS138 功能表

输　　入					输　　出							
S_1	$S_2' + S_3'$	A_2	A_1	A_0	Y_0'	Y_1'	Y_2'	Y_3'	Y_4'	Y_5'	Y_6'	Y_7'
0	×	×	×	×	1	1	1	1	1	1	1	1
×	1	×	×	×	1	1	1	1	1	1	1	1
1	0	0	0	0	0	1	1	1	1	1	1	1
1	0	0	0	1	1	0	1	1	1	1	1	1
1	0	0	1	0	1	1	0	1	1	1	1	1
1	0	0	1	1	1	1	1	0	1	1	1	1
1	0	1	0	0	1	1	1	1	0	1	1	1
1	0	1	0	1	1	1	1	1	1	0	1	1
1	0	1	1	0	1	1	1	1	1	1	0	1
1	0	1	1	1	1	1	1	1	1	1	1	0

2. 设计实例

（1）全减器的设计

本设计可采用 3 线-8 线译码器 74LS138 来实现。

全减器设计的关键是真值表要推导正确。全减器真值表如表 5-18 所示。表中的 A_i 为被减数、B_i 为减数、C_{i-1} 为来自低位的借位，D_i 为差数、C_i 为向高位的借位。

表 5-18　74LS138 全减器真值表

A_i	B_i	C_{i-1}	D_i	C_i	A_i	B_i	C_{i-1}	D_i	C_i
0	0	0	0	0	1	0	0	1	0
0	0	1	1	1	1	0	1	0	0
0	1	0	1	1	1	1	0	0	0
0	1	1	0	1	1	1	1	1	1

用 74LS138 译码器设计全减器时，从功能表中可以知道，译码器的每一路输出，实际上是各输入变量组成函数的一个最小项的反变量，利用附加的门电路将这些最小项适当地组合，可产生三变量的组合逻辑函数，而全减器可以看成是两个三变量的组合逻辑函数。

设 $A_i = A_2$、$B_i = A_1$、$C_{i-1} = A_0$，由表 5-18 可得到 D_i、C_i 的逻辑表达式为

$$D_i = A_i'B_i'C_{i-1} + A_i'B_iC_{i-1}' + A_iB_i'C_{i-1}' + A_iB_iC_{i-1}$$
$$= A_2'A_1'A_0 + A_2'A_1A_0' + A_2A_1'A_0' + A_2A_1A_0$$
$$= Y_1 + Y_2 + Y_4 + Y_7$$
$$= (Y_1'Y_2'Y_4'Y_7')'$$

$$C_i = A_i'B_i'C_{i-1} + A_i'B_iC_{i-1}' + A_i'B_iC_{i-1} + A_iB_iC_{i-1}$$
$$= A_2'A_1'A_0 + A_2'A_1A_0' + A_2'A_1A_0 + A_2A_1A_0$$
$$= Y_1 + Y_2 + Y_3 + Y_7$$
$$= (Y_1'Y_2'Y_3'Y_7')'$$

由以上推导可得到用 74LS138 实现全减器的原理图，如图 5-21 所示。用可编程器件 CPLD 实现 74LS138 全减器的电路图如图 5-22 所示。

（2）表决电路的设计

表决电路也可用 74LS138 实现。仿照全减器的设计方法同样可完成表决电路的设计。

（3）用译码器和逻辑门实现数值判别电路

该数值判别电路可用 74LS138 和逻辑电路实现，真值表如表 5-19 所示，逻辑电路如图 5-23、图 5-24 所示。

（4）设计判断两个 3 位二进制数是否相等的逻辑电路

本设计可采用 74LS138 和 74LS151 完成。

74LS151 是互补输出的 8 选 1 数据选择器，有 3 个地址输入端 $A_2 \sim A_0$、8 个数据输入端 $D_7 \sim D_0$，Y、Y' 是 1 对互补的数据输出，1 个附加控制端 S'，S' 为低电平有效。将两个 3 位二进制并行数分别加在 74LS151 和 74LS138 的地址输入端即可实现，电路如图 5-24 所示。

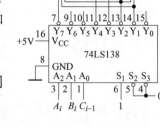

图 5-21　用 74LS138 实现全减器的原理图

表 5-19　译码器实现数值判别功能的真值表

X_2	X_1	X_0	F_2	F_1	F_0
0	0	0	0	0	1
0	0	1	0	0	1
0	1	0	1	0	0
0	1	1	1	0	1
1	0	0	1	1	0
1	0	1	1	1	1
1	1	0	0	0	0
1	1	1	0	0	0

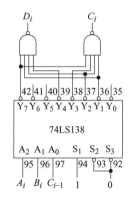

图 5-22　用 CPLD 实现 74LS138 全减器的电路图

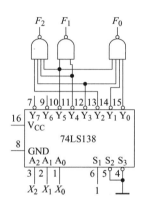

图 5-23　74LS138 实现数值 判别电路

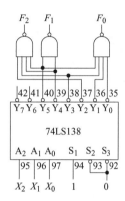

图 5-24　用 CPLD 实现 74LS138 判别电路

五、实验设备与器件

1）电子技术综合实验箱。

2）数字万用表。

3）集成芯片 CPLD/FPGA、74LS00、74LS04、74LS20、74LS138、74LS151、74LS153。

4）直流稳压电源。

六、实验内容与步骤

1）按设计任务与要求设计出具体的电路图。

2）测试全减器的设计电路。连接 74LS138 实现全减器的电路，将译码器的输入端 A_2、A_1、A_0 接逻辑电平，控制端 S_1 置高电平，S_2'、S_3' 置低电平，全减器的输出端 D_i、C_i 接 LED 指示灯。验证逻辑功能并记录数据。

3）测试所设计表决电路的功能。

4）测试所设计的组合电路的功能。

实验结果填入表 5-20 ~ 表 5-23。

七、实验报告要求

1）要写清设计任务、设计过程及设计逻辑电路图，并注明引脚号。

2）整理实验记录，并对实验结果进行分析，给出实验结论。

八、思考题

1）试说明译码器共分成几大类？

2）试用3线-8线译码器连成一个4线-16线译码器并画出原理图。

3）如何用3线-8线译码器和与非门实现以下多元函数：

$$\begin{cases} Y_1 = AB'C \\ Y_2 = A'B'C + ABC + BC \\ Y_3 = A'C' + ABC' \end{cases}$$

实验四 译码器应用实验记录

表5-20 逻辑函数验证实验记录

输 入			输 出
A	B	C	Y
0	0	0	
0	0	1	
0	1	0	
0	1	1	
1	0	0	
1	0	1	
1	1	0	
1	1	1	

表5-21 全减器验证实验记录

A_i	B_i	C_{i-1}	D_i	C_i
0	0	0		
0	0	1		
0	1	0		
0	1	1		
1	0	0		
1	0	1		
1	1	0		
1	1	1		

表 5-22　表决电路验证实验结果

输　入				输　出
A（主裁）	B	C	D	Y
0	0	0	0	
0	0	0	1	
0	0	1	0	
0	0	1	1	
0	1	0	0	
0	1	0	1	
0	1	1	0	
0	1	1	1	
1	0	0	0	
1	0	0	1	
1	0	1	0	
1	0	1	1	
1	1	0	0	
1	1	0	1	
1	1	1	0	
1	1	1	1	

表 5-23　数值判别电路验证实验记录

输入 X			输出 F		
X_2	X_1	X_0	F_2	F_1	F_0
0	0	0			
0	0	1			
0	1	0			
0	1	1			
1	0	0			
1	0	1			
1	1	0			
1	1	1			

指导教师（签字）：　　　　　　　　　　　　　　　　　　　　　日期：

实验五 数据选择器应用

一、实验目的

1）掌握数据选择器的逻辑功能和使用方法。

2）用数据选择器实现组合逻辑函数。

二、预习要求

1）预习 74LS151、74LS153 的功能和使用方法。

2）熟悉实验内容，完成设计任务。

三、设计任务与要求

1）用 4 选 1 数据选择器设计实现如下逻辑函数的电路

$$Y = A'B'C + AB'C' + ABC' + BC$$

2）用 74LS153 设计实现一个 1 位全减器电路。输入为被减数、减数和来自低位的借位。输出为两数之差和向高位的借位信号。列出真值表，画出逻辑电路图。

3）设计一个表决电路。设 A 为主裁判，B、C、D 为副裁判。只有在主裁判同意的前提下，三名副裁判中多数同意，比赛成绩才被承认，否则比赛成绩不予承认。列出真值表，画出逻辑电路图。

4）设计判断两个 3 位二进制数是否相等的逻辑电路。当两个 3 位二进制数相等输出为 1，不等输出为 0。

四、实验原理

1. 数据选择器

74LS153 是双 4 选 1 数据选择器，两个数据选择器有公共的地址输入端即 A_1、A_0，数据输入端和输出端是各自独立的。通过给定的不同地址代码，可以从 4 个数据中选出 1 个送至输出端 Y。附加控制端 S_1'、S_2' 是用于控制电路的工作状态和功能扩展的。其功能表如表 5-24 所示。

表 5-24 74LS153 功能表

控制端	地址输入		数据输入				输出
S'	A_1	A_0	D_3	D_2	D_1	D_0	Y
1	×	×	×	×	×	×	0
0	0	0	×	×	×	0	0
			×	×	×	1	1
	0	1	×	×	0	×	0
			×	×	1	×	1
	1	0	×	0	×	×	0
			×	1	×	×	1
	1	1	0	×	×	×	0
			1	×	×	×	1

注："×"表示任意状态。

4 选 1 数据选择器函数表达式为

$$Y = \left[(A_1'A_0')D_{10} + (A_1'A_0)D_{11} + (A_1A_0')D_{12} + (A_1A_0)D_{13} \right] S_1' \qquad (5\text{-}5)$$

数据选择器的用途很广，利用它可进行多通道数据传送、数据比较、实现逻辑函数等功能。

2. 设计实例

（1）全减器的设计

本设计采用双 4 选 1 数据选择器 74LS153 来实现。

全减器设计的关键是真值表要推导正确。全减器真值表如表 5-25 所示。表中的 A_i 为被减数、B_i 为减数、C_{i-1} 为来自低位的借位，D_i 为差数、C_i 为向高位的借位。

表 5-25　74LS153 全减器真值表

A_i	B_i	C_{i-1}	D_i	C_i	A_i	B_i	C_{i-1}	D_i	C_i
0	0	0	0	0	1	0	0	1	0
0	0	1	1	1	1	0	1	0	0
0	1	0	1	1	1	1	0	0	0
0	1	1	0	1	1	1	1	1	1

用 74LS153 数据选择器设计时，将其中的 1 个 4 选 1 的数据选择器的地址输入作为函数的输入变量 A_i、B_i、C_{i-1} 根据推导结果接到数据输入 $D_0 \sim D_3$，作为数据输入信号。附加控制端 S' 始终保持低电平，这样 4 选 1 数据选择器的输出就成为三变量的逻辑函数。

设 $A_i = A_1$、$B_i = A_0$，由表 5-25 可得到 D_i 的逻辑表达式

$$D_i = A_i'B_i'C_{i-1} + A_i'B_iC_{i-1}' + A_iB_i'C_{i-1}' + A_iB_iC_{i-1}$$
$$= A_1'A_0'C_{i-1} + A_1'A_0C_{i-1}' + A_1A_0'C_{i-1}' + A_1A_0C_{i-1}$$

将上述表达式与式（5-5）对照可知，只要令数据选择器的数据输入为

$$D_{10} = D_{13} = C_{i-1}, D_{11} = D_{12} = C_{i-1}'$$

则数据选择器的输出 Y_1 就是所需要的逻辑函数 D_i。

同理可得到 C_i 的逻辑表达式

$$C_i = A_i'B_i'C_{i-1} + A_i'B_iC_{i-1}' + A_i'B_iC_{i-1} + A_iB_iC_{i-1}$$
$$= A_1'A_0'C_{i-1} + A_1'A_0C_{i-1}' + A_1'A_0C_{i-1} + A_1A_0C_{i-1}$$
$$= A_1'A_0'C_{i-1} + A_1'A_0 \cdot 1 + A_1A_0' \cdot 0 + A_1A_0C_{i-1}$$

并令 $D_{20} = D_{23} = C_{i-1}$、$D_{21} = 1$、$D_{22} = 0$ 即可。

由以上推导可得到用 74LS153 实现全减器的原理图，如图 5-25、图 5-26 所示。

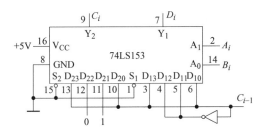

图 5-25　用 74LS153 实现全减器的原理图

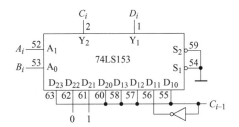

图 5-26　用 CPLD 实现 74LS153 全减器

（2）表决电路的设计

表决电路也可用 74LS153 和 74LS138 实现。仿照全减器的设计方法同样可完成表决电路

的设计。

（3）设计判断两个 3 位二进制数是否相等的逻辑电路

本设计可采用 74LS138 和 74LS151 完成。

74LS151 是互补输出的 8 选 1 数据选择器，有 3 个地址输入端 $A_2 \sim A_0$、8 个数据输入端 $D_7 \sim D_0$，Y、Y' 是 1 对互补的数据输出，1 个附加控制端 S'，S' 为低电平有效。将两个 3 位二进制并行数分别加在 74LS151 和 74LS138 的地址输入端即可实现，分别用中规模器件和超大规模器件实现的电路分别如图 5-27、图 5-28 所示。

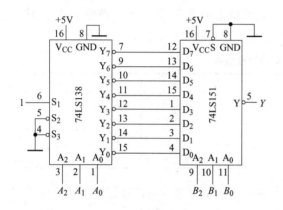

图 5-27　中规模器件实现 3 位二进制数
相等比较电路

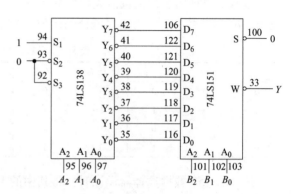

图 5-28　超大规模器件实现 3 位二进制数
相等比较电路

五、实验设备与器件

1）电子技术综合实验箱。

2）数字万用表。

3）集成芯片 CPLD/FPGA、74LS00、74LS04、74LS20、74LS138、74LS151、74LS153。

4）直流稳压电源。

六、实验内容与步骤

1）按设计任务与要求设计出具体的电路图。

2）测试全减器的设计电路。连接 74LS138 实现全减器的电路，将数据选择器的各输入端 $D_3 \sim D_0$、A_1、A_0 接逻辑电平，控制端 S' 置低电平，全减器的输出端 D_i、C_i 接 LED 指示灯。验证逻辑功能并记录数据。

3）测试所设计表决电路的功能。

4）测试所设计的两个 3 位二进制数相等比较器的功能。

实验结果填入表 5-26 ~ 表 5-29。

七、实验报告要求

1）要写清设计任务、设计过程及设计逻辑电路图，并注明引脚号。

2）在实验测试表格上标注清楚测试项目。

3）整理实验记录，并对实验结果进行分析，给出实验结论。

八、思考题

1）试说明为何 3 线-8 线译码器和 4 选 1 数据选择器都可实现任意三变量组合函数？

2）怎样用双 4 选 1 数据选择器构成一个 8 选 1 的电路？画出电路图。

实验五 数据选择器实验记录

表 5-26 逻辑函数验证实验记录

输 入			输 出
A	B	C	Y
0	0	0	
0	0	1	
0	1	0	
0	1	1	
1	0	0	
1	0	1	
1	1	0	
1	1	1	

表 5-27 全减器验证实验记录

A_i	B_i	C_{i-1}	D_i	C_i
0	0	0		
0	0	1		
0	1	0		
0	1	1		
1	0	0		
1	0	1		
1	1	0		
1	1	1		

表 5-28 表决电路验证实验记录

输 入				输 出
A（主裁）	B	C	D	Y
0	0	0	0	
0	0	0	1	
0	0	1	0	
0	0	1	1	
0	1	0	0	
0	1	0	1	
0	1	1	0	
0	1	1	1	
1	0	0	0	

（续）

输　　入				输　　出
A（主裁）	B	C	D	Y
1	0	0	1	
1	0	1	0	
1	0	1	1	
1	1	0	0	
1	1	0	1	
1	1	1	0	
1	1	1	1	

表5-29　判断两数是否相等验证结果记录（自选若干相等和不等数测试）

A			B			是否相等

指导教师（签字）：　　　　　　　　　　　　　　　　　日期：

实验六　触　发　器

一、实验目的

1）掌握触发器的逻辑功能及特性。

2）掌握集成触发器的使用方法。

3）熟悉触发器之间相互转换的方法。

4）学习简单时序逻辑电路的分析和检验方法。

二、预习要求

1）复习各触发器的逻辑功能及特性。

2）掌握边沿触发和电平触发的特点。

3）熟悉实验内容和需要测试记录的内容。

三、设计任务与要求

1）设计用JK触发器构成T触发器。

2）设计一个流水灯控制电路。试用3位二进制异步加法计数器和74LS138设计一个流水灯控制电路。要求共有 8 盏灯，始终有 1 盏灯暗，7 盏灯亮，且暗的灯向右循环移动。

3）设计一个 4 位数据锁存器。试用 74LS74 设计一个 4 位数据锁存器，要求数据同步输入。

4）设计一个移位寄存器。试用 74LS74 设计一个 4 位串入/并出右移移位寄存器，每输入 1 个时钟，数据向右依次移 1 位。

四、实验原理

1. 触发器

触发器是具有记忆功能的二进制信息存储器件，是构成各种时序电路的最基本逻辑单元。

由于控制方式的不同，触发器的逻辑功能在细节上有所不同。因此，根据触发器逻辑功能的不同分为 SR 触发器、JK 触发器、T 触发器、D 触发器等几种类型。

按触发方式，触发器可分为上升沿触发、下降沿触发、高电平触发和低电平触发等。

（1）JK 触发器

JK 触发器在电路结构上可分为两类，一类是主从触发器，如 74LS72、74LS111；另一类是边沿触发器，如 74LS112、CC4027 等。在输入信号为双端的情况下，JK 触发器的功能完善，使用灵活，是一种通用性较强的触发器。74LS112 是双 JK 触发器，时钟 CP 下降沿触发，又称为负边沿触发。其功能表如表 5-30 所示。

表 5-30　负边沿 JK 触发器功能表

输　　入					输　　出	
S'_D	R'_D	CP	J	K	Q^*	$(Q^*)'$
0	0	×	×	×	1[①]	1[①]
0	1	×	×	×	1	0
1	0	×	×	×	0	1
1	1	↓	0	0	NC	NC
1	1	↓	0	1	0	1
1	1	↓	1	0	1	0
1	1	↓	1	1	翻转	翻转
1	1	1	×	×	NC	NC

注：NC 表示无变化模式；Q^* 表示次态；1[①]表示状态不定。

JK 触发器的状态方程为

$$Q^* = JQ' + K'Q \tag{5-6}$$

（2）D 触发器

D 触发器是另一种使用广泛的集成触发器。由于采用了维持阻塞电路，克服了不定状态和空翻。在输入信号为单端的情况下，D 触发器使用起来最为方便，其输出状态的更新发生在 CP 的上升沿，故称为上升沿触发或正边沿触发，触发器的状态只取决于时钟到来前 D 端的状态。例如 74LS74、CC4013 双 D 触发器，74LS175、CC4042 四 D 触发器等。其功能表如表 5-31 所示。

表 5-31　正边沿 D 触发器功能表

输 入				输 出	
S'_D	R'_D	CP	D	Q^*	$(Q^*)'$
0	0	×	×	1[①]	1[①]
0	1	×	×	1	0
1	0	×	×	0	1
1	1	↑	1	1	0
1	1	↑	0	0	1
1	1	0	×	NC	NC

D 触发器的状态方程为

$$Q^* = D \tag{5-7}$$

2. 设计实例

1）JK 触发器 74LS112 组成的异步 8 分频电路如图 5-29 所示。

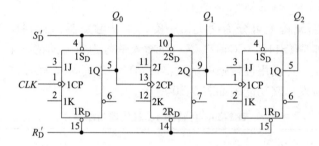

图 5-29　中规模器件 74LS112 组成的异步 8 分频电路

2）中规模器件 74LS74 和超大规模器件（CPLD）构成的 D 触发器分别组成的异步 8 分频电路如图 5-30、图 5-31 所示。

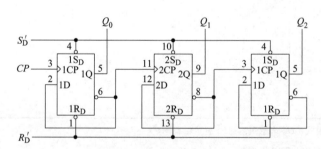

图 5-30　中规模器件 74LS74 组成的异步 8 分频电路

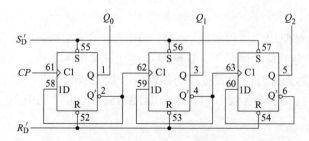

图 5-31　CPLD 构成的 D 触发器组成的异步 8 分频电路

3）中规模器件 74LS74 和超大规模器件（CPLD）构成的 D 触发器分别组成的移位寄存器如图 5-32、图 5-33 所示。

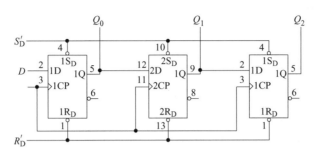

图 5-32　中规模器件 74LS74 组成的移位寄存器

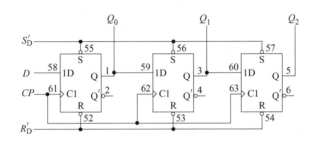

图 5-33　CPLD 构成的 D 触发器组成的移位寄存器

4）流水灯控制器的设计。实际上 8 分频电路也就是二进制异步加法器，将 8 分频的输出端接入 74LS138 的地址输入端即可实现流水灯控制器。

五、实验设备与器件

1）电子技术综合实验箱。

2）数字万用表。

3）集成芯片 CPLD/FPGA、74LS00、74LS04、74LS74（CC4013）、74LS112（CC4027）。

4）直流稳压电源。

5）示波器。

六、实验内容与步骤

1. 触发器功能测试

1）触发器置位 S'_D、复位 R'_D 功能的测试。该功能采用 JK 触发器或 D 触发器测试即可，用发光 LED 指示灯显示输出状态。观察并记录结果，填入表 5-32 中。

2）触发器的逻辑功能测试。分别测试 JKFF 和 DFF 的逻辑功能，用 LED 指示灯显示输出状态。观察并记录结果，填入表 5-33 和表 5-34 中。

2. JK 触发器转换为 T 触发器

将 JK 触发器的 J 与 K 端接在一起，即构成 T 触发器。将记录结果填于表 5-35 中。

3. 流水灯控制电路功能测试

测试步骤自拟，画出波形图。

4. 4 位数据锁存器功能测试

要求同上。

5. 移位寄存器功能测试

要求同上。

七、实验报告要求

1）写清设计任务、设计过程，画出逻辑电路图，并注明引脚号。

2）在所设计的测试表格上标注清楚测试项目。

3）整理实验记录，并对实验结果进行分析，得出实验结论。

八、思考题

1）JK 触发器和 D 触发器都是边沿触发器，它们触发的特性有何不同？

2）JK、D 触发器的异步输入端为何低电平时有效？当触发器正常工作时 S'_D、R'_D 应置什么状态？并体会约束条件 $S'_D + R'_D = 1$ 的应用。

实验六　触发器实验记录

1. 触发器功能测试实验记录

表5-32　异步功能测试实验记录

S'_D	R'_D	D	Q	Q'
0	0	×		
0	1	×		
1	0	×		
1	1	×		

表5-33　JK 触发器功能测试实验记录

J	K	CP	Q^*	
			$Q=0$	$Q=1$
0	0	0→1		
		1→0		
0	1	0→1		
		1→0		
1	0	0→1		
		1→0		
1	1	0→1		
		1→0		

表5-34　D 触发器功能测试实验记录

D	CP	Q^*	
		$Q=0$	$Q=1$
0	0→1		
	1→0		
1	0→1		
	1→0		

表5-35　T 触发器功能测试实验记录

T	CP	Q^*（JK→T）	
		$Q=0$	$Q=1$
0	0→1		
	1→0		
1	0→1		
	1→0		

2. 流水灯控制电路波形记录

指导教师（签字）：　　　　　　　　　　　　　　　　　　日期：

实验七 移位寄存器

一、实验目的

1) 掌握移位寄存器的工作原理。
2) 熟悉 74LS194 双向移位寄存器的逻辑功能。
3) 熟悉二进制码的串行、并行转换及其传送数据的工作方式。

二、预习要求

1) 复习移位寄存器的逻辑功能及特性。
2) 熟悉实验内容，拟定好实验电路和记录表格。
3) 根据设计任务的要求，完成设计。

三、设计任务与要求

1) 设计一个 4 位右移环形计数器。试用 74LS194 及必要的门电路设计一个具有自启动功能的 4 位环形计数器。该环形计数器有效循环如下：

$$\longrightarrow 1110 \longrightarrow 0111 \longrightarrow 1011 \longrightarrow 1101 \longrightarrow$$

2) 设计一个 5 位顺序脉冲发生器。试用 74LS194 和 D 触发器设计一个具有自启动功能的 5 位顺序脉冲发生器。要求 74LS194 的初态为 0001。

3) 设计一个多位双向移位寄存器。试用两片 74LS194 设计一个 8 位双向移位寄存器。既可向左移位，也可向右移位。

4) 设计一个 "111" 序列信号检测器。试用 74LS194 及必要的门电路设计一个 "111" 序列信号检测器，该检测器输入端为 X，输出端为 Y，输入为一串随机信号，当输入出现 "111" 序列时，输出 Y 为 1，其他情况 Y 为 0。输入/输出的对应关系如下：

$$X:010111011110$$
$$Y:000001000100$$

四、实验原理

1. 74LS194 双向移位寄存器

74LS194 是 4 位双向移位寄存器，具有左移、右移、并行送数、保持和异步清零等功能。其功能表如表 5-36 所示。其中，R'_D 为异步清零输入端，当 $R'_D = 0$ 时移位寄存器被清零；S_0、S_1 为工作模式控制端；D_{IL}、D_{IR} 分别为左移或右移的串行数据输入端；CLK 为时钟输入端；$D_0 \sim D_3$ 为数据输入端；$Q_0 \sim Q_3$ 为并行数据输出端。

2. 设计实例

（1）4 位右移环形计数器的设计

设定为自循环，由于 $2^4 = 16$，故有 16 种状态，即为 0000 ~ 1111，其中有 4 种状态为要求的循环状态即 1110→0111→1011→1101→1110……，分析中不难发现，除 0000、1111 特殊外，其余状态均可通过 74LS194 的右移工作方式进入所要求的循环状态。只要实现当 0000 时右移为 "1"，而 1111 时右移为 "0" 即可。因此得到

$$D_{IR} = (Q_0Q_1Q_2)'$$

表 5-36　74LS194 功能表

功能	清零	模式		时钟	串行		并行				输出			
	R'_D	S_1	S_0	CLK	D_{IL}	D_{IR}	D_0	D_1	D_2	D_3	Q_0^*	Q_1^*	Q_2^*	Q_3^*
置零	0	×	×	×	×	×	×	×	×	×	0	0	0	0
保持	1	×	×	0	×	×	×	×	×	×	Q_0	Q_1	Q_2	Q_3
并行输入	1	1	1	↑	×	×	A	B	C	D	A	B	C	D
右移	1	0	1	↑	×	1	×	×	×	×	1	Q_0	Q_1	Q_2
右移	1	0	1	↑	×	0	×	×	×	×	0	Q_0	Q_1	Q_2
左移	1	1	0	↑	1	×	×	×	×	×	Q_1	Q_2	Q_3	1
左移	1	1	0	↑	0	×	×	×	×	×	Q_1	Q_2	Q_3	0
保持	1	0	0	×	×	×	×	×	×	×	Q_0	Q_1	Q_2	Q_3

分别用中规模器件和大规模器件（CPLD）构成的 4 位右移环形计数器的电路如图 5-34、图 5-35 所示。

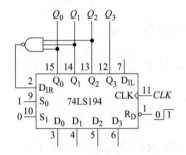

图 5-34　中规模器件构成的 4 位
右移环形计数器电路

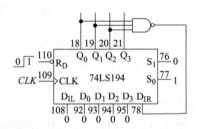

图 5-35　CPLD 构成的 4 位右移环形
计数器电路

（2）5 位顺序脉冲发生器的设计

5 位顺序脉冲发生器设计的关键是既能自启动又能将初始态设置为 0001。这就要求 74LS194 首先工作在并行送数状态，然后再为左移或右移工作状态。

图 5-36、图 5-37 是分别由中规模器件 74LS194、74LS74 和大规模器件（CPLD）组成的 5 位顺序脉冲发生器电路。工作时，移位寄存器的异步清零端 R'_D 与 D 触发器的异步置 "1" 端 S'_D 同时动作，移位寄存器的输出全部置 0，D 触发器的输出端置 1，这时移位寄存器处于并行送数的工作状态。第一个脉冲作用后，输入端的数据置入移位寄存器和 D 触发器的输出端，即 $Q_0Q_1Q_2Q_3Q_4 = 10000$。这时 $Q_4 = 0$，即 $S_1S_0 = 01$，因而移位寄存器都处于右移工作模式。第二个 CLK 后，右移一位，移位寄存器的状态变为 01000。每来一个时钟，数码右移一位，从而实现了设计要求。

（3）"111"序列信号检测器的设计

设输入信号 X 送入 74LS194 的右移输入端 D_{IR}，根据题意可列出真值表如表 5-37 所示。

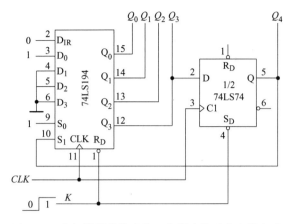

图 5-36　中规模器件构成的 5 位顺序脉冲发生器电路

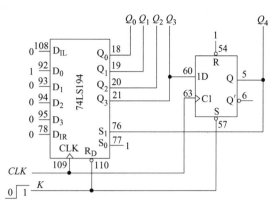

图 5-37　CPLD 构成的 5 位顺序脉冲发生器电路

因此可得

$$Y = Q_3'Q_2Q_1Q_0$$

分别用中规模器件和大规模器件（CPLD）构成的"111"序列信号检测器电路如图 5-38、图 5-39 所示。

（4）多位双向移位寄存器的设计

图 5-40、图 5-41 是分别用两片中规模器件 74LS194 和大规模器件（CPLD）构成的 8 位双向移位寄存器电路。只需将其中一片的 Q_3 接至另一片的 D_{IR} 端，而将另一片的 Q_0 接到这一片的 D_{IL}，同时把两片的 S_1、S_0、CLK、R_D' 分别并联。

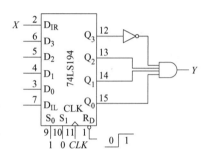

图 5-38　中规模器件构成的"111"序列信号检测器电路

表 5-37　"111"序列信号检测器的真值表

R_D'	CLK	$X = D_{IR}$	Q_0	Q_1	Q_2	Q_3	Y
0	×	×	0	0	0	0	0
1	1	0	0	0	0	0	0
1	2	1	1	0	0	0	0
1	3	0	0	1	0	0	0
1	4	1	1	0	1	0	0
1	5	1	1	1	0	1	0
1	6	1	1	1	1	0	1
1	7	0	0	1	1	1	0
1	8	1	1	0	1	1	0
1	9	1	1	1	0	1	0
1	10	1	1	1	1	0	1
1	11	1	1	1	1	1	0
1	12	0	0	1	1	1	0

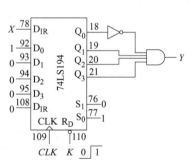

图 5-39　CPLD 构成的"111"序列信号检测器电路

五、实验设备与器件

1）电子技术综合实验箱。

2）数字万用表。

3）集成芯片 CPLD/FPGA、74LS04、74LS20、74LS21、74LS74、74LS194。

4）直流稳压电源。

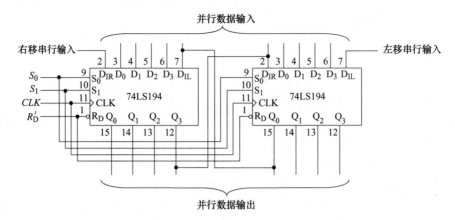

图 5-40　中规模器件构成的 8 位双向移位寄存器电路

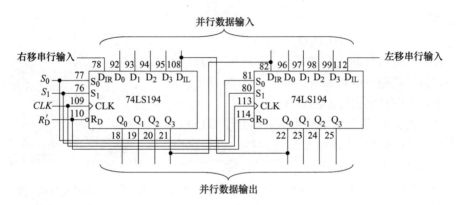

图 5-41　CPLD 构成的 8 位双向移位寄存器电路

六、实验内容与步骤

1. 74LS194 逻辑功能测试

分别测试 74LS194 的送数功能、移位功能（左移、右移）、二进制数码串并行转换（串行输入—并行输出、并行输入—串行输出），记录测试数据。

2. 4 位环形计数器的测试

设环形计数器的初始状态为 1110，在 CLK 单脉冲（或 1Hz 连续脉冲信号）作用下，观察输出端 $Q_0Q_1Q_2Q_3$ 的状态，并记录测试结果。利用并行送数功能置成各种无效状态，检查是否能进入有效循环，画出状态转换图。

3. 5 位顺序发生器功能测试

测试其逻辑功能，记录电路的全部状态，观测并画出输入与输出波形。

4. 8 位双向移位寄存器功能测试

要求同上。

5. "111" 序列信号检测器的测试

要求同上。

七、实验报告要求

1）写清设计任务、设计过程，画出逻辑电路图，并注明引脚号。

2）在所设计的测试表格上标注清楚测试项目。

3）整理实验记录，并对实验结果进行分析，给出实验结论。

八、思考题

1）使 74LS194 清零有几种方法，如何实现？

2）74LS194 并行输入数据时，工作模式控制端置于什么状态？

3）74LS194 在什么状态下具有保持功能？

4）图 5-36 和图 5-37 是由 74LS194 和 74LS74 组成的 5 位顺序脉冲发生器。工作时移位寄存器的异步清零端 R'_D 与 D 触发器的异步置"1"端 S'_D 是如何动作的？

实验七　移位寄存器实验记录

指导教师（签字）：　　　　　　　　　　　　　　　　　　　　　日期：

实验八　计数器、译码器和显示电路

一、实验目的

1）掌握二进制计数器和十进制计数器的工作原理和使用方法。

2）掌握 74LS48 译码器和共阴极七段显示器的工作原理及使用方法。

3）掌握计数、译码、显示电路综合应用的方法。

二、预习要求

1）复习计数器、译码器和显示电路的工作原理。

2）熟悉实验内容，完成设计。

三、设计任务与要求

1）设计一个八进制计数、译码和显示电路。试用 74LS161 设计一个八进制的计数器，分别采用置数法和复位法来完成。

2）设计一个二十五进制计数、译码和显示电路。试用 74LS161 及必要的门电路设计二十五进制计数器。要求数码管以十进制的方式显示；要求计数器为同步计数。

3）设计一个可控计数器。试用计数器及必要的门电路设计一个可控计数器。当控制端 $C = 1$ 时，实现八进制计数；$C = 0$ 时，实现四进制计数。

4）设计一个流水灯控制器。试用计数器和数据选择器设计一个流水灯控制器。要求红、黄、绿三种颜色的灯在秒脉冲作用下顺序、循环点亮。红、黄、绿每次亮的时间分别为 5s、2s、9s。

5）设计一个 7 节拍顺序脉冲发生器。7 节拍顺序脉冲时序如图 5-42 所示。

四、实验原理

计数器的种类很多，分类方法也有多种。如按计数器中触发器翻转的次序来分类，可以分为同步计数器和异步计数器；按计数过程中计数器数字增减分类，可以分为加法计数器、减法计数器和可逆计数器等。

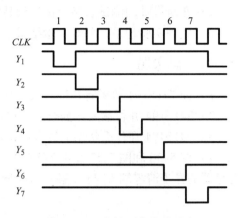

图5-42　7节拍顺序脉冲时序

1. 74LS161 二进制可预置同步计数器

74LS161 是带直接清零的二进制可预置同步计数器。在实际应用中，计数器并不一定要从 0 开始计数，因此需要有预置功能。其功能表如表 5-38 所示。

表5-38　74LS161 功能表

输　入									输　出				工作状态
CLK	R_D'	LD'	EP	ET	D_3	D_2	D_1	D_0	Q_3^*	Q_2^*	Q_1^*	Q_0^*	
×	0	×	×	×	×	×	×	×	0	0	0	0	置零
↑	1	0	×	×	D	C	B	A	D	C	B	A	预置数
×	1	1	0	1	×	×	×	×	Q_3	Q_2	Q_1	Q_0	保持
×	1	1	×	0	×	×	×	×	Q_3	Q_2	Q_1	Q_0	保持（$C=0$）
↑	1	1	1	1	×	×	×	×	加计数				计数

2. 74LS193 同步二进制可逆计数器

74LS193 是同步二进制可逆计数器。特点是双时钟输入，并具有清零、预置数等功能。其功能表如表 5-39 所示。当减计数时钟脉冲 CLK_D 的上升沿到来时，计数器减 1；当加计数时钟 CLK_U 同样变化时，计数器加 1。当计数器以某一工作方式工作时，另一个计数时钟脉冲必须保持高电平。只要有一个时钟为低电平时，加法计数或减法计数中止。CO'、BO' 通常为高电平，当计数值达到最大值 15 时，下一个 CLK_U 上升沿将使 CO' 变成低电平，且一直保持到 CLK_U 再变为高电平为止。同样，当计数值达到最小值 0 时，且 CLK_D 是低电平时，BO' 输出为低电平。BO' 输出可用在多级电路中，作为下一较高级的时钟输入信号。

3. 七段字符显示器

这种显示器能以十进制数码直观地显示数据，它是由 7 个条形发光二极管组成，所以称之为七段 LED 数码管。七段 LED 数码管有共阴极和共阳极两种结构。共阴极 LED 数码管是发光二极管的阴极接地，高电平驱动相应的线段亮，要求配用共阴极译码驱动器。共阳极与之正好相反，阳极接正电源，低电平驱动相应的线段亮，要求配用共阳极译码驱动器。数码管工作电压低、显示清晰、体积小、寿命长、可靠性高、亮度也较高。缺点是工作电流大、功耗大。

图 5-43 所示是半导体数码显示器的等效电路及外形图，是共阴极数码管。

表 5-39 74LS193 功能表

输　　入								输　　出						工作状态
R_D	LD'	CLK_U	CLK_D	D_3	D_2	D_1	D_0	Q_3^*	Q_2^*	Q_1^*	Q_0^*	CO'	BO'	
1	×	×	0	×	×	×	×	0	0	0	0	1	0	清零
1	×	×	1	×	×	×	×	0	0	0	0	1	1	
0	0	×	0	0	0	0	0	0	0	0	0	1	0	预置数
		×	1	0	0	0	0	0	0	0	0	1	1	
		0	×	1	1	1	1	1	1	1	1	0	1	
		1	×	1	1	1	1	1	1	1	1	1	1	
0	1	↑	1	×	×	×	×	加计数				1	1	加计数
0	1	1	↑	×	×	×	×	减计数				1	1	减计数
0	1	1	1	×	×	×	×	Q_3	Q_2	Q_1	Q_0	1	1	保持

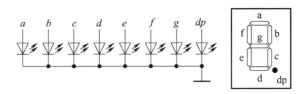

图 5-43 共阴极数码管

4. BCD 七段译码驱动器

译码驱动器也分为共阴极和共阳极两种，以便驱动共阴极和共阳极数码管。74LS48 是共阴极译码驱动器。它是把输入信号通过内部组合电路"翻译"成七段（Y_a、Y_b、Y_c、Y_d、Y_e、Y_f、Y_g）输出，然后直接推动 LED 显示十进制数（输出为高电平有效）。它还是多功能的译码器，具有试灯、灭灯、灭零等功能。其功能表如表 5-40 所示。

表 5-40 74LS48 的功能表

十进制数	输　　入							输　　出							字　形
	LT'	RBI'	A_3	A_2	A_1	A_0	BI'/RBO'	Y_a	Y_b	Y_c	Y_d	Y_e	Y_f	Y_g	
0	1	×	0	0	0	0	1	1	1	1	1	1	1	0	0
1	1	×	0	0	0	1	1	0	1	1	0	0	0	0	1
2	1	×	0	0	1	0	1	1	1	0	1	1	0	1	2
3	1	×	0	0	1	1	1	1	1	1	1	0	0	1	3
4	1	×	0	1	0	0	1	0	1	1	0	0	1	1	4
5	1	×	0	1	0	1	1	1	0	1	1	0	1	1	5
6	1	×	0	1	1	0	1	0	0	1	1	1	1	1	6
7	1	×	0	1	1	1	1	1	1	1	0	0	0	0	7
8	1	×	1	0	0	0	1	1	1	1	1	1	1	1	8
9	1	×	1	0	0	1	1	1	1	1	0	0	1	1	9

（续）

十进制数	输　入							输　出							字　形
	LT'	RBI'	A_3	A_2	A_1	A_0	BI'/RBO'	Y_a	Y_b	Y_c	Y_d	Y_e	Y_f	Y_g	
10	1	×	1	0	1	0	1	0	0	0	1	1	0	1	⊏
11	1	×	1	0	1	1	1	0	0	1	1	0	0	1	⊐
12	1	×	1	1	0	0	1	0	1	0	0	0	1	1	u
13	1	×	1	1	0	1	1	1	0	0	1	0	1	1	⊑
14	1	×	1	1	1	0	1	0	0	0	1	1	1	1	㇏
15	1	×	1	1	1	1	1	0	0	0	0	0	0	0	暗
BI'/RBO'	×	×	×	×	×	×	0	0	0	0	0	0	0	0	暗
RBI'	1	0	0	0	0	0	0	0	0	0	0	0	0	0	暗
LT'	0	×	×	×	×	×	1	1	1	1	1	1	1	1	亮

5. 译码显示电路

LED 数码管和译码驱动器的连接分静态连接和动态扫描连接两种。

图 5-44 所示译码显示电路采用的是静态连接方式，即每一个译码驱动器和一个 LED 数码管连接，它是由 74LS48 共阴极译码驱动器和共阴极数码管组成的。74LS48 可以直接驱动共阴极数码管。使用时不必再外接负载电阻。当 A_3、A_2、A_1、A_0 输入为 0000 ~ 1001 时数码管显示十进制数码 0 ~ 9。由于数码管每笔段的正向电压仅约为 2V，为了不使译码器输出的高电平电压值拉下太多，常在中间接一只几百欧的限流电阻。

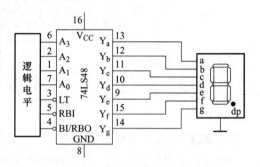

图 5-44　译码显示电路

6. 设计实例

（1）八进制计数器的设计

分别用中规模器件和大规模器件（CPLD）构成的八进制计数器如图 5-45、图 5-46 所示。图 5-45a、图 5-46a 是采用复位法实现的。当计数器计到 $Q_3Q_2Q_1Q_0 = 1000$ 时，即 $Q_3 = 1$ 时，通过反相器使 $R_D' = 0$，计数器清零，实现八进制计数器功能。

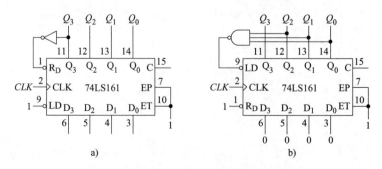

a)　　　　　　　　　　　　　　b)

图 5-45　中规模器件构成的八进制计数器

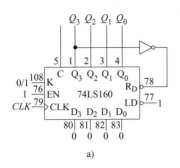 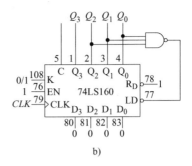

图 5-46　CPLD 构成的八进制计数器

图 5-45b、图 5-46b 是采用置数法实现的。当计数器计到 $Q_3Q_2Q_1Q_0 = 0111$ 时，通过与非门使 $LD' = 0$，计数器置数清零，实现八进制计数器的功能。

（2）可控计数器的设计

下面是采用同步置数法设计的可控计数器。状态转换图如图 5-47 所示。分别用中规模器件和大规模器件（CPLD）构成的可控计数器逻辑电路如图 5-48、图 5-49 所示。

（3）设计一个流水灯控制器

设计要求红、绿、黄灯每次亮的时间分别为 5s、2s、9s，循环一次所需的时间为 16s。所以可用 74LS161 计数器和门电路来实现。其真值表如表 5-41 所示。

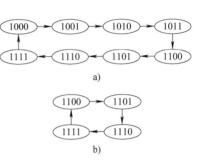

图 5-47　状态转换图

a）$C = 1$ 八进制计数器状态转换图

b）$C = 0$ 四进制计数器状态转换图

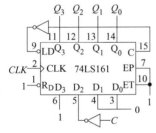

图 5-48　中规模器件构成的可控计数器逻辑电路

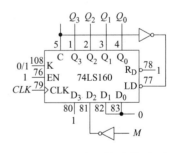

图 5-49　CPLD 构成的可控计数器逻辑电路

由真值表得

$$Y_3 = Q_3'Q_2'Q_1'Q_0' + Q_3'Q_2'Q_1'Q_0 + Q_3'Q_2'Q_1Q_0' + Q_3'Q_2'Q_1Q_0 + Q_3'Q_2Q_1'Q_0'$$
$$= Q_3'Q_1'Q_0' + Q_3'Q_2'$$
$$Y_2 = Q_3'Q_2Q_1'Q_0 + Q_3'Q_2Q_1Q_0'$$
$$= Q_3'Q_2 \ (Q_1'Q_0 + Q_1Q_0')$$
$$= Q_3'Q_2 \ (Q_1 \oplus Q_0)$$
$$Y_1 = Q_3'Q_2Q_1Q_0 + Q_3Q_2'Q_1'Q_0' + Q_3Q_2'Q_1'Q_0 + Q_3Q_2'Q_1Q_0' + Q_3Q_2'Q_1Q_0 +$$
$$\qquad Q_3Q_2Q_1'Q_0' + Q_3Q_2Q_1'Q_0 + Q_3Q_2Q_1Q_0' + Q_3Q_2Q_1Q_0$$
$$= Q_3 + Q_2Q_1Q_0$$

表 5-41　流水灯真值表

Q_3	Q_2	Q_1	Q_0	Y_3	Y_2	Y_1
0	0	0	0	1	0	0
0	0	0	1	1	0	0
0	0	1	0	1	0	0
0	0	1	1	1	0	0
0	1	0	0	1	0	0
0	1	0	1	0	1	0
0	1	1	0	0	1	0
0	1	1	1	0	0	1
1	0	0	0	0	0	1
1	0	0	1	0	0	1
1	0	1	0	0	0	1
1	0	1	1	0	0	1
1	1	0	0	0	0	1
1	1	0	1	0	0	1
1	1	1	0	0	0	1
1	1	1	1	0	0	1

根据推导结果画出逻辑电路图。

（4）设计 7 节拍顺序脉冲发生器

实现 7 节拍顺序脉冲发生器的方法很多，图 5-50、图 5-51 所示的电路分别是由中规模器件 74LS161、74LS138 和大规模器件（CPLD）构成的。可产生复杂的多通道控制时序脉冲。将 74LS161 设计为七进制计数器，经 74LS138 可译出 7 种可能出现的状态，输出是低电平有效，各输出端有效时刻的起始点分别维持一个时钟周期。

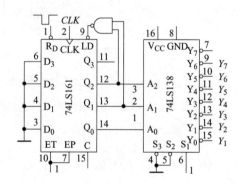

图 5-50　中规模器件构成的 7 节拍顺序脉冲
发生器电路

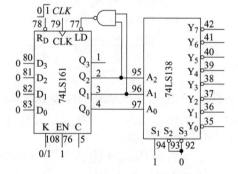

图 5-51　CPLD 构成的 7 节拍顺序脉冲
发生器电路

五、实验设备与器件

1）电子技术综合实验箱。

2）数字万用表。

3）集成芯片 CPLD/FPGA、74LS00、74LS04、74LS20、74LS32、74LS48、74LS86、74LS138、

74LS161、74LS193。

　　4）直流稳压电源。

　　5）示波器。

六、实验内容与步骤

　　1）74LS161 的逻辑功能测试。按功能表进行测试，测试计数状态时，CLK 接连续脉冲，用示波器分别观察 CLK、Q_0、Q_1、Q_2、Q_3、C 的状态，画出波形图。

　　2）74LS193 的逻辑功能测试。仿照 74LS161 的测试方法，测试其加、减计数功能。

　　3）测试八进制计数、译码和显示电路的逻辑功能。

　　4）分别加单次脉冲和 1Hz 脉冲测试二十五进制计数、译码和显示电路的逻辑功能。

　　5）可控计数器的功能测试。

　　6）流水灯控制器的功能测试。

　　7）序列信号发生器的功能测试。

七、实验报告要求

　　1）写清设计任务及设计过程，画出逻辑电路图，并注明引脚号。

　　2）在所设计的测试表格上标注清楚测试项目。

　　3）画出实验记录的波形图。

　　4）整理实验记录，并对实验结果进行分析，给出实验结论。

八、思考题

　　1）74LS193 实现置数操作时，R_D 和 LD' 应处于什么状态？置数操作是同步还是异步？实现计数操作时，R_D 和 LD' 应处于什么状态？

　　2）74LS193 和 74LS161 的区别是什么？

　　3）74LS193 的进位输出和借位输出分别在时钟的什么时候出现？

　　4）74LS48 的 LT' 端的作用是什么？正常工作时，LT' 端处于什么状态？

　　5）74LS48 的 RBI' 端的作用是什么？正常工作时，RBI' 端应处于什么状态？

实验八　计数器、译码器和显示电路实验记录

指导教师（签字）：　　　　　　　　　　　　　　　　　　日期：

实验九　脉冲序列发生器

一、设计任务与要求

　　1）设计课题：脉冲序列发生器。

2）主要技术指标：设计并制作一个脉冲序列发生器，产生周期性脉冲序列信号101001010011。

二、预习要求

1）复习74LS151 8选1数据选择器、74LS153双4选1数据选择器、74LS161二进制计数器的工作原理。

2）复习多谐振荡器的工作原理。

3）根据脉冲序列发生器的系统框图，画出完整的电路图。

三、设计指导

1. 参考设计方案

图5-52是脉冲序列发生器参考设计的原理框图。计数器输出作为数据选择器的地址，随着地址变化依次选择所需的输出信号，即脉冲序列。

图5-52　脉冲序列发生器参考设计的原理框图

2. 参考设计电路

（1）秒脉冲电路

参考本章实验八中的内容。

（2）计数器

计数器是由74LS161和门电路组成的。因为要产生的脉冲序列信号为12位，所以计数器应设计成十二进制的计数器。该电路很简单，请自行设计。

（3）主电路部分

主电路部分要完成的功能是序列信号预置和脉冲序列信号输出。可由两片74LS151 8选1数据选择器及门电路构成（也可由1片74LS151和1片74LS153共同构成），两片数据选择器的数据输入端共有16个，要产生的序列信号为12位，足够输入序列信号使用。利用数据选择器的使能控制端，使两个数据选择器分别工作，每个数据选择器完成6个脉冲信号的输入。两个数据选择器的输出用或门连接即可。该电路比较简单，请自行设计。

3. 设计举例

本设计是产生8位序列信号发生器的电路，序列信号为"11101010"。

分别用中规模器件和大规模器件实现序列信号发生器的电路如图5-53、图5-54所示。用异步复位法使74LS161完成八进制计数的功能，将74LS161的输出接到74LS151的地址端，在时钟信号的控制下，74LS151的地址不断地改变，序列信号被依次送到输出端Y。

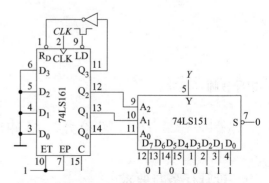

图5-53　中规模器件实现序列
信号发生器的电路

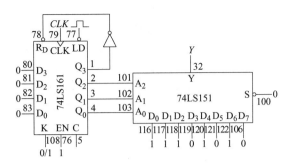

图 5-54　CPLD 实现序列信号发生器的电路

四、实验报告要求

1）按照设计任务，选择设计方案，确定原理框图，画出脉冲序列发生器的电路图，列出元器件清单。

2）写出调试步骤和调试结果，列出实验数据，画出关键信号的波形。

3）对实验数据和电路情况进行分析，写出收获和体会。

4）思考本设计方案和单元电路有哪些不完善之处。如何进一步改进设计，使得设计更加合理、完善、实用？

实验九　脉冲序列发生器实验记录

指导教师（签字）：　　　　　　　　　　　　　　　　　　　　日期：

实验十　555 集成定时器

一、实验目的

1）掌握 555 定时器的电路结构、工作原理及特点。

2）掌握 555 定时器典型应用电路的构成和工作原理。

二、预习要求

1）复习 555 定时器的工作原理。

2）查阅 555 定时器的应用。

3）熟悉实验内容，拟定好实验电路。

三、实验原理

1. 555 定时器

555 定时器是通用的集成器件，是将模拟功能与数字逻辑功能合二为一的时基电路。其电路类型有双极型、CMOS 型两种,工作原理类似。几乎所有的双极型产品型号最后的三位数字都是 555 或 556;所有的 CMOS 产品型号最后的四位数字都是 7555 或 7556;两者的逻辑功能和引脚排列完全相同,易于互换。555 或 7555 是单定时器,556 或 7556 是双定时器。双极型的电源电压 $V_{CC} = 5 \sim 15V$,输出的最大电流可达 200mA,CMOS 型的电源电压 $V_{DD} = 3 \sim 18V$。当 $V_{DD} = 5V$ 时,电路输出与 TTL 电路兼容。555 定时器内部结构如图 5-55 所示,由两个比较器 C_1、C_2,基本 SR 触发器和集电极开路的放电开关管 VT 三部分组成。其功能表如表 5-42 所示。

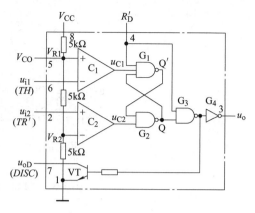

图 5-55 555 定时器内部结构

表 5-42 555 定时器的功能表

输　　入			输　　出	
R_D'	TH（u_{i1}）	TR'（u_{i2}）	u_o	$DISC$（u_{oD}）
0	×	×	低	导通
1	$> \frac{2}{3}V_{CC}$	$> \frac{1}{3}V_{CC}$	低	导通
1	$< \frac{2}{3}V_{CC}$	$> \frac{1}{3}V_{CC}$	不变	不变
1	$< \frac{2}{3}V_{CC}$	$< \frac{1}{3}V_{CC}$	高	截止
1	$> \frac{2}{3}V_{CC}$	$< \frac{1}{3}V_{CC}$	高	截止

2. 555 定时器的应用

（1）555 定时器构成多谐振荡器

图 5-56 所示为由 555 定时器外接电阻、电容组成的多谐振荡器。电源 V_{CC} 经电阻 R_A、R_B 向电容 C 充电。当电容 C 上的电压上升到电路的上限阈值电压 $2V_{CC}/3$ 时,电压比较器 C_1 输出高电平,使电路的输出端 u_o 为低电平,这时电路内部的放电开关导通,使电容 C 经电阻 R_B 通过放电端放电。当电容电压下降到触发电压 $V_{CC}/3$ 时,使得电路内部的电压比较器 C_2 输出高电平,从而定时器输出 u_o 由"低"变"高",并使放电开关断开。重复上述过程,电路产生振荡。电路中,电容充电到 $2V_{CC}/3$ 或放电到 $V_{CC}/3$ 所需的时间 t_1 和 t_2 分别为

$$t_1 = 0.7(R_A + R_B)C \quad (正脉冲宽度) \tag{5-8}$$
$$t_2 = 0.7R_B C \quad\quad (负脉冲宽度) \tag{5-9}$$

因此,振荡频率为

$$f = \frac{1.44}{(R_A + 2R_B)C} \tag{5-10}$$

为了产生占空比接近 50% 的近似方波,应选择 $R_B \gg R_A$。调整 R_B 和 C 的参数可以改变振荡频率。用 CB555 组成的多谐振荡器最高振荡频率达 500kHz,用 CB7555 组成的多谐振荡器最高振荡频率达 1MHz。

（2）占空比可调的方波发生器

图5-57所示的电路是用555定时器组成占空比可调的方波发生器。与图5-56相比，增加了一个可变电阻和两个二极管。VD_1、VD_2用来调整电容充、放电电流流经的路径（充电时VD_1导通、VD_2截止，放电时VD_2导通、VD_1截止）。在两个二极管的引导下，使得充放电的时间常数可调，分别为$R_A C$和$R_B C$。于是，振荡器输出的占空比为

$$q = \frac{t_1}{t_1 + t_2} \approx \frac{0.7 R_A C}{0.7 R_A C + 0.7 R_B C} = \frac{R_A}{R_A + R_B} \tag{5-11}$$

若取$R_A = R_B$，电路即可输出占空比为50%的方波信号。

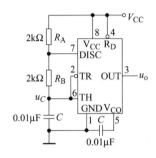

图5-56　多谐振荡器

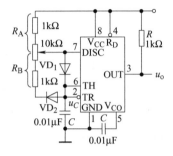

图5-57　占空比可调的方波发生器

（3）施密特触发器

图5-58所示的电路是用555定时器组成的施密特触发器。当5脚控制电压输入端电压$V_{CO} = 0V$时，其上限阈值电平V_{T+}为$2V_{CC}/3$，而下限触发电平V_{T-}为$V_{CC}/3$，因此该施密特触发器的滞回电压为

$$\Delta V_T = V_{T+} - V_{T-} = \frac{2}{3}V_{CC} - \frac{1}{3}V_{CC} = \frac{1}{3}V_{CC} \tag{5-12}$$

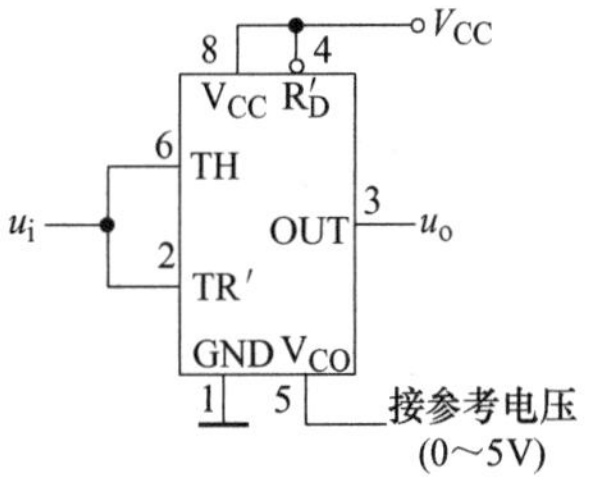

当控制电压输入端外接电压V_{CO}时，则$V_{T+} = V_{CO}$，$V_{T-} = \frac{1}{2}V_{CO}$，$\Delta V = \frac{1}{2}V_{CO}$。改变$V_{CO}$的电压值，可调节$\Delta V_T$值。

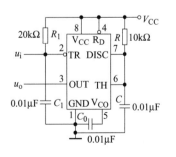

图5-58　施密特触发器

（4）单稳态触发器

图5-59所示是由555定时器组成的单稳态触发器。脉冲输入信号接在下限触发端2脚。由于脉冲输入信号为高电平，这时电源经R对C充电，当电容C上的电平达到$2V_{CC}/3$时，输出端3脚输出电压为"0"，内部放电开关管VT导通，电容C上的电荷很快经放电开关管下降到0，在没有触发脉冲输入时，就稳定在这个状态。当2脚有一个负跳变脉冲触发信号时，则电路输出由"0"变"1"，该"1"电平的维持时间长短取决于外接电阻、电容的乘积。因为当输出为"1"时，放电开关管截止，电源经电阻R重新对电容C充电，直到电容C上的电压达到上限阈值的$2V_{CC}/3$时，输出由"1"回复到"0"。单稳态的暂态时间T_w为

$$T_w \approx 1.1RC \tag{5-13}$$

图5-59　单稳态触发器

四、实验设备与器件

1）电子技术综合实验箱。

2）数字万用表。

3）集成芯片 NE555、电阻器、可变电阻、电容器。

4）直流稳压电源。

5）双踪示波器。

五、实验内容与步骤

1）多谐振荡器的功能测试。按图 5-56 连线，用双踪示波器观察 u_C 和 u_o 的波形，测试频率。

2）占空比可调方波发生器的功能测试。按图 5-57 连线，占空比为 50% 的方波时，观察 u_C 和 u_o 的波形，测试波形频率。

3）施密特触发器和单稳态触发器测试步骤自拟。

六、实验报告要求

1）画出实验电路，整理实验数据，并与理论值进行比较。

2）将示波器测试出的波形用坐标纸画出。

3）对实验结果进行分析，给出实验结论。

七、思考题

1）试说明 555 定时器的工作过程。

2）如何利用 555 定时器产生秒脉冲信号？

实验十 555 集成定时器实验记录

1. 多谐振荡器实验记录（u_C 和 u_o 波形，标注频率）

2. 占空比可调方波发生器（占空比为 50% 的方波时，u_C 和 u_o 波形，标注频率）

3. 其他实验记录

指导教师（签字）：   日期：

实验十一　D/A 和 A/D 转换器

一、实验目的

1）了解 D/A 和 A/D 转换器的电路结构、工作原理及特点。

2）掌握 D/A 和 A/D 转换器的典型应用电路。

二、预习要求

1）查阅 D/A 和 A/D 转换器的相关资料，包括原理及应用电路。

2）熟悉实验内容，拟定好实验电路和记录表格。

三、实验原理

在很多场合下需要把模拟信号转换为数字信号，或把数字信号转换为模拟信号。前者为模—数转换，实现这种功能的器件称为模/数转换器（A/D 转换器，简称 ADC）；后者为数—模转换，实现这种功能的器件称为数/模转换器（D/A 转换器，简称 DAC）。

D/A 转换器中，有权电阻网络 D/A 转换器、倒梯形电阻网络 D/A 转换器、权电流型D/A 转换器、权电容网络 D/A 转换器以及开关树形 D/A 转换器等几种类型。A/D 转换器可分为直接 A/D 转换器和间接 A/D 转换器两大类。在直接 A/D 转换器中，输入的模拟电压信号直接被转换成相应的数字信号；而在间接 A/D 转换器中，输入的模拟信号首先被转换成某种中间变量，然后再将中间变量转换为数字信号输出。

本实验采用 DAC0832 实现 D/A 转换，ADC0809 实现 A/D 转换。

1. DAC0832 D/A 转换器

DAC0832 是采用 CMOS 工艺制成的单片电流输出型 8 位数/模转换器。它的内部设有两级 8 位数据缓冲器（一个叫作输入寄存器，一个叫作 DAC 寄存器）和一个 D/A 转换器。器件核心部分 D/A 转换器采用倒梯形电阻网络的 8 位 D/A 转换器。由于可进行两次缓冲操作，使操作灵活性大为增加。此芯片可使用双缓冲、单缓冲和直通三种操作方式。数字量输入电平与 TTL 兼容。输入寄存器用来锁存从数据输入端 $D_7 \sim D_0$ 送来的数据。当输入锁存使能 ILE、片选信号 CS' 和写控制 WR_1' 同时有效时，数字量被锁存入输入寄存器。当传输控制 $XFER'$ 和写控制 WR_2' 有效时，输入寄存器的内容锁入 DAC 寄存器，开始 D/A 转换。由于电流建立时间是 1μs，故经 1μs 以后，在输出端 I_{OUT1} 和 I_{OUT2} 即可建立稳定的电流输出。反馈电阻 R_{FB} 为 15kΩ，集成在芯片内部。DAC0832 的原理图如图 5-60 所示。引出端功能表如表 5-43 所示。

因为有 8 个二进制的输入端，1 个输出端，所以输入可有 $2^8 = 256$ 个不同的二进制组态，输出为 256 个电压之一，即输出电压不是整个电压范围内任意值，而只是 256 个可能值。

2. ADC0809 A/D 转换器

ADC0809 是采用 CMOS 工艺制成的单片 8 位 8 通道渐近型模/数转换器。它是将 8 通道多路模拟开关、地址锁存与译码器、三态输出锁存缓冲器都集成到 8 位 ADC 中的、与微机兼容的完整的 A/D 转换器。采用逐次渐近作为转换技术。器件核心部分是 8 位 A/D 转换器，它由比较器 C、逐次渐近寄存器 SAR、D/A 转换器（由 256R 电阻梯形网络、"开关树"

和参考电压）及控制和定时 5 部分组成。SAR 用来实现 8 次迭代逼近，逐渐逼近输入电压。采用斩波式比较器，先将直流信号转换成交流信号，经高增益的交流放大器放大后，再恢复为直流电平，从而克服漂移的影响，以提高转换精度。ADC0809 的原理图如图 5-61 所示。引出端功能表如表 5-44 所示。8 路模拟开关由 $ADDA$、$ADDB$、$ADDC$ 三地址输入端选通 8 路模拟信号中的任何一路进行 A/D 转换。地址译码与输入选通的关系如表 5-45 所示。

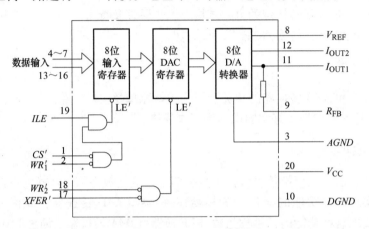

图 5-60　DAC0832 原理图

表 5-43　DAC0832 引出端功能表

端子名称	功　　能	
ILE	输入锁存使能端	当 $ILE=1$、CS' 及 $WR_1'=0$ 时，使 8 位输入寄存器的 $LE'=1$，则 8 位输入寄存器输出跟随输入；当 WR_1' 变为 1 时，8 位输入寄存器 $LE'=0$，输入数据被锁存在 8 位输入寄存器中；当 $ILE=1$，而 WR_2' 及 $XFER'$ 为 0 时，使 8 位 DAC 寄存器输出跟随输入；而 WR_2' 变为 1 时，将输入数据锁存在 8 位 DAC 寄存器中
CS'	片选端	
WR$_1'$	写控制端	
WR$_2'$	写控制端	
XFER'	传输控制端	
AGND	模拟地	$AGND$ 和 $DGND$ 应连接起来接地
DGND	数字地	
D$_0$ ~ D$_7$	数据输入端。D_7 为高位，D_0 为低位	
V$_{CC}$	电源端。5 ~ 15V，15V 为最佳	
R$_{FB}$	反馈电阻端。15kΩ，为 DAC 提供输出电压	
V$_{REF}$	基准电压输入端。− 10 ~ 10V	
I$_{OUT1}$	DAC 电流输出 1 端。当输入的数字码全为"1"时，I_{OUT1} 为最大，全为"0"时 $I_{OUT1}=0$	
I$_{OUT2}$	DAC 电流输出 2 端。$I_{OUT1}+I_{OUT2}=$ 常量，即 V_{REF}/R_{FB}	

表 5-44　ADC0809 引出端功能表

端子名称	功　　能
IN$_0$ ~ IN$_7$	8 路模拟电压输入端
ADDA、ADDB、ADDC	地址输入端
ALE	地址锁存输入端，ALE 上升边沿时，输入地址码；当 $ALE=0$ 时，原地址被锁存，而外加地址送不出来
V$_{CC}$	5V 单电源供电

（续）

端子名称	功　　能
$R_{EF(+)}$、$R_{EF(-)}$	参考电压输入端（5V）
OE	输出使能，当 $OE=1$ 时，变换结果从 $D_7 \sim D_0$ 输出
$D_7 \sim D_0$	8 位 A/D 转换结果输出端，D_7 为高位，D_0 为低位
CLOCK	时钟脉冲输入端（≤640kHz）
START	启动脉冲输入端，在正脉冲作用下，当上升边沿到达时，内部逐次渐近寄存器（SAR）复位，在下降边沿到达后，即开始转换。如果在转换过程中接收到新的启动脉冲，则停止转换
EOC	转换结束（中断）输出，$EOC=0$ 表示在转换；$EOC=1$ 表示转换结束。START 与 EOC 连接实现连续转换。当转换结束时，将 8 位数字信息锁存于三态输出缓存器中，同时送出一个转换结束信号，EOC 由低电平到高电平。EOC 的上升沿必须滞后于 START 上升沿 8 个时钟脉冲2μs 时间后才能出现

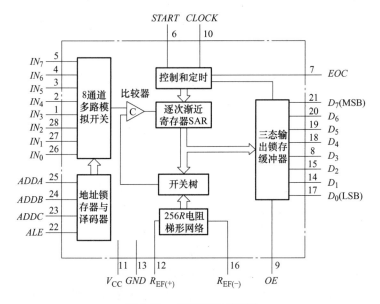

图 5-61　ADC0809 原理图

表 5-45　地址译码与输入选通的关系

被选模拟通道		IN_0	IN_1	IN_2	IN_3	IN_4	IN_5	IN_6	IN_7
地　址	ADDC	0	0	0	0	1	1	1	1
	ADDB	0	0	1	1	0	0	1	1
	ADDA	0	1	0	1	0	1	0	1

ADC0809 器件的性能：

1）分辨率为 8 位。

2）总的不可调误差为 ±1/2LSB 和 1LSB。

3）转换时间为 100μs。

4）5V 单电源供电。

5）输出电平与 TTL 电路兼容。

6）无须进行零位和满量程调整。

7）器件功耗低，仅 1.5mW。

四、实验设备与器件

1）电子技术综合实验箱。

2）数字万用表。

3）集成芯片 DAC0832、ADC0809，集成运算放大器 μA741，电阻、电容、可变电阻。

4）直流稳压电源。

5）示波器。

五、实验内容与步骤

1. D/A 转换

1）DAC0832 的输出是电流，要转换为电压，在输出端必须接一个运算放大器，外接运算放大器时需要利用集成在 DAC0832 片内的反馈电阻，其引脚为 R_{EF}（9 脚），运算放大器输出电压与外部提供的基准电压有关，外部基准电压的范围可以是 -10 ~ 10V，通过 V_{REF}（8 脚）提供。D/A 转换器实验电路如图 5-62 所示。

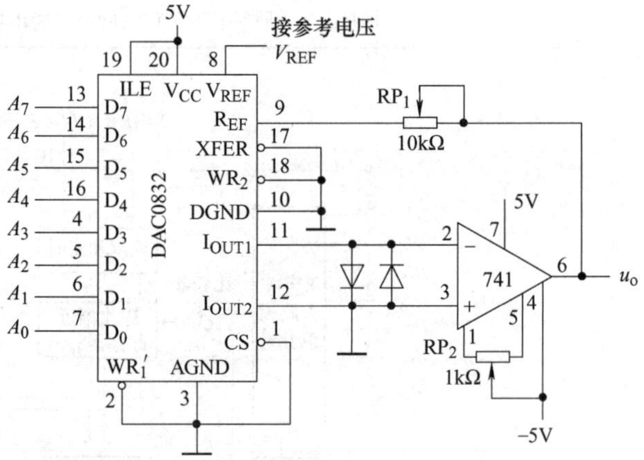

2）DAC0832 工作在直通状态。

3）调零：使 DAC0832 的数据输入端 D_{in} 全为 0，即开关 A_7 ~ A_0 均接低电平，然后调节可变电阻 RP_2 使运算放大器输出为 0。

图 5-62 D/A 转换器实验电路

4）调最大输出幅度：使 DAC0832 的数据输入端 D_{in} 全为 1，调节可变电阻 RP_1 使运算放大器的输出为 $-V_{REF}$。V_{REF} 的取值，取决于运算放大器的限幅值。如参考电压 V_{REF} 为 5V，运算放大器的输出的限幅值一定要大于 5V，才能使电路的输出电压达到 -5V。输出电压分辨率为

$$u_o = \frac{V_{REF}}{256}$$

输出电压为

$$u_o = \frac{V_{REF}}{256}D_{in}$$

5）按表 5-46 所示输入数字信号，用数字万用表测试运算放大器的输出电压，将测试结果记录于表 5-46 中。

2. A/D 转换

A/D 转换器实验电路如图 5-63 所示。电路中所有的电阻均为 1kΩ。

1）按图 5-63 连接实验电路，将输出 D_7 ~ D_0 接 LED 指示灯，START 接正的单次脉冲，时钟 CLK 接 640kHz 的脉冲信号。

2）按表 5-45 所示的关系，选择模拟信号的输入通道。ADDC、ADDB、ADDA 三个地址

端的低电平"0"接地，高电平"1"通过
1kΩ接 V_{CC}电源。

3）按以上要求接好电路后，输入一个正
的单次脉冲，下降沿到来时即开始 A/D
转换。

4）观察和记录 $IN_0 \sim IN_7$ 8 路模拟信号的
转换结果，并记录于表 5-47 中，将转换结果
换算成十进制数表示的电压值，并与数字万
用表实测的各路输入电压进行比较，分析误
差原因。

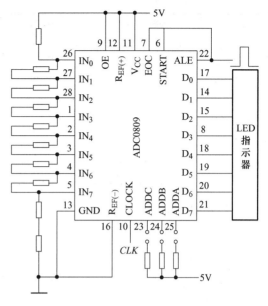

六、实验报告要求

1）画出实验电路图，以表格形式记录实
验结果。

2）对实验结果进行讨论。

图 5-63　A/D 转换器实验电路

七、思考题

1）A/D 和 D/A 转换器的核心部分各由哪几部分组成，它们是怎样实现转换的?

2）如果要使 DAC0832 的输出为正极性，如何修改电路?

实验十一　D/A 和 A/D 转换器实验记录

表 5-46　D/A 转换记录

输入数字信号 D_{in}								$V_{REF} = 5V$	$V_{REF} = -5V$
D_7	D_6	D_5	D_4	D_3	D_2	D_1	D_0	u_o	u_o
0	0	0	0	0	0	0	0		
0	0	0	0	0	0	0	1		
0	0	0	0	0	0	1	0		
0	0	0	0	1	1	1	1		
0	1	1	1	1	1	1	1		
1	0	0	0	0	0	0	0		
1	1	0	0	0	0	0	0		
1	1	1	1	1	1	1	1		

表 5-47　A/D 转换记录

被选模拟通道		地址			理论值									实测值									十进制
		C	B	A	D_7	D_6	D_5	D_4	D_3	D_2	D_1	D_0		D_7	D_6	D_5	D_4	D_3	D_2	D_1	D_0		
IN_0	4.5V	0	0	0	1	1	1	0	0	1	1	0											
IN_1	4V	0	0	1	1	1	0	0	1	1	0	0											

（续）

被选模拟通道		地址			理论值								实测值								十进制
		C	B	A	D_7	D_6	D_5	D_4	D_3	D_2	D_1	D_0	D_7	D_6	D_5	D_4	D_3	D_2	D_1	D_0	
IN_2	3.5V	0	1	0	1	0	1	1	0	0	1	1									
IN_3	3V	0	1	1	1	0	0	1	1	0	1	0									
IN_4	2.5V	1	0	0	1	0	0	0	0	0	0	0									
IN_5	2V	1	0	1	0	1	1	0	0	1	1	0									
IN_6	1.5V	1	1	0	0	1	0	0	1	1	1	1									
IN_7	1V	1	1	1	0	0	1	1	0	0	1	1									

指导教师（签字）：　　　　　　　　　　　　　　　日期：

第六章

Multisim仿真实验

第一节　Multisim 简介

Multisim 是由美国国家仪器（NI）公司推出的以 Windows 为基础的 EDA 仿真工具软件，适用于模拟/数字电路板的设计工作。它包含了电路原理图的图形输入、电路硬件描述语言输入方式，具有丰富的仿真分析能力。Multisim 经历了多个版本的演变。目前尤以 Multisim 10 应用得较广泛，本章将以 Multisim 10 作为主要仿真软件。

一、Multisim 10 操作界面简介

软件以图形界面为主，采用菜单、工具栏和热键相结合的方式，具有一般 Windows 应用软件的界面风格。

1. Multisim 的主窗口界面

启动 Multisim 10 后，将出现如图 6-1 所示的界面。界面由多个区域构成：标题栏、菜单栏、工具栏、原理图绘制区、工作信息窗口、状态栏等。

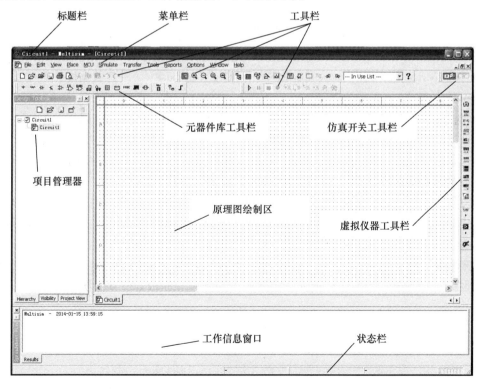

图 6-1　Multisim 的主窗口界面

1）标题栏：用于显示文件名称，缺省状态下默认为"Circuit1"。

2）菜单栏：菜单栏中包含了 Multisim 10 的所有功能指令。其中有一些功能选项与大多数 Windows 平台上的应用软件是相同的，如 File、Edit、View、Options、Help。此外，还有一些 EDA 软件专用的选项，如 Place、Simulate、Transfer 及 Tools 等。

3）工具栏：工具栏中包含了对目标文件进行建立、保存、放大、缩小、插入图形文字、测试、仿真等各种操作的功能按钮。实际上，这些功能按钮的指令在菜单栏的分级菜单中都可以找到，只不过在工具菜单中以功能按钮的形式出现可以使操作更加便捷。大部分的功能按钮与 Office 软件很类似，但有两个工具栏是该软件特有的，一个是元器件库工具栏，另一个是虚拟仪器工具栏。

4）原理图绘制区：Multisim 10 软件的主工作窗口。在该窗口中，可以进行元器件放置、电路连接、仿真测试等工作。

5）工作信息窗口：用以显示和输出，如网络形式、元器件连接、PCB 图层等参数。

6）状态栏：用以显示仿真状态、时间等信息。

2. 元器件库操作界面

元器件库工具栏如图 6-2 所示，包含了所有元器件库的打开按钮。单击其中任何一个按钮均会弹出一个多窗口的元器件库操作界面，如图 6-3 所示。

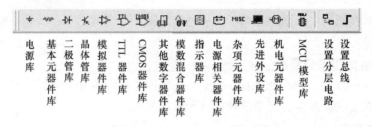

图 6-2　元器件库工具栏

在元器件库"Database"（数据库）窗口中，元器件库被分为"Master Database"（主数据库）、"Corporate Database"（公司数据库）、"User Database"（用户数据库）3 类。每一类元器件库分为 17 组，显示于"Group"（分组）窗口中。每一个组又分为若干元器件系列，显示于"Family"（系列）窗口中。而"Component"（元器件）窗口显示的内容，是在"Family"窗口中被选中系列的元器件名称列表。在"Symbol"窗口中可显示被选中元器件的符号，单击"OK"按钮确认此元器件后即可将该元器件拖拽至原理图绘制区。

3. 虚拟仪器操作界面

虚拟仪器工具栏如图 6-4 所示，包含了在进行模拟和数字电路仿真时需要用到的各种测试分析仪器。每个虚拟仪器均有两种显示方式，一是以仪器图标的形式，二是以仪器控制面板的形式。单击仪器图标即可将仪器添加到原理图绘制区中，通过仪器图标的外接端子，将仪器接入电路，并可使用该仪器。双击图标可弹出或隐藏仪器控制面板，并在仪器面板中进行参数设置、观看显示等操作。例如数字万用表的图标和面板如图 6-5 所示。

二、Multisim 10 的仿真步骤

利用 Multisim 10 软件进行模拟和数字电路仿真的步骤如下：

1）在元器件库工具栏中找到所需要的元器件放置在原理图绘制区。

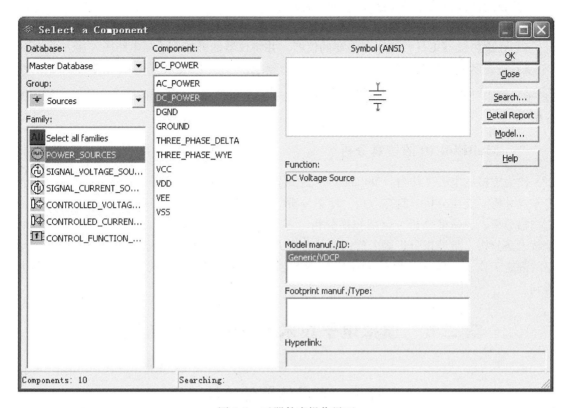

图 6-3　元器件库操作界面

图 6-4　虚拟仪器工具栏

图 6-5　万用表图标和面板

2）按照所设计的原理图修改元器件参数。

3）连线，将元器件连接在一起构成具有一定功能的电路图。

4）在虚拟仪器工具栏调用所需要的仪器，并将仪器的外接端子与电路图连接。

5）设置所调用仪器的仿真参数以符合测量要求。

6）单击"仿真开关"按钮 ▣▣ 或选中菜单栏的"Simulate/Run"命令，开始仿真分析。

三、Multisim 10 的仿真分析

作为虚拟的电子工作台，Multisim 10 提供了较为详尽的电路分析手段，包括电路的直流工作点分析、交流分析、瞬态分析、稳态分析、离散傅里叶分析、噪声分析、失真分析、直流扫描分析、灵敏度分析、温度扫描分析、零-极点分析、传递函数分析、最坏情况分析、蒙特卡洛分析、批处理分析等。借助这些分析方法，可方便分析电路的各种特性，如放大电路的静态工作点、放大电路的频率特性等。当然这些电路特性也可以利用虚拟仪器测量得到。

第二节　模拟电子技术的 Multisim 仿真实验

实验一　半导体器件特性仿真

一、实验目的

1）通过仿真实验，加深对二极管和晶体管特性的理解。

2）掌握用 Multisim 软件进行电路仿真的步骤。

3）掌握 Multisim 软件中万用表和双踪示波器的使用方法。

二、预习要求

1）复习二极管的伏安特性、等效电路、主要参数等理论知识。

2）复习晶体管的电流分配关系等相关理论知识。

3）复习 Multisim 软件进行电路仿真的步骤。

三、实验内容与步骤

二极管作为在电子电路中最常见的半导体器件，具有非线性的特性。其对直流和交流信号呈现不同的特性，且直流参数会影响交流参数。

1. 二极管交直流特性仿真实验

1）双击 Multisim 10 软件图标 Multisim，打开软件。

2）放置元器件并修改参数。单击元器件库工具栏的二极管图标 ↦，打开元器件调用窗口，在"Master Database"中（未加以特殊说明时，本书中所有仿真实验电路中的元器件，皆在此数据库中调用，且所有元器件所在的位置皆以 Group/Family/Component 的形式说明）

调用元器件构成二极管交直流特性仿真电路，如图 6-6 所示。图中，二极管器件调用自"Diodes/DIODES_VIRTUAL/ DIODE_VIRTUAL"，此器件为虚拟器件，电阻调用自"Basic/RESISTOR/500Ω"，直流电源调用自"Sources/POWER_SOURCES/DC_POWER"（修改参数为1V）。另外，信号源要选低频小信号，可调用"Sources/SIGNAL_VOLTAGE_SOURCES/AC_VOLTAGE"交流信号源，并更改参数为 $f = 500\text{Hz}$，幅值 10mV。

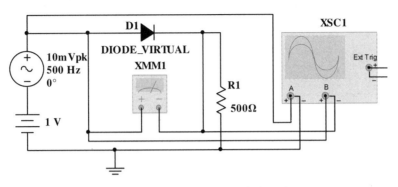

图 6-6 二极管交直流特性仿真电路

3）连线，将所有元器件连接在一起，构成二极管交直流特性仿真电路。

4）调用虚拟仪器库中的万用表和双踪示波器，将仪器与电路相连。万用表测量二极管的两端直流电压，示波器测量信号源和二极管的交流信号波形。因为交流信号幅值很小，所以可以认为万用表测量的电压读数为二极管上的直流电压值。

5）单击仿真开关对电路进行仿真测量。二极管交直流特性仿真波形如图 6-7 所示。

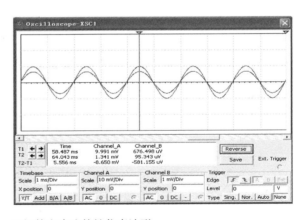

图 6-7 二极管交直流特性仿真波形

6）改变直流电压源的电压值为4V，重新仿真，将测得的数据填入表6-1中。将两次结果对比，总结二极管的直流管压降与动态电阻的变化规律。

表 6-1 二极管交直流特性仿真数据

直流电源/V	交流信号/mV	二极管直流电压 U_D/V	二极管交流电压峰值 U_d/ mV
1	10	0.646	0.676
4	10		

2. 二极管限幅电路

1）调用元器件，创建二极管限幅电路，如图 6-8 所示。其中，二极管选自"Diodes/DIODE/IN1200C"。

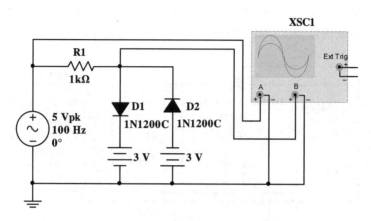

图 6-8 二极管限幅电路

2）单击仿真开关，测量限幅电路的输入输出波形如图 6-9 所示。

由波形可看出，电路将输入波形的幅值限定在 ±3.267V 之内。

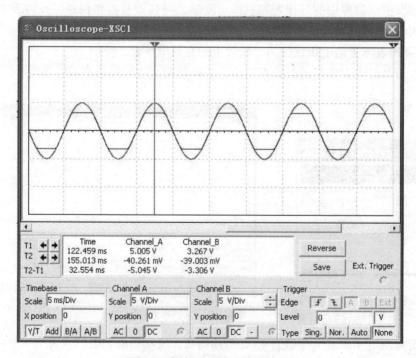

图 6-9 限幅电路输入输出波形

3. 晶体管电流放大倍数仿真实验

1）调用元器件创建晶体管电流放大倍数仿真电路如图 6-10 所示。其中，晶体管选自 Transistors/BJT_NPN/2N2222A。

2）进行仿真。调用虚拟仪器库中的"Measurement Probe"测量探针分别测量晶体管的基极和集电极电流的静态值和动态值。利用仿真运行得到的数据计算直流电流放大倍数和交流电流放大倍数。

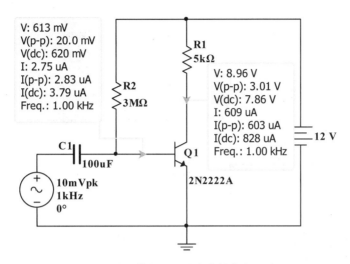

图 6-10　晶体管电流放大倍数仿真电路

四、思考题

1）直流电压源的幅值变化对二极管压降的幅值有无影响？
2）直流电压源的幅值变化对二极管的动态特性有何影响？

实验二　单管共射放大电路仿真

一、实验目的

1）熟悉和掌握放大电路参数对放大电路 Q 点和放大倍数的影响。
2）理解实际电路失真波形的特点。
3）学会利用 Multisim 10 进行直流工作点分析和交流分析的方法。
4）进一步掌握利用 Multisim 10 软件进行电路仿真的步骤和方法。

二、预习要求

1）复习阻容耦合共射基本放大电路的工作原理及电路中各元器件的作用。
2）掌握放大电路饱和失真和截止失真的产生原因和现象。

三、实验内容与步骤

1. 创建阻容耦合共射仿真电路

按图 6-11 所示电路，在相应的元器件库中找到所需元器件，调用元器件并连线，构成阻容耦合共射基本放大电路。

2. 对电路进行直流工作点分析

只有直流工作点合适才能获得较好的交流性能。选择菜单栏中的"Simulate"选项，并在下拉菜单中选中"Analyses/DC Operating Point"，此时出现一个新窗口"Grapher View"，如图 6-12 所示，显示静态工作点的值，以此判断静态工作点是否合适。本放大电路的 $U_{CEQ} = V(1) - V(8) = 5.33362V$，符合要求。也可直接读取万用表的值。

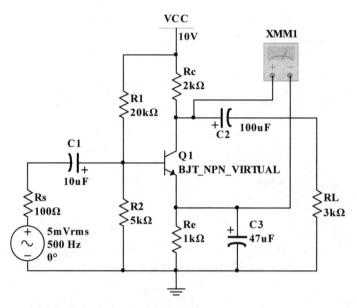

图 6-11 阻容耦合共射基本放大电路

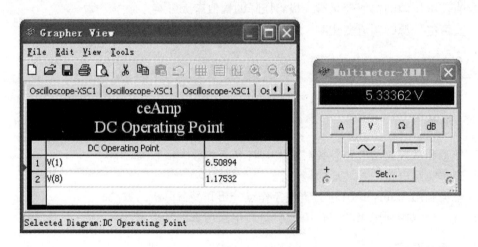

图 6-12 直流工作点分析结果

3. 观察电路瞬时波形并测量放大倍数

观察电路瞬时波形有两种方法：一是瞬态分析，二是借助虚拟仪器中的示波器。

瞬态分析是一种时序分析，不管是否有输入，都可以分析电路的节点电压波形。选择 "Simulate/ Analyses/Transient Analyses" 命令，设置参数，即可看到所选节点的瞬时波形。

常用的还是第二种，借助虚拟仪器中的示波器实时观测。连接如图 6-13 所示，输入 $f = 500\text{Hz}$、$U_i = 5\text{mV}$ 的正弦波信号，打开双踪示波器，调整示波器面板设置，观测共射放大电路的输入输出电压波形如图 6-14 所示，即可计算放大倍数。

4. 测量放大电路的频响

测量该放大电路的频响同样有两种方法：一是对电路进行交流分析，二是借助虚拟仪器中的伯德图仪测量。频响结果是以幅频特性和相频特性两个图形来显示的。

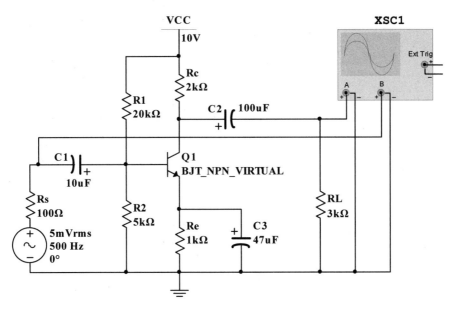

图 6-13 放大电路的示波器连接图

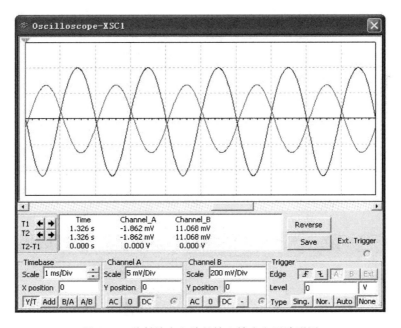

图 6-14 共射放大电路的输入输出电压波形图

交流分析是以正弦波为输入信号，选择 "Simulate/ Analyses/Transient Analyses" 命令，设置每个标签项的参数，单击 "Simulate" 按钮进行分析，即可得到幅频和相频曲线。

常用的频响测量采用虚拟仪器中的伯德图仪，用 "IN" 端测量输入端和 "OUT" 端测量输出端，电路连接如图 6-15 所示，对伯德图仪面板的参数进行设置，该放大电路的幅频特性曲线如图 6-16 所示，相频特性曲线如图 6-17 所示。

由幅频特性可看出程序将晶体管看成理想器件，未考虑极间电容。放大电路的截止频率可利用伯德图仪的游标测量。将幅频曲线中的游标移动到中频区，在曲线下方即可显示中频

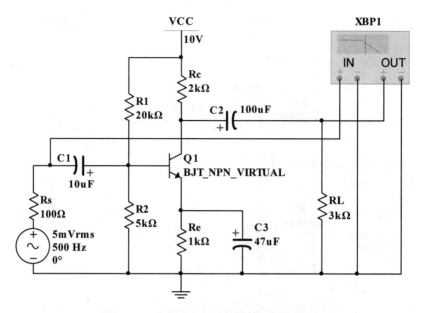

图 6-15　共射放大电路的伯德图仪连接图

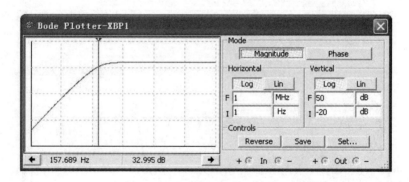

图 6-16　共射放大电路的幅频特性曲线

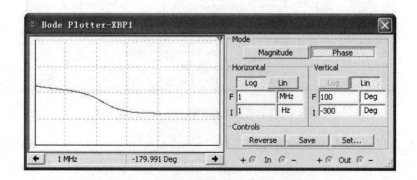

图 6-17　共射放大电路的相频特性曲线

区的增益值（本例为 35.995dB），然后向左移动游标找到增益下降 3dB 的点（本例应为 32.995dB），此时曲线下方左侧显示的数值即为截止频率（本例为 157.689Hz）。

5. 观察放大电路的失真波形

当放大电路的静态工作点 Q 设置的不合适时，易使输出波形发生截止失真和饱和失真。

将 R_2 阻值增大为 50kΩ，波形显示正半周波形峰值大于负半周，波形出现了底部失真，即产生饱和失真，波形如图 6-18 所示。反之，若减小 R_2 为 2kΩ，则输出波形出现了正半周波形峰值小于负半周的现象，即产生截止失真，波形如图 6-19 所示。

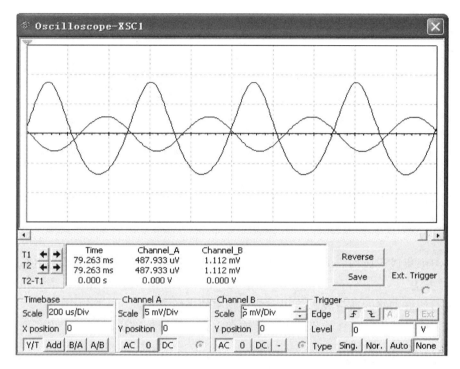

图 6-18　共射放大电路饱和失真波形

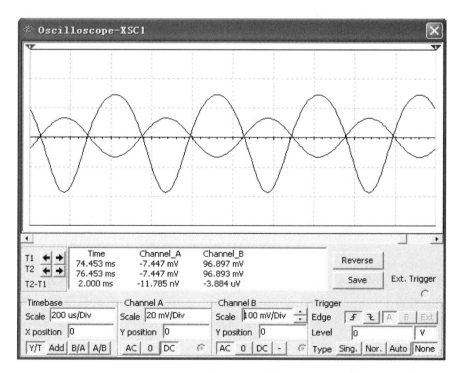

图 6-19　共射放大电路的截止失真波形

四、思考题

1）将实验电路的 R_2 阻值增大为 $50\text{k}\Omega$，产生饱和失真；若减小 R_2 为 $2\text{k}\Omega$，则产生截止失真。说明原因。

2）若电路出现饱和失真和截止失真，可采取哪些措施消除？

3）若增加输入信号的幅值到 20mV，电路波形会出现什么现象？

实验三　集成运放应用电路仿真

一、实验目的

1）掌握在 Multisim 中进行集成运放应用电路仿真分析和设计的方法。

2）熟悉和理解集成运放构成的线性应用电路和非线性应用电路的结构特点。

二、预习要求

1）复习由集成运放构成的比例运算、求和运算、加减法运算电路的构成和输入输出关系式的推导方法。

2）复习滤波电路的通带放大倍数和截止频率的求解方法。

3）复习比较器电路工作原理、电路结构和重要参数分析方法。

三、实验内容与步骤

1. 比例运算电路

1）按图 6-20 所示连成反相比例运算电路。

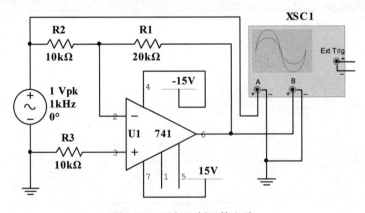

图 6-20　反相比例运算电路

2）仿真运行，并双击示波器图标，可测量出输入输出波形如图 6-21 所示。

由波形上可看出，输入与输出波形相位相反，符合反相比例运算规律。移动游标可测量图示位置的输入 $u_\text{i} = -998.5\text{mV}$，输出 $u_\text{o} = 2\text{V}$，放大倍数 $A_\text{u} = u_\text{o}/u_\text{i} = -2$，与理论值相符。

3）调整 R_1、R_2 的数值，或改变信号源的幅值及频率，重复上一步，观察仿真结果。

4）自行创建同相比例、求和、加减运算电路，进行同样的仿真分析。

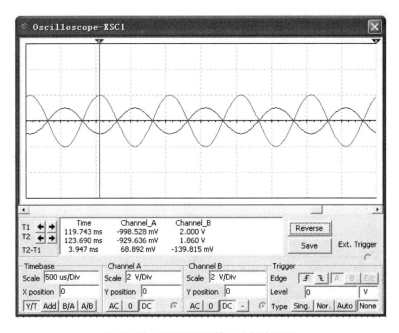

图 6-21　反相比例运算电路仿真波形

2. 滤波电路

（1）无源滤波电路

创建无源 RC 低通滤波电路，如图 6-22 所示。选择"Simulate/Analysis/AC Analysis"命令，在弹出的对话框中，设置起止频率为 1Hz 和 10MHz，选择节点 2 作为分析节点，单击"Simulate"按钮，得到频率特性如图 6-23 所示。

由频率特性可看出，该电路输出的最大增益为 499.9975mV，上限截止频率为增益下降为 499.9975mV/ $\sqrt{2}$ = 353.55mV（即增益下降 3dB）时对应的频率，约为 318Hz。在此频率产生的相移为 -45°。

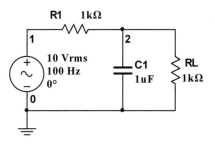

图 6-22　无源 RC 低通滤波电路

改变负载阻值为 1MΩ，重新进行交流分析，测量此时的通带最大增益和上限截止频率。分析负载对无源滤波器的影响。

（2）有源滤波电路

图 6-24 为一阶有源 RC 低通滤波电路，负载不影响滤波特性。一阶滤波电路的过渡带变化缓慢，以 20dB/10 倍频的速率下降，仿真波形如图 6-25 所示。为使过渡带变窄，可以增加滤波电路阶数。图 6-26 为二阶有源 RC 低通滤波电路，图 6-27 为二阶有源 RC 低通滤波电路伯德图。由频率特性可看出过渡带明显变窄，但截止频率和特性频率相差较大。为了分析设计的方便，通常希望截止频率与特征频率相同，为此采用压控电压源二阶滤波电路。

（3）压控电压源的滤波电路

图 6-28 为压控电压源的二阶有源 RC 低通滤波电路，图 6-29 为其伯德图。可看出，截止频率近似等于特征频率。

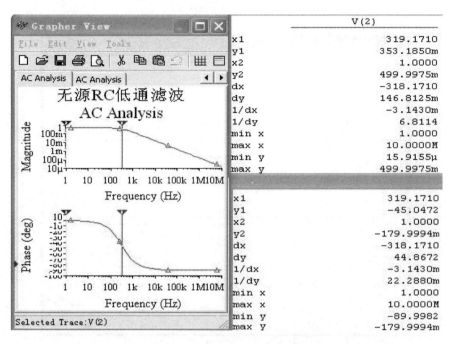

图 6-23　无源 *RC* 低通滤波电路伯德图

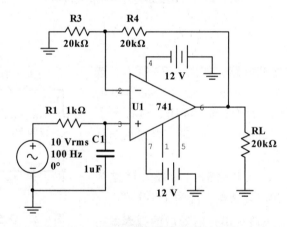

图 6-24　一阶有源 *RC* 低通滤波电路

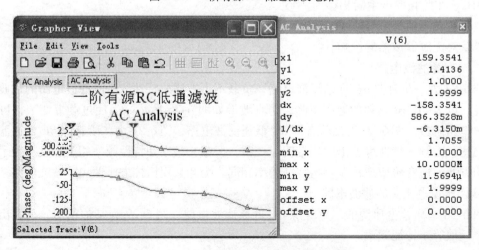

图 6-25　一阶有源 *RC* 低通滤波电路伯德图

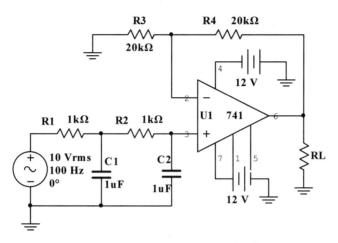

图 6-26 二阶有源 *RC* 低通滤波电路

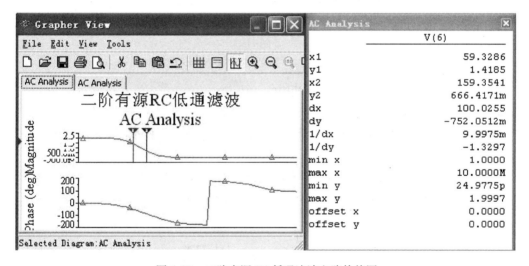

图 6-27 二阶有源 *RC* 低通滤波电路伯德图

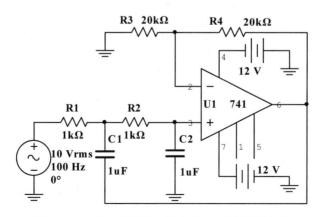

图 6-28 压控电压源的二阶有源 *RC* 低通滤波电路

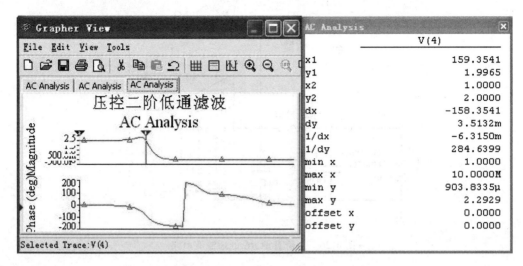

图 6-29　压控电压源的二阶有源 *RC* 低通滤波电路伯德图

滤波电路有一个非常重要的参数——品质因数 Q，它的值由特征频率处电压放大倍数与通带放大倍数之比决定，且 $Q = \dfrac{1}{3 - A_{\mathrm{up}}}$ ，改变通带放大倍数 $A_{\mathrm{up}} = 1 + R_4 / R_3$ ，即可改变 Q 值。分析不同 Q 值对滤波电路频率特性的影响。

（4）高通、带通、带阻滤波电路

仿照低通滤波电路自行创建高通、带通、带阻滤波电路，观察不同滤波特性。

3. 比较器

1）创建简单比较器电路如图 6-30 所示。稳压管型号为 1N5231B，其稳压值为 5.1V，再加上串接的另一稳压管正向导通电压 0.7V，因此稳压电路实现了 ±5.8V 的限幅输出。输出波形如图 6-31 所示。

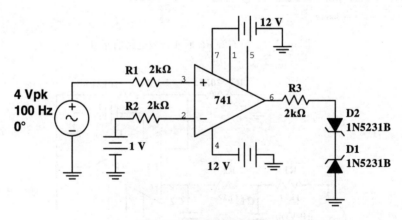

图 6-30　简单比较器电路

2）创建滞回比较器电路如图 6-32 所示。集成运放 741 引入正反馈使比较器具有两个阈值电压 $U_{\mathrm{T}} = \pm \dfrac{R_1}{R_1 + R_2} U_{\mathrm{OM}}$ ，其中 U_{OM} 为 741 输出的最大电压。本例中，在电源电压为 ±10V 情况下，U_{OM} 为 9.116V，因此 $U_{\mathrm{T}} = \pm 4.558$V。在图 6-33 所示的仿真曲线中测得的 $U_{\mathrm{T}} = \pm 4.853$V，

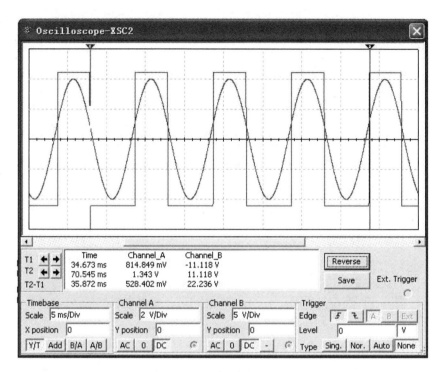

图 6-31　简单比较器输出波形

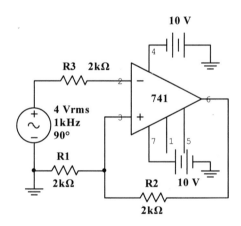

图 6-32　滞回比较器电路

误差原因是电路处理信号有一定的延迟。虚拟仪器中的示波器也可观测滞回曲线，操作方法：若比较器的输入信号由 Channel A 测量，输出信号由 Channel B 测量，则在示波器面板中 Timebase 设置区域选择 B/A，否则选择 A/B。本例的滞回曲线如图 6-34 所示，曲线中原点处多余的那条斜线是由于电路初始状态的值界于两个阈值电压中间而产生的。若将交流信号源的 Phase 参数设置成 90°即可消除那条多余的线。

四、思考题

1）测量加减法电路的输出信号时应注意什么？
2）滤波电路的截止频率由哪些参数决定？
3）若想改变滞回比较器的阈值电压应如何修改电路？

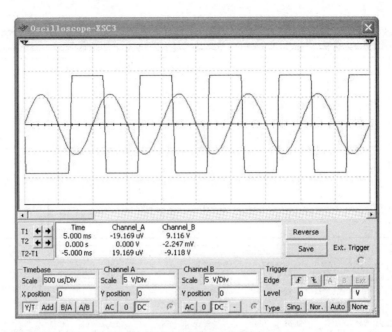

图 6-33　滞回比较器输出波形

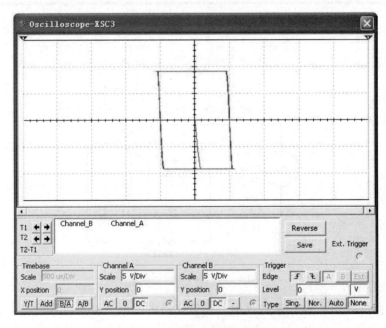

图 6-34　滞回比较器滞回曲线

实验四　波形发生电路仿真

一、实验目的

1）熟悉和掌握正弦波、方波、三角波发生电路的工作原理。

2）掌握振荡电路的调整方法和振荡频率的测量方法。

3）熟悉稳幅电路的工作原理。

二、预习要求

1）复习 RC 桥式正弦波振荡电路的组成、工作原理。
2）复习方波发生电路的组成、工作原理。
3）复习三角波发生电路的组成、工作原理。

三、实验内容与步骤

1. 正弦波振荡电路

1）创建 RC 桥式正弦波振荡电路，如图 6-35 所示。电阻 R_5 为可变电阻，二极管 D_3、D_4 作为稳幅环节，稳定输出波形。R_3、D_1、D_2 构成限幅电路，用以限制振荡电路的输出。

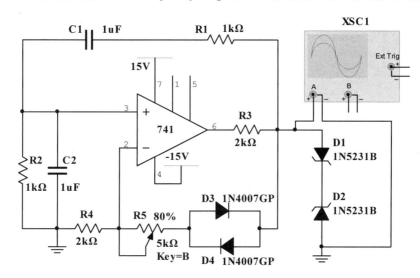

图 6-35 RC 桥式正弦波振荡电路

2）观察电路仿真输出波形。

① 不接二极管 D_3、D_4，当 $R_5 < 2R_4$ 时，显示输出为 0V 直线，即电路没有产生振荡。

② 增加 R_5 阻值，使 $R_5 > 2R_4$，此时观测到逐渐起振现象。当电路未接限幅电路时，电路起振产生的最大振幅受 741 供电电源限制，本例为 14.11V，如图 6-36 所示。

③ 接入限幅电路，此时电路的最大振幅由限幅电路确定。电路起振后输出信号幅值逐渐增大，稳定后的波形不是标准的正弦波，上下峰值处会出现平直的现象，此时若继续增大 R_5，波形最终会变成方波。

④ 调整 R_5，使 $R_5 = 2R_4$，得到标准的正弦波，如图 6-37 所示。图中游标左侧为 $R_5 > 2R_4$ 的波形，游标右侧为 $R_5 = 2R_4$ 的波形。

⑤ 接入稳幅电路，只要使（$R_5 + r_D$）稍微大于 $2R_4$，电路起振并趋于平稳后即可得到稳定的正弦波输出，其幅值取决于稳幅电路。电路中，稳压管 IN5231B 的稳压值为 5V。若不接稳幅电路，只能手动调节。

2. 三角波发生电路仿真

1）创建三角波发生电路。电路如图 6-38 所示。其中，D_1、D_2、RP_2 用于改变积分时间常数，以便实现锯齿波输出。

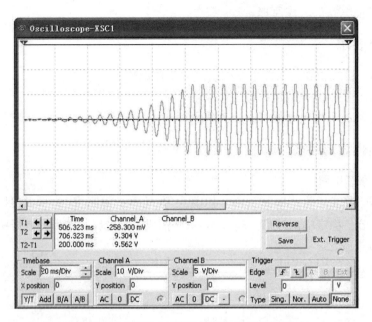

图 6-36　RC 桥式正弦波振荡电路起振波形

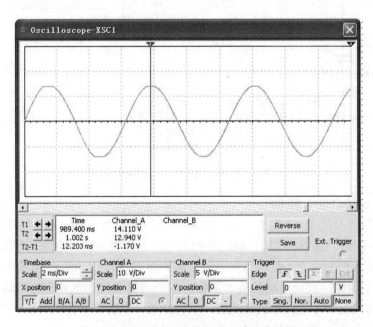

图 6-37　RC 桥式正弦波振荡电路稳定波形

2）仿真电路。当 RP_1 和 RP_2 滑动端位于中点时输出波形如图 6-39 所示。

3）改变 RP_1 和 RP_2 滑动端的位置，观测输出波形的变化情况。

四、思考题

1）如何改变 RC 正弦波振荡电路的振荡频率？

2）若想改变矩形波的幅值和频率应分别调整哪些参数？

3）若将 RP_1 滑动端向上滑动，会使三角波电路的频率和幅值如何改变？

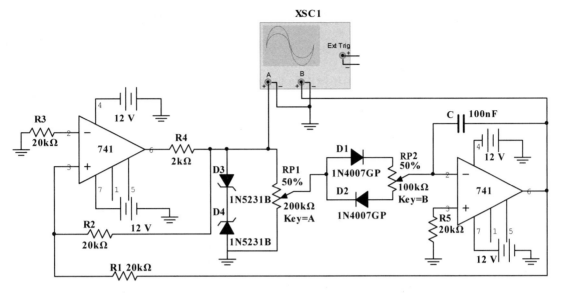

图 6-38　三角波发生电路

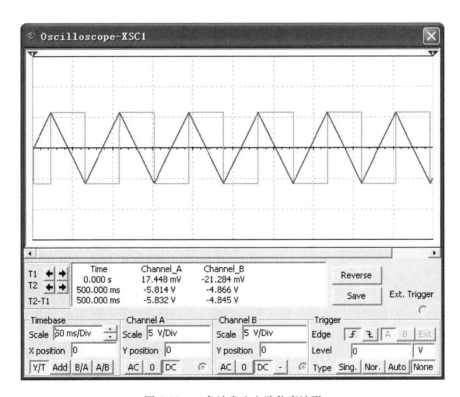

图 6-39　三角波发生电路仿真波形

实验五　直流电源电路仿真

一、实验目的

1）理解和掌握直流电源电路各部分组成及工作原理。

2）熟悉和掌握小功率直流电源电路的元器件选择和电路的仿真方法。

二、预习要求

1）复习整流电路、滤波电路和稳压电路的工作原理。
2）掌握三端稳压块的使用方法。

三、实验内容与步骤

1. 直流电源整流滤波电路仿真

1）创建直流电源整流滤波电路，如图 6-40 所示。图中变压器调用 "BASIC_VIRTUAL 下的 TS_VIRTUAL" 虚拟变压器，设定一次、二次电压比为 11∶1。$D_1 \sim D_4$ 构成整流桥，起整流作用。滤波电路采用 100μF 电容滤波。

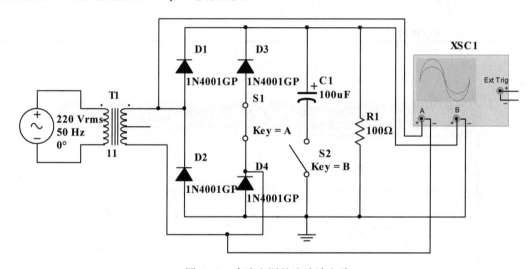

图 6-40　直流电源整流滤波电路

2）电路仿真。

① 将开关 S_1、S_2 都断开，此时为半波整流且无滤波电路，如图 6-41 中的左侧波形所示。

② 开关 S_1 闭合、S_2 断开，此时为全波整流且无滤波电路，如图 6-41 中的右侧波形所示。

③ 开关 S_1、S_2 都闭合，此时为全波整流滤波电路。仿真波形如图 6-42 所示，波形显示脉动减小了，输出电压平均值提高了。

④ 改变变压器的绕组匝数比，观测输出波形的变化情况。

2. 三端稳压块稳压电路仿真

1）创建三端稳压块稳压电路如图 6-43 所示。整流桥调用 "Diodes/FWB/1B4B42"，可调式输出三端稳压块调用 "Power/VOLTAGE_REGULATOR/LM117HVH"。调整 R_2，即可调整输出电压。电路的输出电压为 $U_0 = 1.25(1 + R_2/R_1)$。

2）电路仿真。单击仿真开关，利用示波器观察仿真波形如图 6-44 所示。输出波形很稳定，但是当增大电阻 R_2 的阻值而提高输出电压时会使输出电压在整流滤波的低谷处不稳定，如图 6-45 所示。可见，三端稳压块使用时要保证输入电压比输出电压要大于一定的电压值（一般要求 $U_I - U_0 = 3 \sim 40V$），否则稳压效果不好。

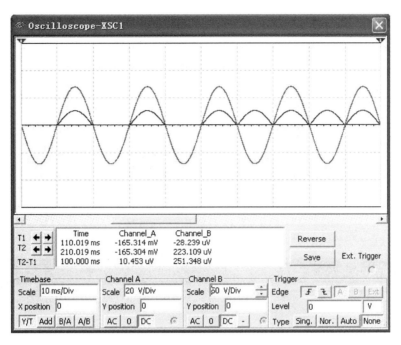

图 6-41　半波、全波整流且无滤波电路波形

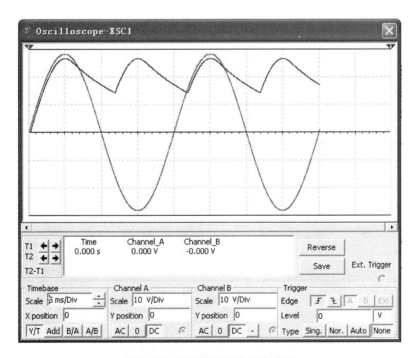

图 6-42　全波整流滤波电路波形

四、思考题

1）若图 6-40 中的负载 R_1 开路，电路输出波形会出现什么变化？

2）三端稳压块稳压电路中的 R_1 阻值为何取 240Ω？

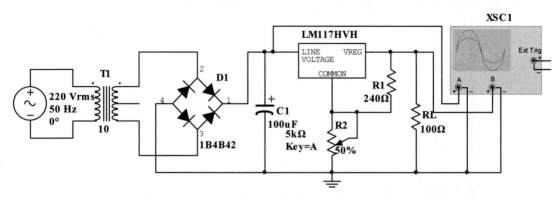

图 6-43　三端稳压块稳压电路

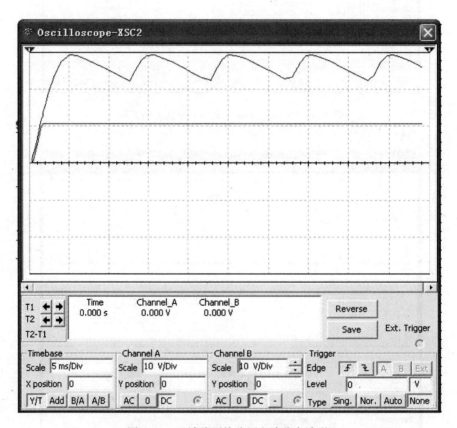

图 6-44　三端稳压块稳压电路稳定波形

实验六　逻辑函数仿真

一、实验目的

1）熟练掌握逻辑转换仪的使用。

2）加深对逻辑函数不同表示方法的理解。

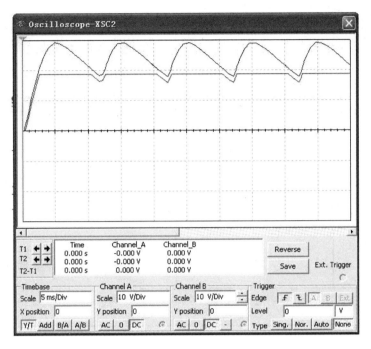

图 6-45　三端稳压块稳压电路不稳定波形

二、预习要求

1）复习逻辑函数的几种不同表示方法。

2）复习 Multisim 软件进行电路仿真的步骤。

三、实验内容与步骤

1）调用元器件，单击 ⊞ 图标，选择"74LS"系列，然后选取所需要的门电路。在虚拟仪器工具栏上选择"Logic Converter"逻辑转换仪，并连接在电路上。注意 [XLC1 图标] 上最右侧一个端子为输出端，其余左侧 8 个皆为输入端。构成如图 6-46 所示的数字逻辑电路图。

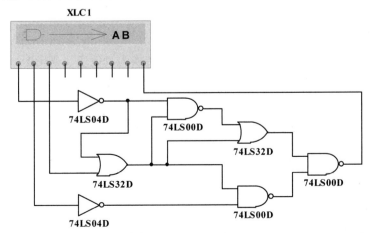

图 6-46　数字逻辑电路图

2）逻辑电路仿真。双击逻辑转换仪，然后单击 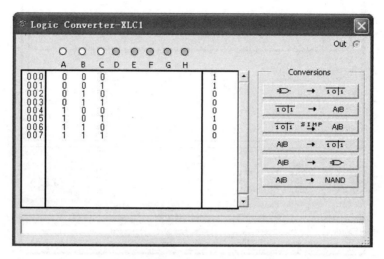 图标，得到图 6-46 所示的逻辑电路所对应的真值表，如图 6-47 所示。逻辑函数描述方法之间转换图标说明如表 6-2 所示。

图 6-47　数字逻辑电路的真值表

表 6-2　逻辑函数描述方法之间转换图标说明

选　项	说　明
	逻辑图转换为真值表
	真值表转换为最小项表达式
	真值表转换为最简表达式
	表达式转换为真值表
	表达式转换为逻辑图
	表达式转换为"与非-与非"形式的逻辑电路

四、思考题

1）试用逻辑转换仪将逻辑表达式 $Y = AB' + BC$ 转换为真值表、逻辑图。

2）在逻辑转换仪中输入三变量表决逻辑真值表，试将其转换为表达式和逻辑图。

实验七　组合逻辑电路仿真

一、实验目的

1）学会函数发生器和逻辑分析仪的使用方法。

2）加深对编码器、译码器、数据选择器、加法器和数值比较器功能的理解。

3）掌握常用组合逻辑电路的仿真分析方法。

二、预习要求

1）复习常用组合逻辑芯片引脚功能。

2）复习编码器、译码器、数据选择器、加法器和数值比较器的工作原理。

三、实验内容与步骤

1. 优先编码器仿真

1）创建电路。调用元器件创建仿真电路如图 6-48 所示。开关选自"Basic/SWITCH/SPDT"，数码管选自"Indicators/HEX_DISPLAY/DCD_HEX_DIG_GREEN"。由于编码器 74LS148D 的输出为反码输出，因此增加了反相器以正确驱动数码管。

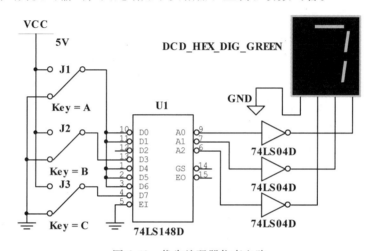

图 6-48　优先编码器仿真电路

2）仿真分析。单击"仿真运行"开关，观测数码管的显示结果。当开关 J_1、J_2、J_3 同时接地时，显示"7"，编码器优先对 D_7 进行编码。若 J_1、J_2 接地，J_3 接电源 V_{CC}，显示"6"，编码器优先对 D_6 进行编码。仿真结果符合优先编码器的功能。

2. 译码器

1）创建电路。选择译码器 74LS138、字符函数发生器（Word Generator）XWG1 和逻辑分析仪（Logic Analyzer）XLA1，组成译码器的仿真电路，如图 6-49 所示。

2）仿真分析。单击字符函数发生器图标 XWG1，打开对话框如图 6-50 所示。在"Controls"选项中单击"Cycle"按钮，在"Display"选项中选中"Dec"（十进制）单选按钮，在字信号编辑区编写 0、1、2、3、4、5、6、7。打开"Settings"（设置）对话框，如图 6-51 所示，将"Buffer Size"的值设置为 0008。

单击"仿真"开关，双击逻辑分析仪图标 XLA1，显示仿真结果如图 6-52 所示。该仿真结果符合译码器 74LS138 的功能。

3. 数据选择器

1）设计要求：利用双四选一数据选择器 74LS153 设计一位二进制全加器，给出仿真测试结果。

2）设计过程：全加器有三个输入变量，分别为加数 A、被加数 B 及来自低位的进位信号 CI；输出两个变量，分别为本位和 S、向高位产生的进位信号 CO。全加器的真值表如表 6-3 所示。

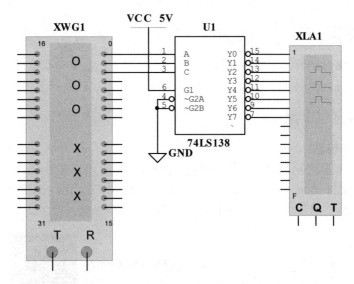

图 6-49　译码器 74LS138 仿真电路

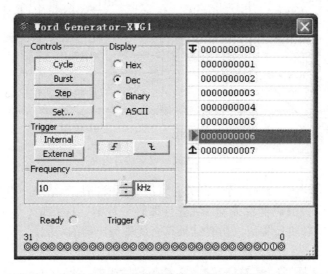

图 6-50 "字符函数发生器"对话框

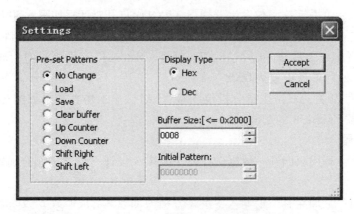

图 6-51 "Settings"对话框

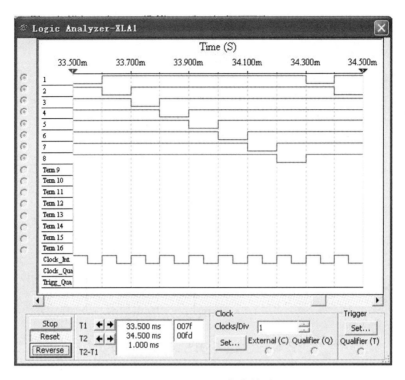

图 6-52 74LS138 仿真结果

表 6-3 一位二进制全加器真值表

A	B	CI	S	CO	A	B	CI	S	CO
0	0	0	0	0	1	0	0	1	0
0	0	1	1	0	1	0	1	0	1
0	1	0	1	0	1	1	0	0	1
0	1	1	0	1	1	1	1	1	1

由真值表列出函数式：

$$CO = A'BCI + AB'CI + ABCI' + ABCI$$
$$S = A'B'CI + A'BCI' + AB'CI' + ABCI$$

四选一数据选择器的输出表达式 $Y = D_0 A_1' A_0' + D_1 A_1' A_0 + D_2 A_1' A_0' + D_3 A_1' A_0$，与函数 S 和 CO 的表达式对照，且令 $A_1 A_0 = AB$，得

$$D_{10} = CI, \ D_{11} = CI', \ D_{12} = CI', \ D_{13} = CI$$
$$D_{20} = 0, \ D_{21} = CI, \ D_{22} = CI, \ D_{23} = 1$$

3）创建电路：以此为依据，构建全加器仿真电路如图 6-53 所示。

4）仿真运行：调用逻辑转换仪对电路进行仿真。开始仿真，双击逻辑转换仪图标，单击"图→表转换"按钮，即可看到如图 6-54 所示的真值表。

本例也可以用发光二极管观测仿真结果。连接仿真电路如图 6-55 所示。在元器件库中调用开关"Basic/SWITCH/DSWPK_3"提供电路输入信号 A、B、CI，用发光二极管观测输出信号，发光二极管选自"Indicators/PROBE/ PROBE _DIG_RED"。

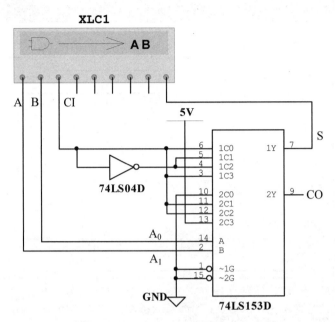

图 6-53　全加器的仿真电路图（一）

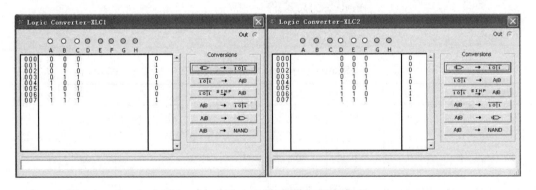

图 6-54　真值表形式的全加器仿真结果

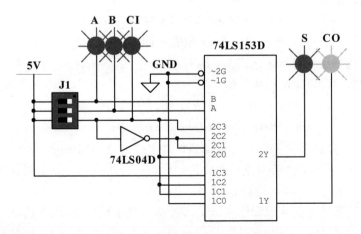

图 6-55　全加器的仿真电路图（二）

四、思考题

1）普通编码器和优先编码器有何区别？
2）为什么最小项译码器和数据选择器可以设计任意组合逻辑函数？

实验八　时序逻辑电路仿真

一、实验目的

1）进一步掌握字函数发生器和逻辑分析仪的使用。
2）加深对寄存器、计数器等时序电路功能的理解。
3）掌握常用时序逻辑电路的仿真分析方法。

二、预习要求

1）复习常用时序逻辑芯片引脚功能。
2）复习寄存器、计数器的工作原理。

三、实验内容与步骤

1. 寄存器

1）设计要求：利用双向移位寄存器 74LS194 设计 8 路流水灯循环显示电路，并观测仿真测试结果。

2）创建电路：流水灯逻辑电路如图 6-56 所示。信号源为脉冲源选自"Source/SIGNAL_VOLTAGE_SOURCES/PULSE_VOLTAGE"。注意，74LS194 的"CLR"引脚悬空默认为输入低电平，因此不能悬空。

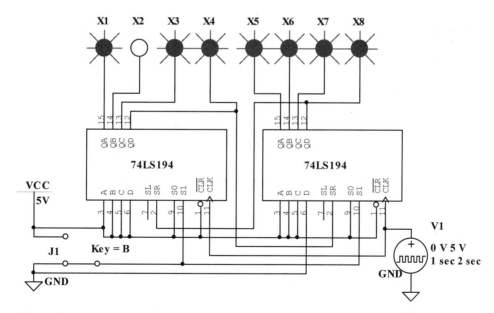

图 6-56　流水灯逻辑电路

3）仿真分析：

① 使开关 J_1 先接通 +5V 电源。此时工作模式 $S_1 S_0 = 11$，寄存器处于置数状态，使得输出端 $X_1 \sim X_8 = 11111110$，即只有发光二极管 X_8 为灭的状态，其余全亮。

② 将开关 J_1 置到接地的一侧，使 $S_1 S_0 = 01$，寄存器处于右移工作模式，实现了 $X_1 \rightarrow X_2 \rightarrow X_3 \rightarrow \cdots \rightarrow X_8 \rightarrow X_1$ 流水灯循环点亮的现象。

2. 计数器

1）创建可变进制计数器电路如图 6-57 所示。

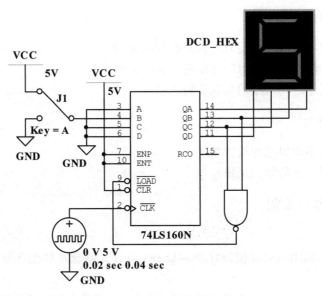

图 6-57　可变进制计数器电路

2）仿真分析。单击"仿真"按钮，将开关 J_1 置到接地一侧，此时计数器按照 $0 \sim 6$ 循环计数，实现七进制加法计数。当开关 J_1 置到电源一侧时计数器按照 $2 \sim 6$ 循环计数，实现五进制加法计数，利用开关的控制实现可变进制计数器的设计。

四、思考题

1）如何实现流水灯向左循环的效果？试设计并仿真电路。

2）若不改变计数器输入信号 $ABCD$，能否有其他方法实现可变进制的计数器，试设计并仿真电路。

实验九　555定时器应用电路仿真

一、实验目的

1）加深对 555 定时器功能的理解。

2）掌握 555 定时器应用电路的仿真分析方法。

二、预习要求

1）复习 555 定时器芯片引脚功能。

2）复习 555 定时器构成的施密特和多谐振荡器电路的工作原理。

三、实验内容与步骤

1. 555 定时器构成的施密特电路

1）创建 555 定时器构成的施密特电路如图 6-58 所示。图中信号源选自"Sources/SIGNAL_ VOLTAGE_SOURCE/AC_VOLTAGE"，555 定时器芯片选自"Mixed/TIMER/LM555CM"。555 定时器的 5 脚"CON"通过电容接地，因此施密特电路的触发电压由电源 V_{CC} 控制，分别为 $\frac{1}{3}V_{CC}$ 和 $\frac{2}{3}V_{CC}$，本例 $V_{CC} = +5V$。

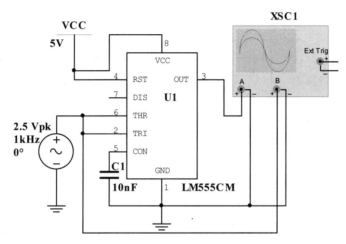

图 6-58　555 定时器构成的施密特电路

2）仿真分析。首先，修改信号源参数。将交流信号源电压设为 2.5V，同时设定直流偏置电压为 2.5V。然后，单击"仿真"按钮开始仿真。双击示波器图标，可观测到如图 6-59

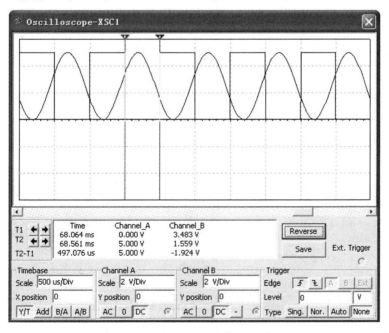

图 6-59　施密特电路输入输出波形

所示仿真波形。从输入输出波形可看出，当输入信号下降到 1.559V 时，输出翻转为高电平；当输入信号上升到 3.483V 时，输出翻转为低电平。输出与输入之间是反相关系，因此该电路也称反相施密特，或称施密特反相器。

2. 555 定时器构成的多谐振荡器电路

1）创建 555 定时器构成的多谐振荡器电路如图 6-60 所示。

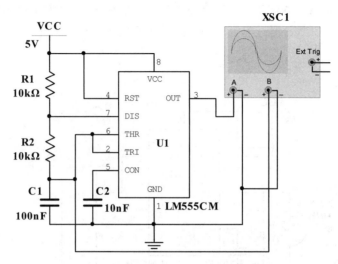

图 6-60　555 定时器构成的多谐振荡器电路

2）仿真分析。利用示波器观测 3 脚输出信号和 2 脚电容上的电压波形。仿真波形如图 6-61 所示。从输入输出波形可看出电容上的电压 u_C 升高到 3.336V $\left(即 \dfrac{2}{3}V_{CC}\right)$ 时，输

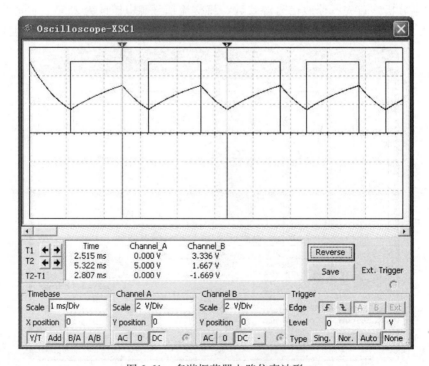

图 6-61　多谐振荡器电路仿真波形

出由高电平跳到低电平，此时电容开始放电，当 u_C 下降到 $1.667V$ $\left(即\,\dfrac{1}{3}V_{CC}\right)$ 时，输出由低电平跳回高电平。

四、思考题

1）若想调节施密特电路的阈值电压，应如何修改电路？试设计并仿真电路。

2）若想使多谐振荡器输出波形的占空比为 50%，应如何修改电路？试设计并仿真电路。

实验十　温度控制报警电路的仿真设计

一、设计任务与要求

1）设计任务：设计一个温度控制报警电路。

2）功能要求：

① 当温度正常时，数码管按正序循环显示 0~9。

② 当温度超过设定值时，数码管按倒序循环显示 9~0，同时绿色发光二极管点亮。

③ 当温度继续上升到"危险"值时，数码管显示"F"，且红色、绿色发光二极管同时点亮以示危险警告。

二、预习要求

1）复习电压比较器电路的工作原理。

2）复习译码器、数据选择器和计数器电路的工作原理。

三、设计指导

1. 总体方案设计

温度控制报警电路的原理框图如图 6-62 所示，工作原理如下：

图 6-62　温度控制报警电路的原理框图

温度检测元件将检测到的温度转化成电压信号，然后由温度控制电路将此电压信号与预先设定的报警温度对应的电压值相比较。若温度正常，温度控制电路为计数电路提供一个信号，使其按正序计数，并通过译码显示电路在数码管上显示。若温度超过设定值，温度控制电路为计数电路提供一个信号，使其按倒序计数，并点亮红色发光二极管报警。若温度继续上升，温度控制电路为计数电路提供信号，使其停止计数，数码管显示"F"，并同时点亮红色和绿色发光二极管紧急报警。由此可见，温度控制电路是整个电路的核心，由它输出不同的控制信号，使计数器工作在不同的状态下。

2. 单元电路设计

（1）振荡电路

振荡电路是用来为计数电路提供时钟信号的，可由 555 构成的多谐振荡器实现，详细电路可参见本章实验九的内容。本例中采用 50Hz 的时钟信号源代替。

（2）计数、译码显示电路

根据功能要求，计数器有正序和倒序两种计数模式，因此需采用可逆计数芯片。本例选用 74LS190 十进制可逆计数器。计数器的输出经译码芯片翻译后才能驱动数码管显示，此部分内容参见第五章实验八的内容。仿真时，可将计数器直接与数码管相连。

（3）温度控制电路

温度控制电路的主要功能是将检测到的温度变化转换成控制信号，以驱动计数、译码显示电路进行状态转换。本例采用可变电阻代替具有正温度系数的热敏电阻来检测温度的变化。当温度升高时，电阻阻值增大，转化的电压信号随之升高。将此电压信号送到电压比较器与预先设定的电压值进行比较，输出信号可以驱动晶体管的导通和截止，从而为计数电路提供正、倒序计数的控制信号。同时，还可利用晶体管的通断驱动发光二极管。

3. 电路测试与仿真

1）创建总体仿真参考电路如图 6-63 所示。图中直接调用 4 引脚的数码管虚拟元件 DCD_HEX，省略了显示译码芯片。

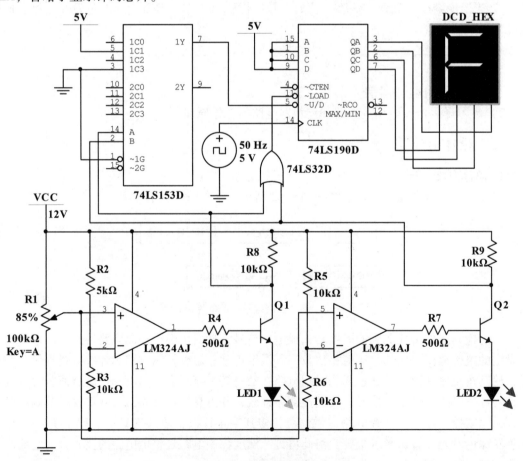

图 6-63　温度控制报警电路仿真电路图

2）电路仿真分析。假设设定温度对应的电压为6V，"危险"温度对应的电压为8V。首先，将可变电阻比例控制在50%以内，此时数码管的显示按0→9的正序循环显示，发光二极管都不亮。然后，增大可变电阻比例，控制在50% ~66%以内，此时数码管的显示按9→0的倒序循环显示，红色发光二极管亮。最后，继续增大可变电阻比例，控制在67% ~100%以内，此时数码管只显示"F"，红色、绿色发光二极管同时亮。

四、电路扩展训练

1）在功能上可以增加声响报警电路。

2）在电路实现上，可采用继电器或光电耦合器实现模拟部分与数字部分的隔离。

第七章

EDA开发环境

不同可编程器件生产厂家都有各自的开发环境和仿真方式，本章以 ALTERA 公司的开发环境 Quartus II 为例进行数字系统的设计和仿真验证。Quartus II 软件旧版本都自带仿真工具，可以直接使用。后期的新版本都取消了自带的仿真功能，需要额外安装仿真工具，并编写专门的仿真程序进行功能仿真。本书以 Quartus II 11.0 为例对软件的使用流程加以介绍。

第一节　主界面介绍

Quartus II 11.0 主界面如图 7-1 所示，包括以下几个部分：

图 7-1　Quartus II 11.0 主界面

1. 标题栏

标题栏显示软件的名称等相关内容。

2. 菜单栏

菜单栏包含了软件所有能够完成的设计和功能，包括程序文件的建立、工程的建立、逻辑综合、配置等。

3. 快捷工具栏

快捷工具栏包含了一些常用的工具，包括新建、保存、打印等，通过菜单栏可以修改快捷工具栏所包含的内容。

4. 工程结构视图

工程结构视图用来展示当前调试工程的结构和所包含内容，通过菜单可以打开或关闭工程结构视图。

5. 工作区

新建的程序文件的输入等都在工作区完成。

6. 输出区

根据需要可在界面的适当位置显示系统运行的状态，包括综合错误提示等，一般情况下输出区处在工作区的下方位置。

第二节　设　计　流　程

进行简单数字系统设计时，可按照图 7-2 所示的流程进行。下面的实例采用先建立新的源文件，再建工程的顺序进行。

一、新建源文件

常用的开发源文件方式包括原理图文件、VHDL（Very-High-Speed Integrated Circuit Hardware Description Language，超高速集成电路硬件描述语言）文件和 Verilog HDL（Hardware Description Language，硬件描述语言）文件等，其中原理图开发方式适合系统结构不复杂的情况，也包括经过模块化设计后的顶层电路结构的实现。VHDL 文件和 Verilog HDL 文件都属于文本型输入实现方式，通常用于所实现功能对应的电路结构比较复杂或不容易通过直接连线实现的情况。由于 VHDL 和 Verilog HDL 名称有一定相似性，在选择相应文本型语言输入方式时需要特别注意，两种语言本身并不通用。

下面以设计一个基本的二选一数据选择器为例，分别采用 Verilog HDL 输入方式和原理图输入方式，通过源文件的设计、输入、调试、仿真和功能实现，熟悉简单数字系统设计的基本操作过程。

1. 新建语言程序文件

（1）输入语言程序文本

在图 7-1 主界面中，单击"File"菜单，选择"New"选项，弹出如图 7-3 所示的选择源文件类型界面。也可以直接单击常用工具栏中的 🗋 图标，同样打开如图 7-3 所示的界面。

在图 7-2 中，可以先新建程序文件或原理图文件，并输入相应的程序代码或逻辑电路图，然后再进行建立对应工程等一系列工作。也可以将新建程序文件（逻辑电路图）和新建工程的顺序互换，即先进行新工程的建立，然后在工程下再新建程序文件（逻辑电路图）。

在图 7-3 所示的界面中选择"Verilog HDL File"选项，然后单击"OK"按钮（也可以双击"Verilog HDL File"选项），弹出默认文件名为"Verilog1.v"的文件界面，在该界面中输入二选一数据选择器的 Verilog HDL 程序代码，如图 7-4 所示。默认情况下，程序中的关键词显示为蓝色，其他标识符显示为黑色。如果出现关键词，如"module"没有显示蓝色的情况，可以检查所选择的文件类型是否正确或所输入的关键词是否错误等。

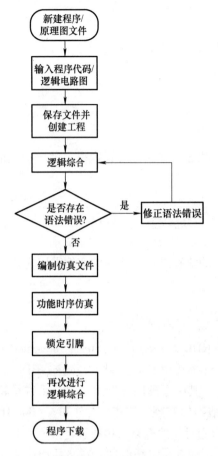

图 7-2 PLD 器件开发设计的一般流程图

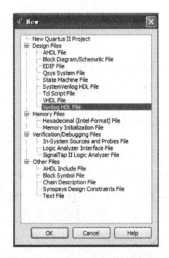

图 7-3 选择源文件类型界面

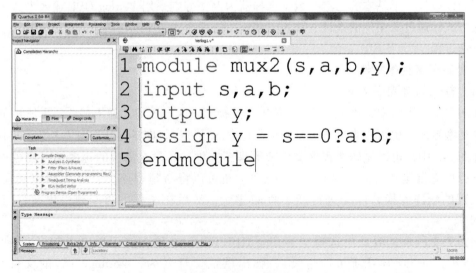

图 7-4 输入程序界面

（2）保存程序文件

将输入完整的程序文件保存在特定位置，一般情况为每个特定项目单独设立文件夹或子文件夹。在进行程序文件保存时，需要确定所保存程序文件的文件名。Verilog HDL 要求所保存的程序文件的文件名必须和该文件中的模块名（mux2）同名。如果同一个程序文件中同时包含多个模块程序，那么程序文件名和文件中多个模块中的最主要的模块同名。Verilog HDL 程序文件的扩展名为".v"。同时也要特别注意文件名和模块名的大小写必须一致，因为对于 Verilog HDL，大小写被看作是不同的字符，如"a"和"A"被认为是两个完全不同的名字。综上所述，上述程序文件中的模块名为"mux2"，因此需要保存程序文件名必须为"mux2.v"。如果出现程序文件和文件中程序模块的模块名称不一致的情况，在进行逻辑综合时，开发环境会提示找不到对应的模块。

2. 新建原理图文件

（1）选择需要的元器件

在图 7-3 所示的选择源文件类型界面中，选择逻辑电路原理图格式（Block Diagram/Schematic File）。弹出如图 7-5 所示的逻辑电路原理图输入页面，自动生成默认文件名为"Block1.bdf"的逻辑电路原理图输入文件。

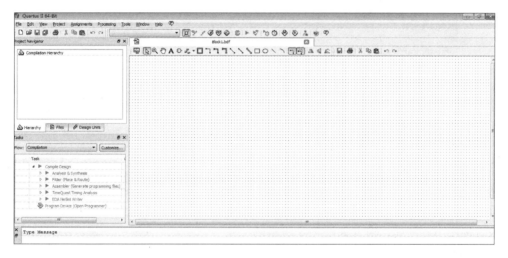

图 7-5　逻辑电路原理图输入页面

在图 7-5 所示的页面中，在空白处输入逻辑电路原理图。逻辑电路原理图所需的各类元器件可以由开发人员提前设计，也可以直接调用 Quartus II 开发环境自带元器件库中的元器件。

双击图 7-5 所示的逻辑电路输入区域即可打开 Quartus II 开发环境自带元器件库。Quartus II 开发环境自带元器件库如图 7-6 所示，找到二选一数据选择器"21mux"，放到空白图纸的合适位置。

在图 7-6 所示的 Quartus II 开发环境自带元器件库区域的左上方，除了包含 Quartus II 开发环境自带的各类元器件库外，如果开发人员建立了自己的元器件库，也会出现在该区域左上方位置。Quartus II 开发环境自带元器件库主要是各种基本的和常用的数字逻辑电路，如各类门电路、各类数字集成电路等。另外，由于 Quartus II 开发环境是 maxplus2 开发环境的升级产品，因此在 Quartus II 开发环境自带元器件库中也包含了 maxplus2 开发环境原有的元器件库。

在元器件库中找到所需的元器件后，可以直接双击该元器件或单击图 7-6 中的"OK"按钮，即可把对应的元器件放置到逻辑电路图输入区域中。

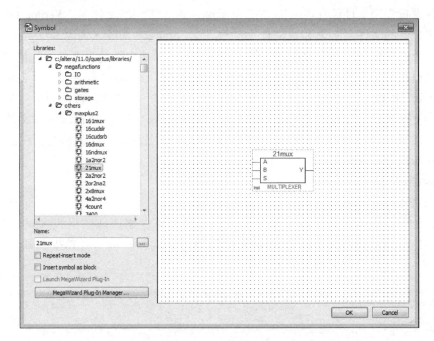

图 7-6 选择 Quartus II 开发环境自带元器件库中的元器件

除了直接在相应的元器件库中查找对应的元器件外，如果对所用元器件在元器件库中的名称比较了解，还可以直接在图 7-6 中的 "Name" 文本区直接输入对应的元器件型号，如图 7-7 所示输入的 "and2" 即是 2 输入与门。

除 Quartus II 开发环境自带元器件库外，开发人员也可以把编写的 Verilog HDL 程序对应的功能模块生成逻辑器件符号，生成的逻辑器件符号也可以在逻辑电路原理图中被直接使用。例如，输入如图 7-8 所示的二选一数据选择器 Verilog HDL 程序代码，可以生成相应的二选一数据选择器 "器件模块符号"，操作过程如下：

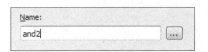

图 7-7 元器件名称输入

在图 7-8 所示页面中，单击 "File" → "Create/Update" → "Create Symbol Files for Current File"，如图 7-9 所示，弹出如图 7-10 所示提示，表明对应的程序功能模块符号生成成功。所生成的功能模块名称、符号及位置如图 7-11 所示。所生成的功能模块符号使用方法与 Quartus II 开发环境自带元器件库的元器件使用方法相同。

单击图 7-11 中的 "OK" 按钮，将功能模块符号放置到原理图工作区合适位置。

（2）添加输入/输出引脚，构成完整电路图

输入、输出接口分别为 "input" 和 "output"，也在软件自带的元器件库中，如图 7-12 所示，"bidir" 为双向接口。

在图 7-13 中放置三个输入端口、一个输出端口，分别将输入/输出端口名称 "pin_name" 修改为输入信号 s、a、b 和输出信号 y，如图 7-13 所示。

将鼠标放在需要连线的端子上，鼠标符号自动变为 "+" 号，此时按住鼠标左键拖拽即可有连线出现。当把鼠标拖拽的连线移动到对应相连的端子时，鼠标符号下方出现一个方形符号时表示可以连接到当前端子，松开鼠标即可完成一个连线。连线如图 7-14 所示。连接原理图电路后，单击 "OK" 按钮，进行下一步新建工程的工作。

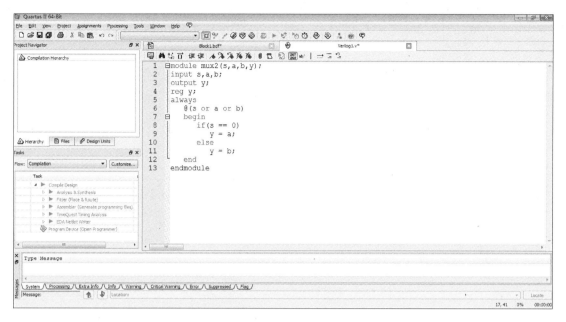

图 7-8　二选一数据选择器的 Verilog HDL 程序代码

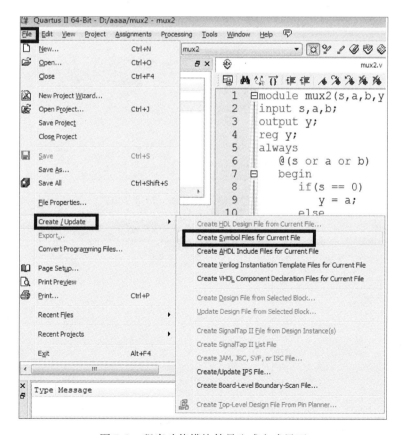

图 7-9　程序功能模块符号生成方式界面

　　一个数字电路的设计，不管是原理图设计方式还是硬件描述语言程序设计方式，当设计文件保存后，后续的操作过程基本相同，在后面的讲解中就不再分别进行了。

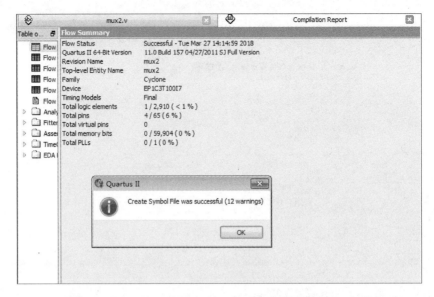

图 7-10　程序功能模块符号生成结果提示

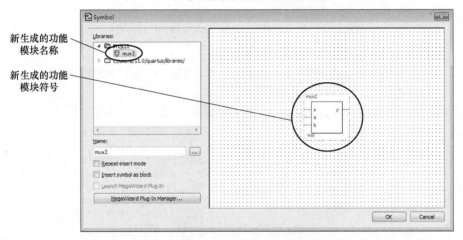

图 7-11　新建功能模块名称、符号及位置

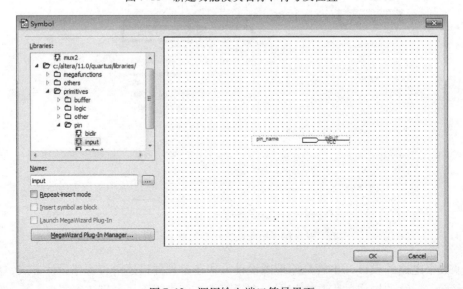

图 7-12　调用输入端口符号界面

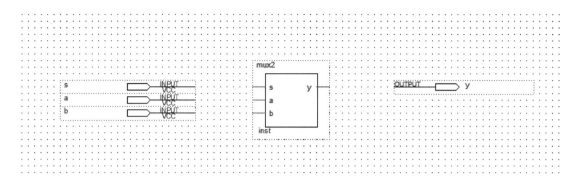

图 7-13　放置相关的原理图功能模块符号

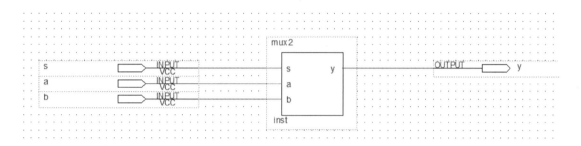

图 7-14　原理图连线

二、新建工程

1. 新建一个工程

Quartus II 软件的操作对象是"工程"而不是"文件"，当前述的文件保存后，Quartus II 软件会自动提示用户是否要新建一个工程，如图 7-15 所示。如果单击"Yes"按钮，进入如图 7-16 所示的新建工程向导。如果单击"No"按钮，提示界面退出，恢复到如图 7-1 所示的 Quartus II 主界面。

图 7-15　新建工程提示

需要注意的是，在 Quartus II 开发环境中，只有建立相应的工程，才能进行后续的逻辑综合、仿真、下载等一系列工作。因此，从程序输入返回到开发环境主界面后，如果要进行后续的数字系统的调试和测试，必须通过新建工程向导再次创建对应的工程。即可以单击图 7-1 软件主界面中的"File"菜单，选择"New Project Wizard"选项，弹出与图 7-16 新建工程向导（New Project Wizard）相同的界面。

2. 工程名称和顶层模块名称

进入如图 7-16 所示的工程向导界面后，单击"Next"按钮，进入如图 7-17 所示的页面。该页面中，包含以下几项内容：

（1）工程所要存放的路径（What is the working directory for this project?）

路径的填写或选择分以下两种情况：

1）先新建程序文件，在保存文件时，系统提示是否为当前文件创建新的工程（Do you want to create a new project with this file ?）时单击"Yes"按钮，如图 7-15 所示。在这种情

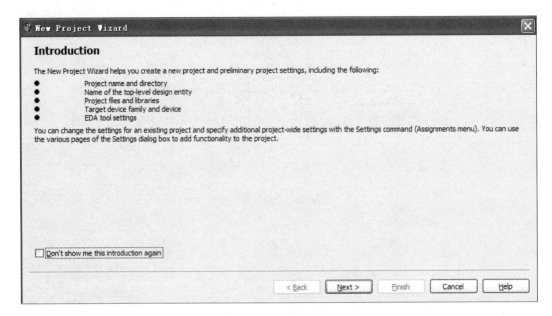

图 7-16　新建工程向导

况下，Quartus II 开发环境会自动将新建并保存过的程序文件路径自动设置为当前新建工程所应存放的路径，并已自动填入对应位置，无须开发工程师再进行修改。

2）先新建工程，后新建程序文件，或者在建立完程序文件并保存后在如图 7-15 所示的页面中单击"No"按钮。在这种情况下，由于还不存在工程所要包含程序文件，或已从默认的新建工程流程中退出。因此对应的位置会默认为 Quartus II 开发环境的安装路径。开发工程师可以自行进行修改或保持默认路径不变。一般情况下，不建议将工程师开发的工程文件直接存放到软件安装路径下，而是建议单独为每一个具有特定功能的工程建立单独的存放路径。因此在这一步大都需要人工选择所建工程所应存放的路径。选择路径的方式，既可以是人工手动直接输入，也可以单击栏目后面的 ⋯ 按钮，选择相应的存放路径。

（2）工程名称（What is the name of this project ?）

工程名称的输入分为以下两种情况：

1）先新建程序文件，并在保存文件时，系统提示是否为当前文件创建新的工程时单击"Yes"按钮，如图 7-15 所示。在这种情况下，Quartus II 开发环境会自动将所保存的程序文件的名称作为工程名称并放置在工程名称的位置。由此可知，工程名称需要和工程中所包含的程序文件的文件名同名，如果一个工程包含多个文件，则需要与工程中顶层文件的文件名同名。

2）先新建工程，后新建程序文件，或者在建立完程序文件并保存后在如图 7-15 所示的页面中单击"No"按钮。在这种情况下，需要在该栏目为当前新建工程输入工程名称。输入工程名称时，可以由人工手动直接输入，也可以单击栏目后面的 ⋯ 按钮，选择对应的程序文件后，单击"确定"按钮，Quartus II 开发环境会将被选择的程序文件的文件名作为工程名自动填入到对应的位置。

（3）顶层模块名称（What is the name of the top-level design entity for this project ?）

在该栏目中为工程所包含的顶层模块（he top-level entity for this project）取名。工程名称和顶层模块名称要保持一致（This name is case sensitive and must exactly match the entity name in the design file）。如果在保存程序文件时，按照提示建立工程，那么工程向导会在该步骤自动将程序文件名作为顶层模块名填入。否则，在输入工程名的同时顶层模块名也同时出现，并自动与工程名同名。也可以单击工程名后面的 按钮，选择对应的程序文件，工程向导也会自动将被选择的程序文件名作为顶层模块名。

综上所述，有三个名称的选取需要引起注意，一是程序文件的文件名（在存在多个程序文件时，为顶层模块所在的文件名），二是程序文件所在的工程名称，三是工程所包含的顶层模块的名称。上述三个名称务必保持一致，否则在进行逻辑综合时会引发错误提示。

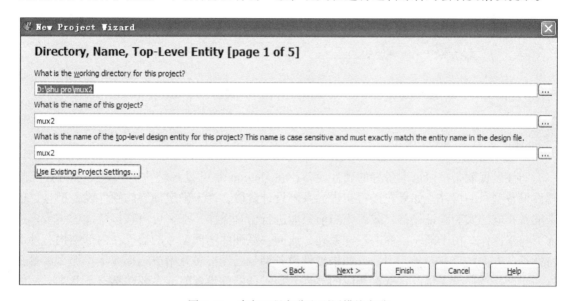

图 7-17　确定工程名称和顶层模块名称

3. 添加工程文件

设置好图 7-17 中相应的路径和名称后，单击下方的"Next"按钮，进入如图 7-18 所示的工程文件添加界面。在此也分为两种情况，如果先新建程序文件，在进行程序文件保存时，Quartus II 开发环境会自动弹出窗口，提醒开发工程师是否要为所保存的程序文件创建工程，如图 7-15 所示。如果在 Quartus II 开发环境提示是否为当前文件创建新的工程时单击"Yes"按钮，则会自动进入新建工程向导流程，如图 7-16 所示，此时，新建工程向导会自动将新建并保存过的程序文件添加到工程中，并在图 7-18 的工程文件列表中显示。如果在创建工程时，还没有创建程序文件（所应包含的程序文件尚不存在）或者在系统提示是否要为当前程序文件创建新的工程时单击"No"按钮，那么进行到图 7-18 的工程文件列表的界面时，界面的文件列表中将不会有相应的程序文件。此时，需要单击 按钮，找到相应的工程文件，并选择"打开"后，单击 Add 按钮进行添加。此时，被选择的工程文件将出现在图 7-18 所示的工程文件列表中。如果一个工程同时包含多个工程文件或程序文件，需要按照上述步骤把所有需要的文件逐一添加到工程文件列表中。如果工程目录中所包含的所有工程文件都是当前工程所需要的，也可以单击图 7-18 中的 Add All 按钮，一次性将所有相关文件全部添加到当前工程中。如果有个别已经被添加的文件不需要了，可以选中该文件，然后单击图 7-18 中的 Remove 按钮将其从工程中移除。将所有相关的工程文件都添加到当前工程中后，单击"Next"按钮进入下一步器件设置环节（Family & Device Settings）。

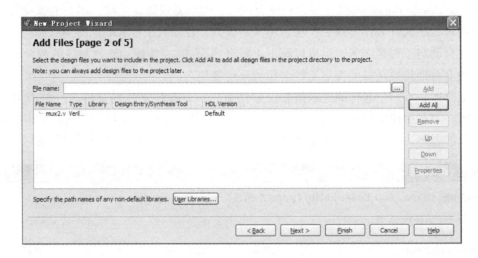

图 7-18   添加工程文件

4. 器件设置

器件设置就是按照已准备好的硬件设备，在 Quartus II 开发环境中为所建工程选择实际硬件设备型号的器件。如果在进行初步的系统设计阶段，尚未确定最终的硬件设备型号，也未准备相应的实验验证设备，或者说当前只能进行仿真操作，那么可以直接跳过这一步，进入下一步操作。由于同一厂商的不同系列，或同一系列的不同型号的器件在内部结构、外部特性等各方面均存在差异，因此，如果硬件设备型号已经准备就绪或选择完毕，那么需要在这一步严格按照设备情况，选择相应的器件。在进行器件设置时，主要包括以下几个方面的内容：

1）器件系列（Device family）。每个器件生产厂商都有若干不同的器件系列，不同系列能够分别适应不同的应用领域和环境。用户需要根据自身系统设计的特点和需要合理选择，在考虑具体系列结构特点、性能指标的同时，也要考虑器件的性价比。

2）封装（package）。封装就是把集成电路装配为芯片最终产品的过程，例如 PLCC、PQFP、TQFP、BGA 等。不同型号的芯片会有不同的封装形式，同一型号的芯片也会有不同的封装形式，以此适应产品不同应用的需要。

3）引脚数量（pin count）。引脚是每个芯片被封装在外部的、可见的硬件构件，一般被用来连接芯片内部电路所需的工作电源，或是用来与外围电路进行数据传输等。此外，贴片封装的芯片引脚还用来进行焊接，即通过将所有引脚焊接在相应的电路板上实现芯片的固定。

4）速度等级（speed grade）。同一型号的器件往往会有不同的速度等级，即输入输出信号的延时时间不同，如 −8 代表延时 8ns， −6 代表延时 6ns 等。延时越小代表该器件的运行速度越高，对应的价格也会越高。

5）目标器件（Target device）。目标器件包括两个选项：自动器件选择（Auto device selected by the Fitter）和通过可用器件列表进行特定器件选择（Specific device selected in 'Available devices' list）。默认情况下选择的是 "Auto device selected by the Fitter"。在该选项下，所建立的工程只能进行逻辑综合和仿真，不能进行下载。通过可用器件列表进行的特定器件选择代表指定了特定系列和型号的器件，所建立的工程在进行逻辑综合时就可以根据对应器件的结构特点进行设置，从而可以保证所产生的下载文件能够下载到对应型号的器件中去。

6）可用器件（Available devices）。在选定完上述器件系列、封装、引脚数和速度等级后，在可用器件列表中会列出满足上述所有选项条件的器件型号，开发人员需要从中选择一项与实际器件对应的型号。当在可用器件列表中选择完某一器件型号后，目标器件（Target device）选项也会自动从"自动器件选择"跳变为"通过可用器件列表进行的特定器件选择"，以便在仿真通过后下载到对应型号的可编程器件中去，如图 7-19 所示。

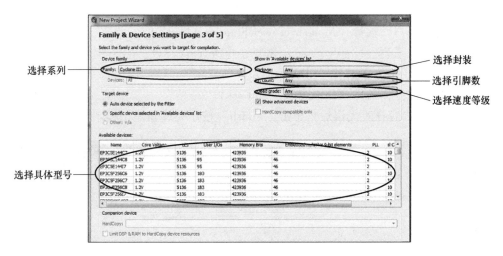

图 7-19　器件设置界面

5. 选择仿真工具

在逻辑综合成功后，根据需要可以先进行功能和时序仿真，经过功能和时序仿真后的下载文件可以大大提高设计成功的概率。Quartus II 9.0 以前的版本都自带仿真工具，而 Quartus II 9.0 以后的版本需要单独安装专门的仿真工具。能够用来进行仿真的工具很多，在建立工程过程中，需要在图 7-20 中的"Simulation"选项中选择已经安装好的、可供正常使用的仿真工具，本例选择"ModelSim"仿真工具。

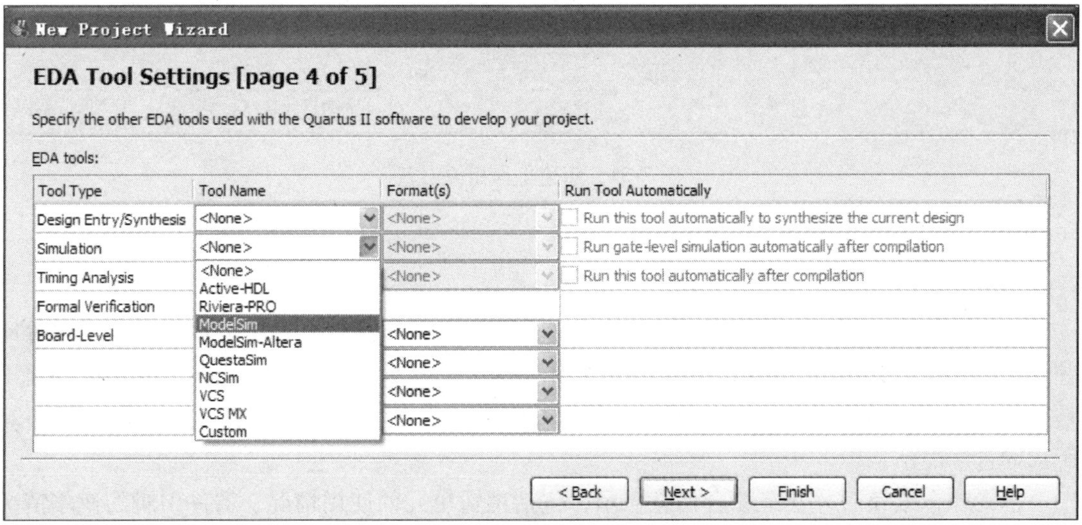

图 7-20　选择仿真工具界面

6. 核对新建工程相关信息

新建工程最后一步是显示新建工程的相关信息，如图 7-21 所示。相关信息主要包含以下几项内容：

1）工程存放路径（Project directory）。

2）工程名称（Project name）。

3）顶层设计名称（Top-level design entity）。

4）工程包含的文件数量（Number of files added）。

5）所包含的用户库数量（Number of user libraries added）。

6）适配的器件系列（Family name）和型号（Device）。

7）所选择的 EDA 仿真工具（EDA tools）。

8）所选器件的工作条件（Operating conditions）。

上述工程相关内容核对无误后，单击"Finish"按钮完成新建工程。

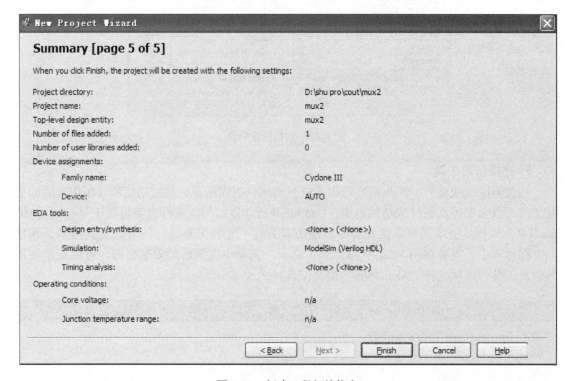

图 7-21　新建工程相关信息

三、逻辑综合

工程建立结束后，下一步进行逻辑综合，检测工程中的设计文件是否存在语法错误等问题。可以在图 7-1 主界面中"Processing"菜单选择"Start Compilation"选项，或者在快捷工具栏单击"▶"图标，如图 7-22 所示。在逻辑综合过程中，开发环境右下方会有如图 7-23所示的进度显示。

逻辑综合结束后，会有综合信息显示，包括逻辑单元的使用情况、器件引脚的使用情况等，如图 7-24 所示，这些逻辑综合信息还包括以下内容：

1）逻辑综合状态（Flow Status）和时间。

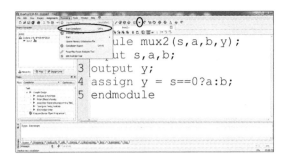

图 7-22　选择逻辑综合界面

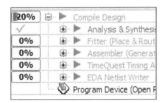

图 7-23　逻辑综合进度显示

2）Quartus II 开发环境版本（Quartus II Version）。

3）器件系列（Family）。

4）所需器件逻辑单元和使用率（Total logic elements）。

5）寄存器总量（Total registers）。

6）引脚总量（Total pins）和使用率。

7）存储器位总量（Total memory bits）和使用率。

Flow Status	Successful - Tue Oct 31 20:29:05 2017
Quartus II Version	11.0 Build 208 07/03/2011 SP 1 SJ Full Version
Revision Name	mux2
Top-level Entity Name	mux2
Family	Cyclone III
Total logic elements	1 / 5,136 (< 1 %)
Total combinational functions	1 / 5,136 (< 1 %)
Dedicated logic registers	0 / 5,136 (0 %)
Total registers	0
Total pins	4 / 183 (2 %)
Total virtual pins	0
Total memory bits	0 / 423,936 (0 %)
Embedded Multiplier 9-bit elements	0 / 46 (0 %)
Total PLLs	0 / 2 (0 %)
Device	EP3C5F256C6
Timing Models	Final

图 7-24　逻辑综合信息显示

8）嵌入式 9 位乘法器单元（Embedded Multiplier 9-bit elements）和使用率。

9）PLL 总量（Total PLLs）和使用率。

10）器件型号（Device）。

如果存在语法等错误，在"Messages"窗口会有相应的错误信息提示。如图 7-25 所示，带有⊗的行即为显示的错误信息。

如果是语法错误，双击对应的错误提示，开发软件会自动定位到错误所在位置的附近（一般自动定位到程序的某一行，但实际错误可能在该行的前面或者后面）。另外通过错误提示的内容也能帮助查找错误的原因。例如图中提示 near text" assign"；expecting" ;"，表示在关键词 assign 的附近缺少一个";"。当逻辑综合后出现多条错误提示时，建议不要逐条查找错误原因，主要从最上面的错误提示入手，每找到一条错误的来源并改正后，最好进行一次逻辑综合。因为在程序文件中的一个语法错误可能会产生多条错误提示。因此从最前面的错误提示入手，可以提高修正错误的效率。

如果出现错误提示，但是双击对应的错误后 Quartus II 开发环境并没有定位到程序文件的某个位置，此时表明错误的出现基本与程序文件中的语法没有关系，主要是工程本身的问题，如工程名称、程序文件名称和程序文件中的模块名称不一致等。另外，通过阅读错误提示内容也可以帮助判断错误的来源。

如果逻辑综合没有问题，下一步可以根据需要进行仿真或直接锁定引脚后下载程序。一般来讲，仿真便于查找系统可能存在的功能问题和时序问题。本书以"ModelSim"仿真工具为例进行讲解。

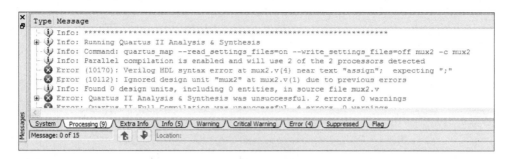

图 7-25　错误信息提示

四、仿真流程

新版的 Quartus II 开发环境需要采用第三方的仿真工具进行功能和时序仿真，如本书所采用的"ModelSim"仿真工具。功能和时序仿真的基本思想是通过计算机模拟产生若干时序波形和输入数据，并将所模拟的波形和数据送到被测功能模块的输入信号端。功能模块收到相应的时序波形和输入数据后，按照所设计的功能，模拟出与输入对应的输出波形和数据。最后通过对比输入输出波形和输入输出数据，判断所设计的功能模块在功能上和时序上是否满足要求，如果存在问题，问题可能的原因等。

在进行输入波形和数据模拟时，要全面综合涵盖实际应用可能出现的输入状态，尽可能全面的验证所测模块的功能和各项性能，提高所测模块实际运行时的成功率。

仿真过程从建立仿真文件开始到最终对比仿真结果，主要包含以下几个步骤。

1. 新建仿真文件

图 7-1 主界面中，单击"Processing"中的"Start"，选择"Start Test Bench Template Writer"选项，如图 7-26 如示，即可建立新的仿真文件。

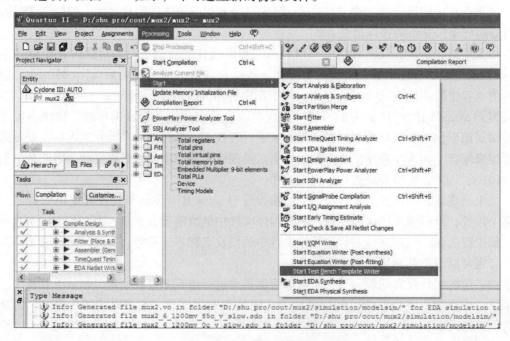

图 7-26　新建仿真文件界面

2. 编辑输入仿真波形

新建仿真文件后，在当前工程目录下，Quartus II 开发环境会自动生成一个名为"Simulation"的文件夹，在"Simulation"文件夹中还有一个文件夹"modelsim"。在该文件夹中有一个扩展名为".vt"的文件为需要修改的仿真波形文件，即在该文件中编辑产生各种仿真波形或数据。

利用 Quartus II 软件打开该文件，如果在打开页面中看不到该文件，则可以在"文件类型"中选择最下面的"All Files"。如图 7-27 所示的选择仿真文件类型。

图 7-27　打开所选的仿真文件类型

选择"All Files"后，可以看到在"modelsim"文件夹中存在多个文件，选择扩展名为".vt"的文件，如图 7-28 所示的"mux2. vt"。

新建仿真文件（扩展名为".vt"）如下所示：

图 7-28　仿真文件选择

```
//时间分辨率
`timescale 1 ps/ 1 ps
//仿真模块定义和模块名称
module mux2_vlg_tst( );
//constants
//general purpose registers
reg eachvec;
//test vector input registers
reg a;
reg b;
reg s;
```

```
//wires
wire y;


//assign statements（if any）
mux2 i1 (
//port map-connection between master ports and signals/registers
    .a(a),
    .b(b),
    .s(s),
    .y(y)
);
//仿真模块初始化,所有被仿真模块的输入信号都需要通过初始化设置初始状态
//也可以利用初始化产生特定的初始波形
initial
begin
//code that executes only once
//insert code here -- > begin

//-- > end
 $display("Running testbench");
end
//循环语句,可以用于产生各种波形和数据,根据被测模块的情况,
//可能需要多个这样的波形产生语句
always
//optional sensitivity list
//@（event1 or event2 or ....eventn）
begin
//code executes for every event on sensitivity list
//insert code here -- > begin

@ eachvec;
//-- > end
end
    endmodule
```

在对应的 ".vt" 文件中包含一个 "initial" 语句,在该语句下,初始化所有当前所设计系统的输入信号,输入信号波形初始化界面如图 7-29 所示。

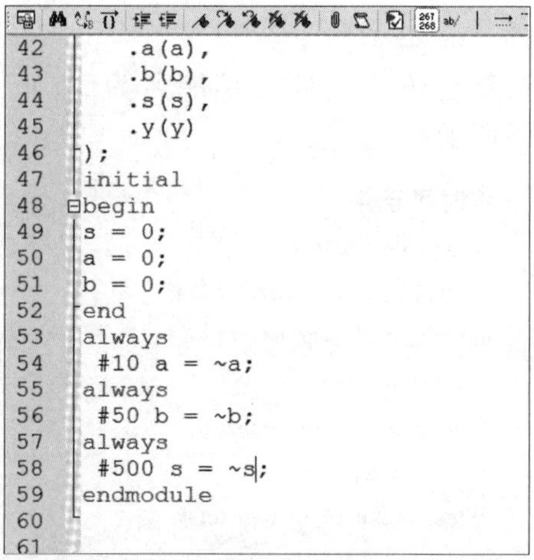

在图 7-29 中,被测模块共有三个输入信号 a、b、s,全部初始化为 0。在 "always" 语句中编辑系统的输入波形,如果系统输入的波形不止一个,可根据需要进行编辑,即如果多个输入波形具有相关性,可以在同一个 "always" 中编辑;如果没

图 7-29　输入信号波形初始化界面

有相关性，可以分别在多个"always"中编辑。从图 7-29 中可以看出，采用三个"always"分别对 a、b、s 三路输入信号进行编辑，产生三路不同频率的方波信号。按照图 7-29 编辑所产生的输入波形如图 7-30 所示。

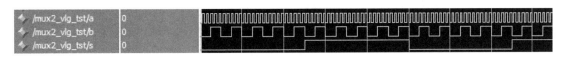

图 7-30　仿真测试输入波形

3. 添加仿真文件

将编辑好的仿真文件添加到工程中，在添加前首先复制仿真文件中的模块名称，如本例中的"SetTime_vlg_tst"，如图 7-31 所示的仿真文件模块名称界面。

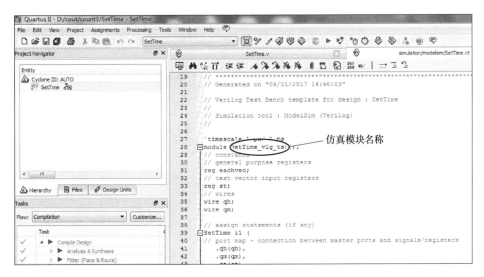

图 7-31　仿真文件模块名称界面

添加仿真文件的步骤如下：

在如图 7-1 所示的主界面中，依次单击"Assignments"→"Settings"→"Simulation"，弹出如图 7-32 所示的测试仿真输入界面，单击"Compile test bench"单选按钮，再单击"Test Benches"按钮弹出一个新的页面，单击"New"按钮，进入如图 7-33 所示的"New Test Bench Settings"新测试文件建立界面。

在图 7-33 的新测试文件建立界面中，将仿真模块名称（本例为 SetTime_vlg_tst）粘贴到"Test bench name"后面的文本框中，此时"Top level module in test bench"后面的文本框会自动输入相同的名称。然后单击"File name"后面的"⋯"按钮，找到对应的仿真文件（仿真文件的扩展名为 .vt），并单击"Add"按钮进行添加。最后单击"OK"按钮返回。

4. 观测仿真波形

运行仿真文件，观测仿真波形。在如图 7-1 所示的主界面中，单击"Tools"→"Run EDA Simulation Tool"→"EDA RTL Simulation"，即如图 7-34 所示调用仿真工具，进行仿真。Quartus II 软件会自动调用相应的仿真工具，并根据编辑的输入波形产生对应的输出波形，二选一数据选择器的仿真波形如图 7-35 所示。

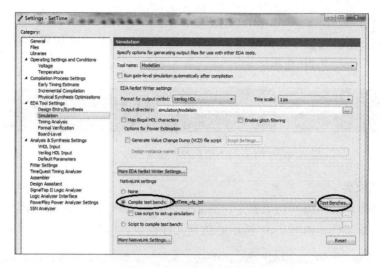

图 7-32　测试仿真输入界面

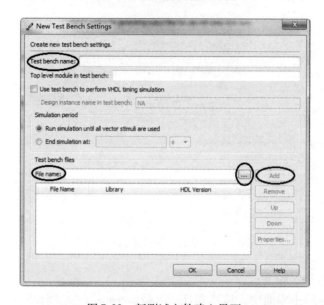

图 7-33　新测试文件建立界面

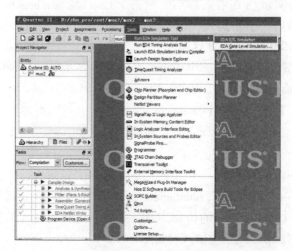

图 7-34　调用仿真工具界面

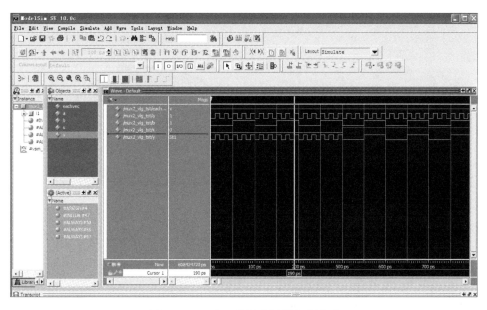

图 7-35　二选一数据选择器仿真波形

五、锁定引脚与下载

1. 锁定引脚

仿真验证通过后，下一步工作就是锁定引脚，即将输入/输出信号与要下载的 PLD 芯片的具体引脚建立一一对应关系。在主界面中，按图 7-36 所示单击 "Assignments" → "Pin Planner" 或者单击快捷工具栏中的 "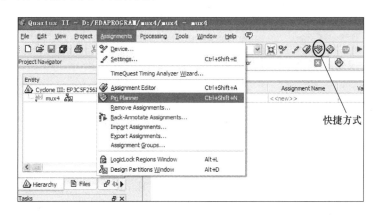" 图标，弹出如图 7-37 所示的引脚锁定位置图。在该页面中完成输入/输出信号与芯片引脚号的一一对应。引脚锁定完成后，务必进行工程的逻辑综合操作，否则引脚锁定不起作用。

图 7-36　选择锁定引脚界面

2. 下载

引脚锁定后，必须再次进行逻辑综合操作，这样引脚锁定的信息才能生效。准备好相应的硬件设备，就可以将所设计的数字系统对应的下载文件下载到硬件设备中。在主界面中，按图 7-38 所示下载工具选择界面依次单击 "Tools" → "Programmer" 或者直接单击快捷工

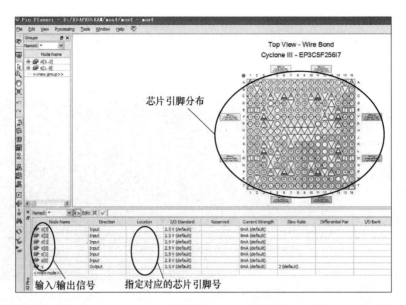

图 7-37 引脚锁定位置图

具栏中的"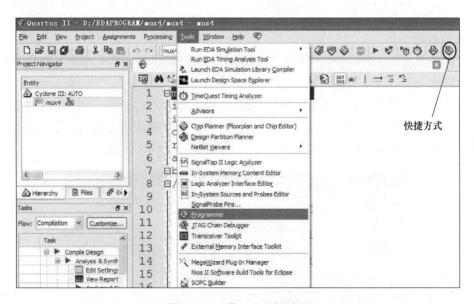"图标，弹出如图 7-39 所示的下载界面。

图 7-38 下载工具选择界面

如果图 7-39 的"硬件下载方式"位置显示"No Hardware"，请检查硬件设备是否连接完好、是否供电、是否通过下载器连接到对应的计算机。如果都正常，需单击选择建立硬件下载方式"Hardware Setup"，弹出如图 7-40a 所示页面。如果在硬件下载方式列表框中，有对应连接硬件设备的下载，双击即可。如果没有，在可供选择的硬件下载列表中查看是否有对应的下载，如果有选择即可。如果在可供选择的下载列表中没有对应的硬件下载方式，单击添加"Add Hardware"按钮进入图 7-40b 所示页面。在图 7-40b 中的硬件方式"Hardware type"选项的下拉列表中，选择对应的硬件下载方式，并单击"OK"按钮退出页面。选择正确的硬件下载方式后，单击开始下载"Start"按钮，开始进行下载。在下载进度条中，显

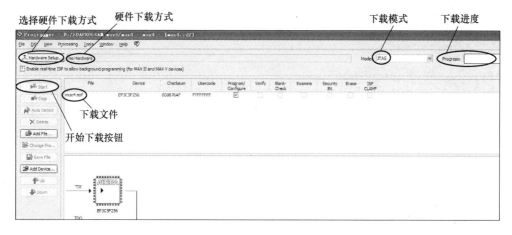

图 7-39　硬件下载界面

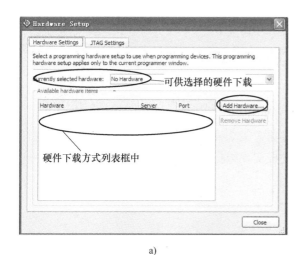

a)

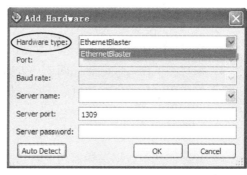

b)

图 7-40　硬件下载方式选择

示下载的进度，当下载进度显示 100％时，表明下载完毕，观察所设计数字系统在硬件设备中的运行情况是否正常。

六、思考题

1）所有基于 Quartus II 的现代数字系统的设计开发调试都必须建立在什么基础上进行？

2）在设计过程中，对模块名、文件名和工程名有什么要求？

3）在逻辑综合中，如何进行错误的快速定位？

4）在进行仿真文件的编制时应注意什么问题？

5）进行功能仿真和时序仿真的一般步骤是什么？

第八章

FPGA基础实验

实验一 四选一数据选择器

一、实验目的

1）掌握硬件描述语言（Verilog HDL）程序设计方法。

2）掌握用 FPGA 实现数字电路逻辑功能的仿真测试方法。

3）初步学会 Quartus II、ModelSim 软件的基本操作步骤和方法。

二、实验任务

1）用 Verilog HDL 编写四选一数据选择器功能代码。

2）编写测试输入代码验证四选一数据选择器逻辑功能。

3）完成程序的编译、仿真、下载，用开发板实现数据选择器功能。

三、预习要求

1）复习四选一数据选择器的逻辑功能。

2）复习 Verilog HDL 的数据流建模、UDP、内置门、行为建模和结构建模实现方法。

3）观看 Quartus II、ModelSim 软件操作过程的在线视频，熟练掌握操作步骤。

四、实验原理

1. 数据选择器

数据选择器也叫数据开关或多路开关。四选一数据选择器就是从四个备选数字信号中选择一路信号输出。四选一数据选择器的四个备选信号记为 D_0、D_1、D_2、D_3；两个选择信号记为 S_1、S_0；一个输出信号记为 Y。当选择信号 S_1、S_0 分别为四种状态组合 00、01、10、11 时，分别对应选择 D_0、D_1、D_2、D_3 到输出端 Y。四选一数据选择器原理图如图 8-1 所示，真值表如表 8-1 所示。

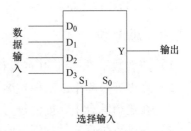

图 8-1 四选一数据选择器原理图

2. Verilog HDL 程序实现方法

利用 Verilog HDL 实现数字逻辑电路有多种实现方式：内置门、数据流建模、行为建模、UDP（用户原语）及结构建模等。

表 8-1 四选一数据选择器真值表

输入							输出
选择信号		备选信号					
S_1	S_0	D_0	D_1	D_2	D_3		Y
0	0	0	?	?	?		0
0	0	1	?	?	?		1
0	1	?	0	?	?		0
0	1	?	1	?	?		1
1	0	?	?	0	?		0
1	0	?	?	1	?		1
1	1	?	?	?	0		0
1	1	?	?	?	1		1

（1）内置门实现方式

此方法的实现前提是需要事先得到所要设计的数字电路的逻辑图，然后根据图中包含的逻辑门来进行代码编写。四选一数据选择器门电路结构如图 8-2 所示。

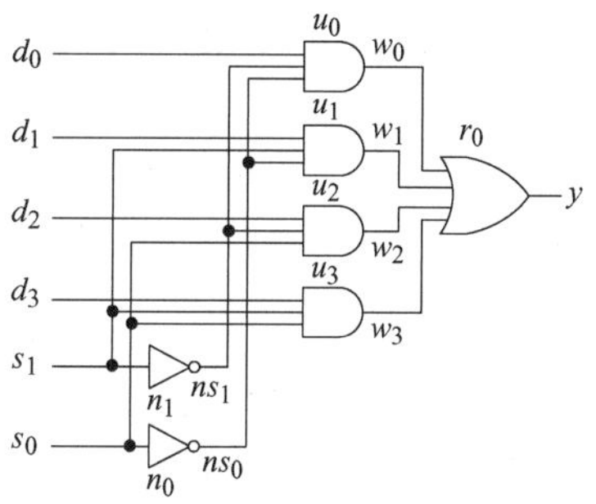

在图 8-2 中，涉及内置门包括四个与门（and）、两个非门（not）和一个或门（or），编写代码示例如下：

图 8-2 四选一数据选择器门电路结构

```
module mux_4_gate(s1,s0,d3,d2,d1,d0,y);
                              //模块定义,包括模块名称和端口列表
    input s1,s0,d3,d2,d1,d0;          //端口方向定义
    output y;
    wire y;                   //调用内置门,输出 y 可以声明为 wire 或缺省
    wire w0,w1,w2,w3,ns0,ns1;  //电路中间状态量定义
    not n0 (ns0,s0),           //内置门调用,关键词、编号、输出、输入顺序
        n1 (ns1,s1);           //非门调用,先出后入,两个非门共用一个关键词,中间用","
    and u0 (w0,d0,ns1,ns0),    //与门调用
        u1 (w1,d1,s1,ns0),
        u2 (w2,d2,ns1,s0),
        u3 (w3,d3,s1,s0);      //上述最后一个与门以";"结束
    or r0 (y,w0,w1,w2,w3);     //或门调用,只有一个或门调用,以";"结束
endmodule
```

上述四选一数据选择器的输入信号还可以综合为 s 和 d，程序示例如下所示：

```
module mux_4_gate(s,d,y);     //模块定义,包括模块名称和端口列表,其中输入只有 s 和 d
    input [1:0] s;            //端口 s 方向定义,s 包含两位
    input [3:0] d;            //端口 d 方向定义,d 包含四位
    output y;                 //定义 y 端口方向,y 包含一位
    wire y;                   //调用内置门,输出 y 可以声明为 wire 或缺省,默认一位长度
    wire [3:0] w;             //电路中间状态量定义,w 为四位,ns 为两位
    wire [1:0] ns;
```

```
      not n0 (ns[0],s[0]),              //内置门调用,关键词、编号、输出、输入顺序
        n1 (ns[1],s[1]);                //非门调用,先出后入,两个非门共用一个关键词,中间用",",
                                        //注意 ns 和 s 等的部分调用
      and u0 (w[0],d[0],ns[1],ns[0]),   //与门调用
          u1 (w[1],d[1],s[1],ns[0]),
          u2 (w[2],d[2],ns[1],s[0]),
          u3 (w[3],d[3],s[1],s[0]);     //上述最后一个与门以";"结束
      or r0 (y,w[0],w[1],w[2],w[3]);    //或门调用,只有一个或门调用,以";"结束
    endmodule
```

（2）数据流建模实现方式

数据流建模就是通过使用逻辑操作符和连续赋值语句,按照电信号的流向进行代码编写,前提也是需要已知数字电路的逻辑图。按照图 8-2 数据流建模代码示例如下:

```
module mux_4_gate(s,d,y);          //模块定义,包括模块名称和端口列表,其中输入只有 s 和 d
  input [1:0] s;                   //端口 s 方向定义,s 包含两位
  input [3:0] d;                   //端口 d 方向定义,d 包含四位
  output y;                        //定义 y 端口方向,y 包含一位
  wire y;                          //使用连续赋值语句,输出 y 可以声明为 wire 或缺省,默认一位长度
  wire [3:0] w;                    //电路中间状态量定义,w 为四位,ns 为两位
  wire [1:0] ns;
  assign ns[0] = ~s[0];            //使用连续赋值语句,标志为关键词 assign
  assign ns[1] = ~s[1];
  assign w[0] = d[0] & ns[1] & ns[0];
  assign w[1] = d[1] & s[1] & ns[0];
  assign w[2] = d[2] & ns[1] & s[0];
  assign w[3] = d[3] & s[1] & s[0];
  assign y = w[0] | w[1] | w[2] | w[3];
endmodule
```

（3）行为建模实现方式

如果没有具体逻辑电路图,也可以通过行为建模方式实现数字逻辑电路设计。行为建模方式利用 always 语句和过程语句配合实现具体电路功能。下面是利用 if…else 语句的嵌套实现四选一数据选择器的示例:

```
module mux_4_gate(s,d,y);          //模块定义,包括模块名称和端口列表,其中输入只有 s 和 d
input [1:0] s;                     //端口 s 方向定义,s 包含两位
  input [3:0] d;                   //端口 d 方向定义,d 包含四位
  output y;                        //定义 y 端口方向,y 包含一位
  reg y;                           //使用 always 语句,输出 y 可以声明为 reg,默认一位长度
  reg [3:0] w;                     //电路中间状态量定义,类型为 reg,w 为四位,ns 为两位
  reg [1:0] ns;
  always @ (s or d)                //使用 always 语句,包含敏感列表
    begin                          //使用 begin…end 语句包含所有 always 内容
      if(s==2'b00)                 //首先判断两位输入 s 是否等于 00,即 s[1]和 s[0]是否同时为 0
        y = d[0];
      else
```

```
        if(s == 2'b01)          //嵌套一层 if 语句
            y = d[1];
        else
            if(s == 2'b10)      //再嵌套一层 if 语句
                y = d[2];
            else
            if(s == 2'b11)      //再嵌套一层 if 语句
                y = d[3];
            else
                y = 0;
    end
endmodule
```

上述程序代码共计嵌套三层 if…else 语句，三层 if…else 语句嵌套最终看作一个语句，因此 always 语句中的 begin…end 可以省略。

四选一数据选择器功能也可利用多条件选择语句（case 语句）实现，代码如下：

```
module mux_4_gate(s,d,y);
    input [1:0] s;
    input [3:0] d;
    output y;
    reg y;
    reg [3:0] w;
    reg [1:0] ns;
        always @ (s or d)
        begin
            case(s)             //s 作为 case 分支执行的条件
            2'b00: y = d[0];    //如果 s 等于 2'b00,则执行"2'b00:"后面的语句,
            2'b01: y = d[1];    //其他以此类推
            2'b10: y = d[2];
            2'b11: y = d[3];
            default: y = 0;     //如果 s 出现非正常状态,执行 default 后面的语句
            endcase
        end
endmodule
```

（4）UDP 实现方式

已知四选一数据选择器电路的逻辑真值表或功能表，则可以使用 UDP（用户原语）的组合逻辑电路实现方式进行电路设计，设计代码如下：

```
primitive muxUDP4_1(y,s1,s0,d0,d1,d2,d3);    //UDP 名称 muxUDP4_1 须符合标识符要求,端
                                             //口列表先列输出且只能有一个输出
    input s1,s0,d0,d1,d2,d3;
    output y;
    table
    //s1 s0 d0 d1   d2 d3: y;   按照端口列表中输入信号的顺序罗列
```

```
00  0  ?  ?  ? : 0;
00  1  ?  ?  ? : 1;
01  ?  0  ?  ? : 0;
01  ?  1  ?  ? : 1;
10  ?  ?  0  ? : 0;
10  ?  ?  1  ? : 1;
11  ?  ?  ?  0 : 0;
11  ?  ?  ?  1 : 1;
    //? 代表任意值
endtable
```
endprimitive

上述四选一数据选择器的输入输出端口全部定义为 1 位。

（5）结构建模实现方式

四选一数据选择器可以调用三个二选一数据选择器模块实现，二选一数据选择器模块示例如下：

```
module mux2_1(S,A,B,Z);        //模块定义,包括模块名称和端口列表
    input S,A,B;               //端口方向定义
    output Z;
        assign   Z = (s ==0)? A:B;
    endmodule
```

由二选一数据选择器构成的四选一数据选择器电路逻辑图如图 8-3 所示。利用结构建模调用子模块编写的四选一数据选择器程序代码如下：

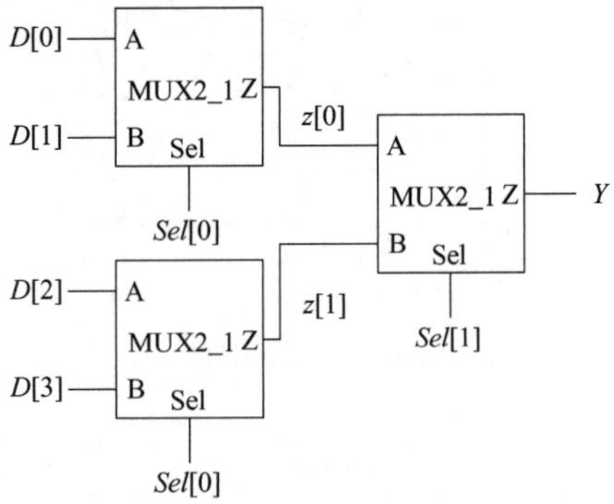

```
module mux_4_con(Sel,D,Y);      //模块定义,包括模
                                //块名称和端口列表
    input [3:0] D;              //端口方向定义
    input[1:0]Sel;
    output Y;
    wire Y;                     //调用模块,输出 Y 可以声明为 wire 或缺省
    wire [1:0] z;               //电路中间状态量定义
        mux2_1 (Sel[0],D[0],D[1] , z[0]);    //调用 3 个二选一数据选择器模块
        mux2_1 (Sel[0], D[2],D[3] , z[1]);
        mux2_1 (.Z(Y),.Sel(Sel[1]),.A(z[0]),.B(z[1]));
    endmodule
```

图 8-3 由二选一数据选择器构成的
四选一数据选择器电路逻辑图

3. Verilog HDL 程序仿真

在 Quarters Ⅱ 开发环境中输入 Verilog HDL 源程序代码后，首先进行编译检查语法错误。编译通过后，再编写和输入仿真波形代码，然后调用 ModelSim 软件进行仿真，以便验证逻辑功能是否正确。

四选一数据选择器仿真程序代码如下所示：

```
`timescale 1 ps/ 1 ps
module mux4_vlg_tst();
```

```
//constants
//general purpose registers
reg eachvec;
//test vector input registers
reg [3:0] d;
reg [1:0] s;
//wires
wire y;
//assign statements (if any)
mux4 i1 (
//port map - connection between master ports and signals/registers
    .d(d),
    .s(s),
    .y(y)
);
initial
begin
s = 2'b00;
d = 4'b0000;
end
always
//optional sensitivity list
//@ (event1 or event2 or .... eventn)
begin
#100 s = s + 1;
end
always
//optional sensitivity list
//@ (event1 or event2 or .... eventn)
begin
#10 d = d + 1;
end
endmodule
```

在仿真程序文件中，首先将输入信号 *s* 和 *d* 分别初始化为 0（*s* 是两位的 0，*d* 是四位的 0）。然后分别产生对应的 *s* 波形和 *d* 波形，注意 *s* 的信号周期要远大于 *d* 的变化周期，否则难以观察输入与输出的对应关系是否正确。仿真结果如图 8-4 所示。

4. 使用 FPGA 硬件资源进行实物验证

1）使用的硬件资源：开关输入信号、时钟信号、蜂鸣器声音输出。

2）使用的信号如表 8-2 所示。

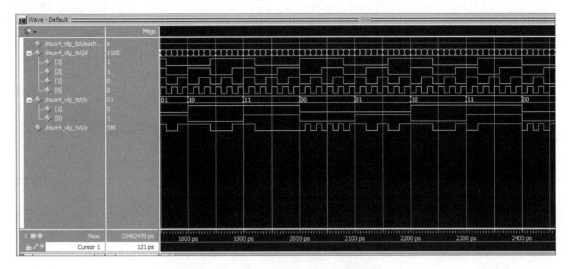

图 8-4 四选一数据选择器仿真结果

表 8-2 实验所用硬件资源表

信号名称	硬件资源	FPGA 引脚	功能
S_1	K_1	K_5	数字电平输入
S_0	K_2	K_6	数字电平输入
clk	50MHz 时钟	E_1	外置时钟源
D_0	1Hz 脉冲		clk 内置分频
D_1	5Hz 脉冲		clk 内置分频
D_2	10Hz 脉冲		clk 内置分频
D_3	20Hz 脉冲		clk 内置分频
Y	LS_1	E_5	蜂鸣器声音输出

五、实验内容与步骤

1）用 Verilog HDL 按照原理图或者真值表编写程序代码，实现四选一数据选择器功能。

2）进行程序编译，检查是否存在语法错误。

3）编写仿真代码，观测仿真波形，通过仿真结果纠正时序和功能错误。

4）开发板下载，观察实际运行结果是否正常。

5）总结实验过程中遇到哪些问题及解决方法，形成实验报告。

六、思考题

利用 UDP 方式实现四选一数据选择器时，是否可以像连续语句实现方式或顺序语句实现方式那样，将输入变量定义为多位（如 input $[1:0]$ s、input $[3:0]$ d）？

实验二 七段显示译码器

一、实验目的

1）掌握用硬件描述语言（Verilog HDL）编程实现七段译码器功能的方法。

2）进一步熟悉并掌握 Quartus II 软件的操作过程。

3）通过电路仿真，加深对七段显示译码器功能的理解。

4）提高自主设计数字系统的能力。

二、实验任务

1）用 Verilog HDL 编写七段译码器电路功能代码。

2）编写仿真代码，验证七段译码器逻辑功能。

3）完成编译、仿真、下载，利用实验系统的开关和数码管验证七段译码器功能。

三、预习要求

1）复习七段译码器的逻辑功能。

2）复习 Verilog HDL 的数据流建模、UDP、内置门、行为建模和结构建模实现方法。

3）观看 Quartus II、ModelSim 软件操作过程的在线视频，熟练掌握操作步骤。

四、实验原理

1. 七段显示译码器

七段显示译码器是采用 8421BCD 码驱动数码管显示的转换电路，输入为四位 8421BCD 码，输出为七位显示段码。七段译码器有

四个输入 D_3、D_2、D_1、D_0，代表 4 位的 8421BCD 码输入，其中 D_3 为高位，D_0 为低位；有七个输出 a、b、c、d、e、f、g，分别驱动数码管的七段引脚。

常用七段数码管及可显示的字符如图 8-5 所示。数码管分为共阳管和共阴管，所需的七位显示段码的电平状态不同。以共阴极数码管为例，为了使对应的字段点

图 8-5　七段数码管及可显示的字符

亮，需要高电平驱动。因此，配套的七段显示译码器需输出高有效电平，如表 8-3 所示。

表 8-3　七段显示译码器真值表

输入				输出							对应字符
D_3	D_2	D_1	D_0	a	b	c	d	e	f	g	
0	0	0	0	1	1	1	1	1	1	0	0
0	0	0	1	0	1	1	0	0	0	0	1
0	0	1	0	1	1	0	1	1	0	1	2
0	0	1	1	1	1	1	1	0	0	1	3
0	1	0	0	0	1	1	0	0	1	1	4
0	1	0	1	1	0	1	1	0	1	1	5
0	1	1	0	1	0	1	1	1	1	1	6
0	1	1	1	1	1	1	0	0	0	0	7
1	0	0	0	1	1	1	1	1	1	1	8
1	0	0	1	1	1	1	1	0	1	1	9

（续）

输入				输出							对应字符
D_3	D_2	D_1	D_0	a	b	c	d	e	f	g	
1	0	1	0	1	1	1	0	1	1	1	A
1	0	1	1	0	0	1	1	1	1	1	b
1	1	0	0	1	0	0	1	1	1	0	C
1	1	0	1	0	1	1	1	1	0	1	d
1	1	1	0	1	0	0	1	1	1	1	E
1	1	1	1	1	0	0	0	1	1	1	F

2. Verilog HDL 程序实现方法

用 Verilog HDL 编程实现七段显示译码功能有多种方法，下面是用行为建模方式实现的代码示例：

```
module encode7(DATA,Y);
    input[3:0] DATA; //DATA[3:0] 对应输入 DCBA,其中 DATA[3]是最高位
    output[6:0] Y;//Y[6:0]对应七段 abcdefg
    reg[6:0] Y;
/* always 语句以 DATA 作为敏感量,即当输入 DATA 中的任何一个信号有变化时,执行后续语句 */
    always @ (DATA)
      begin
      case(DATA)
      4'H0: Y = 7'B1111110;
      4'H1: Y = 7'B0110000;
      4'H2: Y = 7'B1101101;
      4'H3: Y = 7'B1111001;
      4'H4: Y = 7'B0110011;
      4'H5: Y = 7'B1011101;
      4'H6: Y = 7'B1011111;
      4'H7: Y = 7'B1110000;
      4'H8: Y = 7'B1111111;
      4'H9: Y = 7'B1111011;
      4'HA: Y = 7'B1110111;
      4'HB: Y = 7'B0011111;
      4'HC: Y = 7'B1001110;
      4'HD: Y = 7'B0111101;
      4'HF: Y = 7'B1000111;
      default: Y = 7'B0000000;        //当输入信号出现非正常状态时,控制数码管全部熄灭
      endcase
    end
endmodule
```

3. 仿真代码

七段译码显示功能仿真代码如下所示：

```
`timescale 1 ps/ 1 ps
module encode7_vlg_tst( );
//constants
//general purpose registers
reg eachvec;
//test vector input registers
reg [3:0]DATA;                     //wires
wire [6:0]   Y;
//assign statements (if any)
encode7 i1 (
//port map - connection between master ports and signals/registers
    . DATA(DATA),
    . Y(Y)
);
initial
begin
    DATA = 4'b0000;
end
always
//optional sensitivity list
//@ (event1 or event2 or .... eventn)
begin
  #20 DATA = DATA + 1;
end
endmodule
```

在七段显示译码功能仿真代码中，先将输入信号 DATA 初始化为四位的 0，即 4'b0000。然后以每 40 个时间单位为周期，循环从 0 变化到 F。仿真结果如图 8-6 所示。

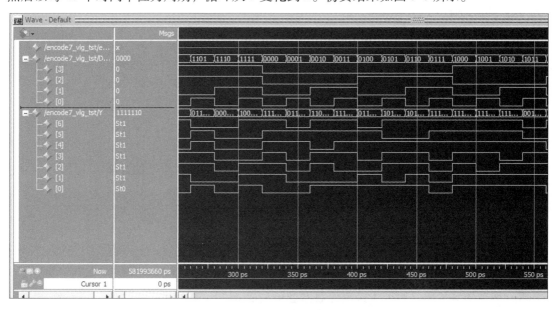

图 8-6 七段显示译码功能仿真结果

4. 使用 FPGA 硬件资源进行实物验证

1）使用的硬件资源：开关输入信号、七段数码管输出。

2）使用的信号-资源对照关系如表8-4所示。

五、实验内容与步骤

1）用 Verilog HDL 编写程序代码，实现七段显示译码器功能。

2）进行程序编译，检查是否存在语法错误。

3）编写仿真代码，观测仿真波形，通过仿真结果纠正时序和功能错误。

4）利用实验系统进行实物验证，观察实际运行结果是否准确。

5）总结实验过程中遇到哪些问题及解决方法，形成实验报告。

表 8-4 七段显示译码器实验所用硬件资源表

信号名称	硬件资源	FPGA 引脚	功能
D_3	K_1	K_5	8421BCD 码最高位输入
D_2	K_2	K_6	8421BCD 码次高位输入
D_1	K_3	L_3	8421BCD 码次低位输入
D_0	K_4	L_4	8421BCD 码最低位输入
a	数码管 DS_1 的 a 段	G_{16}	低有效输出
b	数码管 DS_1 的 b 段	J_{13}	低有效输出
c	数码管 DS_1 的 c 段	G_{15}	低有效输出
d	数码管 DS_1 的 d 段	D_{16}	低有效输出
e	数码管 DS_1 的 e 段	C_{16}	低有效输出
f	数码管 DS_1 的 f 段	F_{15}	低有效输出
g	数码管 DS_1 的 g 段	D_{15}	低有效输出

六、思考题

case 语句中的 default 起什么作用？是必需的吗？

实验三 十进制计数器

一、实验目的

1）掌握用硬件描述语言（Verilog HDL）编程实现十进制计数器的方法。

2）通过电路仿真，加深对十进制计数器功能的理解。

3）初步掌握模块调用的方法。

二、实验任务

1）用 Verilog HDL 编写实现十进制计数器功能的代码。

2）编写仿真代码，验证十进制计数器逻辑功能。

3）完成编译、仿真、下载，利用实验系统的开关和数码管验证十进制计数器功能。

三、预习要求

1）复习十进制计数器的逻辑功能。

2）复习 Verilog HDL 的数据流建模、UDP、内置门、行为建模和结构建模实现方法。

3）观看 Quartus II、ModelSim 软件操作过程的在线视频，熟练掌握操作步骤。

四、实验原理

1. 计数器

计数器就是用来计录输入脉冲的个数的电路。十进制计数器每计满十个脉冲，计数结果都会回到初始值，并输出进位信号。计数器的输出为四位二进制数 $Q_3Q_2Q_1Q_0$，其中 Q_3 表示最高位，进位信号用 z 表示。十进制计数器的状态转换图如图 8-7 所示，信号图如图 8-8 所示。

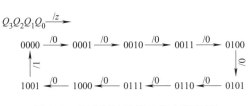

图 8-7　十进制计数器的状态转换图

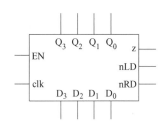

图 8-8　十进制计数器信号图

图 8-8 中，clk 为计数脉冲输入，$Q_3Q_2Q_1Q_0$ 是计数器的计数输出，z 是进位输出。EN 是高有效使能信号，即在高电平时计数器可正常工作，反之不能工作。nLD 是低有效同步置数信号，$D_3D_2D_1D_0$ 是置入数据，即当 nLD 输入低电平时，$D_3D_2D_1D_0$ 的状态对应送给 $Q_3Q_2Q_1Q_0$。nRD 是低有效复位信号，当其为低电平时，输出 $Q_3Q_2Q_1Q_0$ 全部清零。十进制计数器状态转换真值表如表 8-5 所示。

本实验为中规模集成电路 74LS160 建立功能模块，包括功能描述和元件符号，以备其他数字系统调用。类似的还可以为其他 74/54 系列、4000 系列和 4500 系列等中规模集成电路建立符号库。

表 8-5　十进制计数器状态转换真值表

输入				输出				
clk	EN	nRD	nLD	Q_3	Q_2	Q_1	Q_0	z
⌐	0	?	?	–	–	–	–	–
⌐	1	0	?	0	0	0	0	0
⌐	1	1	0	D_3	D_2	D_1	D_0	0/1
⌐	1	1	1	0	0	0	0	0
⌐	1	1	1	0	0	0	1	0
⌐	1	1	1	0	0	1	0	0
⌐	1	1	1	0	0	1	1	0
⌐	1	1	1	0	1	0	0	0
⌐	1	1	1	0	1	0	1	0

（续）

输入				输出				
clk	EN	nRD	nLD	Q_3	Q_2	Q_1	Q_0	z
⌐	1	1	1	0	1	1	0	0
⌐	1	1	1	0	1	1	1	0
⌐	1	1	1	1	0	0	0	0
⌐	1	1	1	1	0	0	1	1
⌐	1	1	1	0	0	0	0	0
⌐	?	?	?	–	–	–	–	–
0/1	?	?	?	–	–	–	–	–

表 8-5 中 "⌐" 表示上升沿（正边沿），"⌐" 表示下降沿（负边沿），"0/1" 表示低电平或高电平，"?" 表示任意（0 或者 1），"–" 表示没有变化。

2. Verilog HDL 程序实现方法

用 Verilog HDL 实现十进制计数器功能有多种方法。下面是用行为建模方式实现的代码示例：

```
module count10(EN,clk,nRD,nLD,D,Q,z);
inputEN,clk,nRD,nLD;
input[3:0] D;
output[3:0] Q;
output z;
reg[3:0] Q;
reg z;
always@(posedge clk or negedge nRD)

begin
    if(nRD ==0)
        begin
            Q = 4'H00;
            z = 0;
        end
    else    if(nLD ==0)
        begin
            Q = D;
            if(D ==9)
              z = 1;
            else
              z = 0;
        end
    else    if(EN ==1)
        begin
            if(Q <9)
                Q = Q +1;
```

```
                else
                    Q = 4 'H0;
                if( Q == 9)
                    z = 1;
                else
                    z = 0;
            end
    end
endmodule
```

3. 仿真代码

十进制计数器功能仿真代码如下所示。在仿真文件中要充分考虑到各个控制信号功能验证。

```
`timescale 1 ps/ 1 ps
module count10_vlg_tst( );
//constants
//general purpose registers
reg eachvec;
//test vector input registers
reg [3:0] D;
reg EN;
reg clk;
reg nLD;
reg nRD;
//wires
wire [3:0]  Q;
wire z;
//assign statements (if any)
count10 i1 (//port map - connection between master ports and signals/registers
. D(D),
. EN(EN),
. Q(Q),
. clk(clk),
. nLD(nLD),
. nRD(nRD),
. z(z));
initial
begin
clk = 0;
D = 4 'B0000;
EN = 1;
nLD = 1;
nRD = 1;
#10 EN = 0;
#10 EN = 1;   nLD = 0;
```

```
#10 nLD = 1 ;
    nRD = 0 ;
#10 nRD = 1 ;
end
always    //optional sensitivity list
//@ ( event1 or event2 or . . . . eventn )
begin
#20 clk = ~ clk ;
end
always    //optional sensitivity list
//@ ( event1 or event2 or . . . . eventn )
begin
#400 D = D + 1 ;
end
endmodule
```

十进制计数器功能仿真波形图如图 8-9 所示。

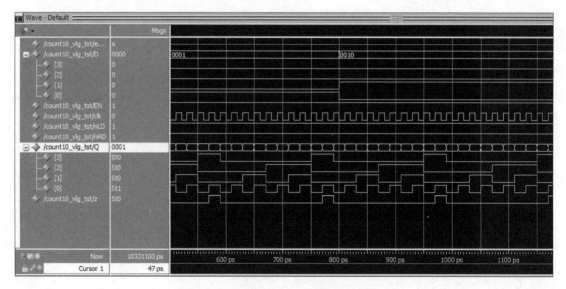

图 8-9　十进制计数器功能仿真波形图

4. 使用 FPGA 硬件资源进行实物验证

1）使用的硬件资源：开关输入、时钟信号、蜂鸣器输出、数码管输出。

2）使用的信号如表 8-6 所示。

表 8-6　十进制计数器实验硬件资源表

信号名称	硬件资源	FPGA 引脚	功能
EN	K_1	K_5	数字电平输入
nRD	K_2	K_6	数字电平输入
clk	1Hz 脉冲		clk 内置分频
nLD	K_3	L_3	数字电平输入

（续）

信号名称	硬件资源	FPGA 引脚	功能
D_3	K_4	L_4	数字电平输入
D_2	K_5	L_6	数字电平输入
D_1	K_6	N_3	数字电平输入
D_0	K_7	L_7	数字电平输入
z	LS_1	E_5	蜂鸣器声音输出
Q_3	七段显示译码器		
Q_2	七段显示译码器		
Q_1	七段显示译码器		
Q_0	七段显示译码器		

五、实验内容与步骤

1）用 Verilog HDL 编写十进制计数器程序代码。

2）进行程序编译，检查是否存在语法错误。

3）编写仿真代码，对计数器的复位、预置、计数和保持等功能进行验证，观测仿真波形，通过仿真结果纠正时序和功能错误。

4）利用实验系统验证十进制计数器各种功能是否全部实现。

5）总结实验过程中遇到哪些问题及解决方法，形成实验报告。

六、思考题

1）程序代码所描述十进制计数器，EN、nRD 和 nLD 属于异步信号还是同步信号？为什么？

2）计数器输出信号 Q 和 z 为何要声明为 reg 类型？不做声明是否可以？如何实现默认类型为 reg 类型？

实验四 彩灯控制器

一、实验目的

1）掌握彩灯控制器的工作原理。

2）掌握使用硬件描述语言（Verilog HDL）编程实现彩灯控制器功能的方法。

3）提高自主设计数字系统的能力。

二、实验任务

1）采用 Verilog HDL 编写彩灯控制器代码。

2）编写仿真代码，验证彩灯控制器逻辑功能。

3）完成编译、仿真、下载，利用实验系统的开关和发光管验证彩灯控制器功能。

三、预习要求

1）复习彩灯控制器的逻辑功能。

2）复习 Verilog HDL 的 if、case 语句的使用方法。

四、实验原理

1. 彩灯控制器

彩灯控制器能够控制若干彩色指示灯按照一定规律发生亮灭的变化。本实验控制 8 个彩灯，分别记为 $Q_0 \sim Q_7$。要求八个彩灯按照从 Q_0 到 Q_7 依次点亮，然后再依次熄灭，并往复不停。彩灯亮灭的速度由外接时钟信号频率决定。在时钟信号作用下，彩灯状态转换真值表如表 8-7 所示，其中 0 代表对应的灯熄灭，1 代表对应的灯点亮。

表 8-7　彩灯状态转换真值表

clk	Q_0	Q_1	Q_2	Q_3	Q_4	Q_5	Q_6	Q_7
⌐	0	0	0	0	0	0	0	0
⌐	1	0	0	0	0	0	0	0
⌐	1	1	0	0	0	0	0	0
⌐	1	1	1	0	0	0	0	0
⌐	1	1	1	1	0	0	0	0
⌐	1	1	1	1	1	0	0	0
⌐	1	1	1	1	1	1	0	0
⌐	1	1	1	1	1	1	1	0
⌐	1	1	1	1	1	1	1	1
⌐	0	1	1	1	1	1	1	1
⌐	0	0	1	1	1	1	1	1
⌐	0	0	0	1	1	1	1	1
⌐	0	0	0	0	1	1	1	1
⌐	0	0	0	0	0	1	1	1
⌐	0	0	0	0	0	0	1	1
⌐	0	0	0	0	0	0	0	1
⌐	0	0	0	0	0	0	0	0

2. Verilog HDL 程序实现方法

（1）利用 if 语句的实现方式

```
module LedCon8_if( clk, Q);                     begin
input clk;                                          Q = 8'B10000000;
output[0:7] Q;                                   end
reg[0:7] Q;                                      else
always                                           begin
    @ ( posedge clk)                                 if( Q == 8'B10000000)
begin                                                begin
    if( Q == 8'B00000000)                                Q = 8'B11000000;
```

```
    end
    else
    begin
        if( Q == 8 'B11000000 )
        begin
            Q = 8 'B11100000;
        end
        else
        begin
            if( Q == 8 'B11100000 )
            begin
                Q = 8 'B11110000;
            end
            else
            begin
                if( Q == 8 'B11110000 )
                begin
                    Q = 8 'B11111000;
                end
                else
                begin
                    if( Q == 8 'B11111000 )
                    begin
                        Q = 8 'B11111100;
                    end
                    else
                    begin
                        if( Q == 8 'B11111100 )
                        begin
                            Q = 8 'B11111110;
                        end
                        else
                        begin
                            if( Q == 8 'B11111110 )
                            begin
                                Q = 8 'B11111111;
                            end
                            else
                            begin
                                if( Q == 8 'B11111111 )
                                begin
                                    Q = 8 'B01111111;
                                end
                                else
                                begin
                                    if( Q == 8 'B01111111 )
                                    begin
                                        Q = 8 'B00111111;
                                    end
                                    else
                                    begin
                                        if( Q == 8 'B00111111 )
                                        begin
                                            Q = 8 'B00011111;
                                        end
                                        else
                                        begin
                                            if( Q == 8 'B00011111 )
                                            begin
                                                Q = 8 'B00001111;
                                            end
                                            else
                                            begin
                                                if( Q == 8 'B00001111 )
                                                begin
                                                    Q = 8 'B00000111;
                                                end
                                                else
                                                begin
                                                    if( Q == 8 'B00000111 )
                                                    begin
                                                        Q = 'B00000011;
                                                    end
                                                    else
                                                    begin
                                                        if( Q == 8 'B00000011 )
                                                        begin
                                                            Q = 'B00000001;
                                                        end
                                                        else
                                                        begin
                                                            Q = 'B10000000;
                                                        end
                                                    end
                                                end
                                            end
                                        end
                                    end
                                end
                            end
                        end
                    end
                end
            end
        end
    end
```

```
            end                                    end
          end                                    end
        end                                    end
      end                                    end
    end                                  endmodule
  end
end
```

（2）利用 case 语句的实现方式

```
module LedCon8(clk, Q);
input clk;
output[0:7] Q;
reg[0:7] Q;
always
    @(posedge clk)
    begin
    case(Q)
    8'B00000000: Q = 8'B10000000;
    8'B10000000: Q = 8'B11000000;
    8'B11000000: Q = 8'B11100000;
    8'B11100000: Q = 8'B11110000;
    8'B11110000: Q = 8'B11111000;
    8'B11111000: Q = 8'B11111100;
    8'B11111100: Q = 8'B11111110;
    8'B11111110: Q = 8'B11111111;
    8'B11111111: Q = 8'B01111111;
    8'B01111111: Q = 8'B00111111;
    8'B00111111: Q = 8'B00011111;
    8'B00011111: Q = 8'B00001111;
    8'B00001111: Q = 8'B00000111;
    8'B00000111: Q = 8'B00000011;
    8'B00000011: Q = 8'B00000001;
    8'B00000001: Q = 8'B10000000;
    endcase
end
endmodule
```

上述两种方式都能实现所预定的彩灯控制功能，实现原理基本一致，书写的工作量差别较大。同时要注意书写程序代码时的规范性，如缩进，可以大大增加代码的可读性，便于分析和调试。

（3）利用计数器设计实现彩灯控制功能

利用计数器功能也可设计实现彩灯控制器。彩灯控制器总共有 16 种不同的显示方式。首先设计一个十六进制计数器，用于区分彩灯控制器 16 种不同的显示状态。计数器有四个输出信号：Q_3、Q_2、Q_1、Q_0，输入包含使能控制信号 EN、时钟信号 clk。对应的十六进制计数器状态转换真值表如表 8-8 所示。

十六进制计数器功能程序如下所示：

```
module counter_16(EN, CLK, Q);
input EN, CLK
output[3:0] Q;
reg [3:0] Q;
always
    @(posedge CLK)
    begin
        if(EN == 1)
        begin
            if(Q < 4'D15)
            begin
                Q = Q + 1;
            end
            else
            begin
                Q = 4'H0;
            end
        end
        else
        begin
            Q = 4'H0;
        end
    end
```

表 8-8　十六进制计数器状态转换真值表

clk	EN	Q_3	Q_2	Q_1	Q_0
↑	0	0	0	0	0
↑	1	0	0	0	1
↑	1	0	0	1	0
↑	1	0	0	1	1
↑	1	0	1	0	0
↑	1	0	1	0	1
↑	1	0	1	1	0
↑	1	0	1	1	1
↑	1	1	0	0	0
↑	1	1	0	0	1
↑	1	1	0	1	0
↑	1	1	0	1	1
↑	1	1	1	0	0
↑	1	1	1	0	1
↑	1	1	1	1	0
↑	1	1	1	1	1
↑	1	0	0	0	0

在完成十六进制计数器功能设计后，通过调用该计数器实现对彩灯十六路输出的控制。case 语句参考代码如下所示：

```
module module LedCon8(en, clk, Q);
input clk,en;
output[0:7] Q;
reg[0:7] Q;
wire [3:0] fq;
counter_16 U1(en, clk, fq);
always@(fq)
begin
    case(fq)
    4'H0: Q = 8'B10000000;
    4'H1: Q = 8'B11000000;
    4'H2: Q = 8'B11100000;
    4'H3: Q = 8'B11110000;
    4'H4: Q = 8'B11111000;
    4'H5: Q = 8'B11111100;
    4'H6: Q = 8'B11111110;
    4'H7: Q = 8'B11111111;
```

```
4'H8：Q = 8'B01111111；
4'H9：Q = 8'B00111111；
4'HA：Q = 8'B00011111；
4'HB：Q = 8'B00001111；
4'HC：Q = 8'B00000111；
4'HD：Q = 8'B00000011；
4'HE：Q = 8'B00000001；
4'HF：Q = 8'B10000000；
default ：Q = 8'B00000000；
endcase
end
endmodule
```

3. 仿真代码

彩灯控制器仿真代码如下所示：

```
`timescale 1 ps/ 1 ps
module LedCon8_vlg_tst( )；
//constants
//general purpose registers
reg eachvec；
//test vector input registers
reg clk；
//wires
wire [0:7]   Q；
//assign statements (if any)
LedCon8 i1 (
//port map - connection between master ports and signals/registers
. Q(Q)，
. clk(clk)
)；
initial
begin
clk = 0；
end
always
//optional sensitivity list
//@ (event1 or event2 or .... eventn)
begin
#10 clk = ~ clk；
end
endmodule
```

彩灯控制器仿真波形如图 8-10 所示。

4. 使用 FPGA 硬件资源进行实物验证

1）使用的硬件资源：时钟信号、彩色指示灯输出。

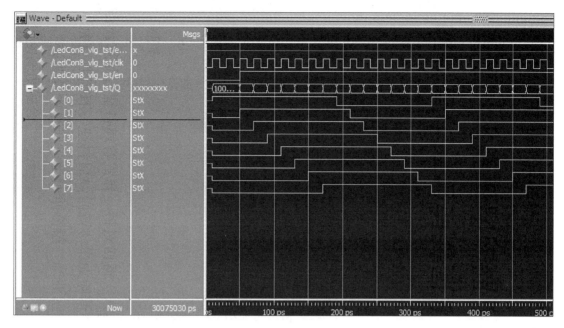

图 8-10　彩灯控制器仿真波形

2）使用的信号如表 8-9 所示。

表 8-9　彩灯控制器实验硬件资源表

信号名称	硬件资源	FPGA 引脚	功能
clk	10Hz 脉冲		clk 内置分频
Q_0	彩色指示灯	T_3	
Q_1	彩色指示灯	R_1	
Q_2	彩色指示灯	N_2	
Q_3	彩色指示灯	L_1	
Q_4	彩色指示灯	R_4	
Q_5	彩色指示灯	P_3	
Q_6	彩色指示灯	N_6	
Q_7	彩色指示灯	N_8	

五、实验内容与步骤

1）用 Verilog HDL 编写程序，实现彩灯控制器功能。

2）进行程序编译，检查是否存在语法错误。

3）设计仿真代码，对彩灯控制器功能进行验证，观测仿真波形，通过仿真结果纠正时序和功能错误。

4）利用实验系统进行实物验证，改变外接时钟信号频率，观察彩灯运行情况。

5）总结实验过程中遇到哪些问题及解决方法，形成实验报告。

六、思考题

1）调用模块 counter_16 时，对应的临时变量 fq 为何要声明为 wire 四位？如果不声明是否可以？

2）在根据计数器结果 fq 决定彩灯控制器输出状态的 always 语句中，为何没有使用@（posedge clk）作为敏感量？

3）彩灯的变化频率或速度取决于什么？如果要改变彩灯的变化规律应如何进行修改？

实验五　BCD 码全加器

一、实验目的

1）初步掌握"TOP-DOWN"自顶向下的层次化、模块化设计方法。

2）熟练掌握使用原理图和硬件描述语言（Verilog HDL）混合输入法设计组合电路。

二、实验任务

1）基本要求：采用结构建模的方式设计 BCD 码全加器，并通过仿真验证设计正确性。

2）提高要求：当两数相加大于 19 时，输出将显示 00，且会闪动，同时扬声器发出报警信号。

3）完成编译、仿真、下载，利用实验系统的开关、数码管、蜂鸣器验证电路功能。

三、实验原理

BCD 码是用四位二进制码表示十进制数的代码。BCD 码与四位二进制码关系如表 8-10 所示。从表 8-10 可以看到，0~9 时，BCD 码与四位二进制码相同，从 10 以后，BCD 码等于四位二进制码加上"0110"，这就是它们之间的转换关系。

表 8-10　BCD 码与四位二进制代码关系

十进制数	BCD 码	四位二进制码	十六进制数
0	00000	00000	0
1	00001	00001	1
2	00010	00010	2
3	00011	00011	3
4	00100	00100	4
5	00101	00101	5
6	00110	00110	6
7	00111	00111	7
8	01000	01000	8
9	01001	01001	9
10	10000	01010	A
11	10001	01011	B
12	10010	01100	C
13	10011	01101	D
14	10100	01110	E

（续）

十进制数	BCD 码	四位二进制码	十六进制数
15	10101	01111	F
16	10110	10000	10
17	10111	10001	11
18	11000	10010	12
19	11001	10011	13
20	00000	10100	14

将两个 BCD 码相加时，是按照二进制的逢 2 进 1 的规律进行加法运算，得到的和是一个二进制数，而非 BCD 码。为了使输出仍为 BCD 码，就必须对电路运算结果进行修正，即当结果大于 9 时，通过加 "6" 进行校正。因此可以设计四位二进制加法器作为底层模块，通过调用两次该模块就会实现十进制加法规律的 BCD 码全加器。设计图如图 8-11 所示。

图 8-11　BCD 码全加器参考设计图

四、实验内容与步骤

1）按照自顶向下的设计方法，画出各层的功能模块图，注明输入信号、输出信号和模块内部连接关系。

2）合理选择各个功能模块的描述方式。

3）编写仿真程序，对各个功能模块及总体功能进行仿真。

4）根据实验内容所需，选定本实验所用的实验系统资源。

5）进行实物验证，利用开关和数码管检验电路是否实现 BCD 码全加器的功能。

6）总结实验过程中遇到哪些问题及解决方法，形成实验报告。

实验六　扫描数码显示电路

一、实验目的

1）掌握 6 位扫描数码显示电路工作原理。

2）熟练掌握 "TOP-DOWN" 自顶向下的设计方法，学习功能集成的设计方法。

二、实验任务

1）设计 6 位扫描数码显示电路，并通过仿真验证设计正确性。

2）完成编译、仿真、下载，利用实验系统的开关、数码管验证电路功能。

三、设计参考

数字电路输出的二进制代码通过 BCD 七段译码电路转换为 7 位显示段码后,驱动数码管显示数值。数码管显示驱动有两种方式:并行显示和扫描显示。这两种方式的资源利用率有所不同。

并行显示:控制 6 位数码管同时显示的电路。该电路需要分别对 6 组 BCD 码数据进行译码,同时驱动 6 个数码管的 7 个显示段。该电路共需要 7×6 个 I/O 引脚,另外还需 6 个 BCD 七段译码器。这种方法需要的资源多。

扫描显示:每次只驱动一位数码管显示的电路,6 个数码管扫描轮流显示。如果扫描的速度足够快,由于人眼存在视觉暂留现象,就如同 6 个数码管同时显示。这种方法需要的资源少。

6 位扫描数码显示电路可采用模块化设计方法,将整个系统划分为四大模块:六进制计数器电路、3 线-8 线译码器电路、BCD 七段译码器和 6 选 1 多路数据开关。扫描数码显示电路参考图如图 8-12 所示。

6 位扫描数码显示器共有 6 组 BCD 码输入线、7 根七段译码输出线和 6 根位选通线。开始工作时,利用 24 选 4 电路先从 6 组 BCD 码数据选出一组,通过 BCD 码七段译码器译码后输出 7 位段码,位选通电路开启第一个数码管显示数值,其他数码管不显示;然后再选出第二组 BCD 码数据进行七段译码,位选通电路开启第二个数码管显示数值;以此类推,6 个数码管轮流依次显示。BCD 码数据选择的顺序和频率由六进制计数器控制,位选通电路由 3 线-8 线译码器实现。

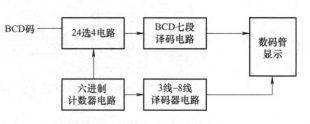

图 8-12　扫描数码显示电路参考图

四、实验内容与步骤

1) 应用层次化的设计方法,顶层设计采用原理图,低层用语言或宏模块进行功能描述。

2) 编写仿真程序,验证设计正确性。

3) 根据实验内容所需,选定本实验所用的实验系统资源。

4) 进行实物验证,检验电路是否实现 6 位动态扫描显示的功能。

5) 总结实验过程中遇到哪些问题及解决方法,形成实验报告。

实验七　数显频率计

一、实验目的

1) 掌握频率计的工作原理。

2) 掌握数字系统设计的一般步骤和方法。

二、实验任务

设计任务：设计一个 3 位的频率计，要求如下：

1）测量范围为 0 ~ 1MHz，量程分 10kHz、100kHz 和 1MHz 共 3 挡（最大读数分别为 9.99kHz、99.9kHz 和 999kHz）。

2）量程自动转换，规则如下：

① 当读数大于 999 时，频率计处于超量程状态，此时显示器发出溢出指示（最高位显示 F，其余各位不显示数字），下一次测量时，量程自动增大一挡。

② 当读数小于 0.99 时，频率计处于欠量程自动减小一挡。

3）显示方式如下：

① 计数过程中不显示数据，待计数结束以后，显示计数结果，并将此显示结果保持到下一次计数结束，显示时间不小于 1s。

② 小数点位置随量程变更自动移位。

三、设计参考

频率计测量的基本原理是：利用计数器在单位时间内记录被测信号的脉冲数即为被测信号的频率。单位时间由闸门电路控制，当被测信号频率较大可以缩短闸门时间，将测得的脉冲数扩大相应的倍数即可实现频率的快速测量，反之同理。设计图如图 8-13 所示。

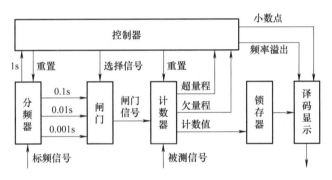

图 8-13　频率计设计图

1. 分频器

本实验要求实现 1MHz 以下的 3 位输出频率测量，量程分为 10kHz、100kHz 和 1MHz 共 3 挡，故电路需要 0.1s、0.01s 和 0.001s 三挡闸门信号。可以利用分频器产生三种时基信号作为闸门信号使用。另外，系统要不断地检测信号的变化情况，每隔一定时间重新测量当前的频率。根据设计要求，频率显示时间不能少于 1s，这个 1s 的间隔信号也从分频器中获得。

2. 闸门

闸门主要功能：根据控制器发出的选择信号来选择来自分频器的时基信号作为闸门信号输出，以便控制计数器的工作。因此，闸门可用数据选择器实现。

3. 计数器

闸门信号作为计数器使能信号，在信号有效期间，计数器对被测信号计数，计数结果即为被测信号的频率与闸门信号时间的相对值，即测量结果。然后测量结果被送入锁存器。计数器的测量计数范围为 0 ~ 999。计数期间，若测量结果溢出，说明以当前闸门时间测频超量程，计数器发出一溢出信号送往控制器。若测量结果小于 0.99，则说明以当前闸门时间测频欠量程，计数器发出一欠量程信号送往控制器。

4. 控制器

控制器会给分频器电路、闸门电路、计数器电路、显示电路发出控制信号，同时也会接收计数器电路的反馈信号，以便调整电路进行不同挡位的转换。

控制器在收到计数器发出的超量程信号后，会先判断当前选择的闸门时间，若当前闸门时间为 0.1s，则控制器将提高量程一个挡位，即选择闸门时间减少一挡，且小数点向右移一位，若测量结果不超量程则挡位确定；若仍超量程，则闸门时间还应再减一挡，同时控制小数点再向右移一位，继续测量；若闸门信号已经在 0.001s 的挡位上，测量结果仍超量程，则控制器输出超量程信号送入显示电路，数码管将只在最高位显示 F，其余数码管不显示。

同样，控制器收到计数器的欠量程信号后，控制器将降低量程一个挡位，使得输出的闸门时间加长，同时控制小数点往左移一位，若测量结果在最低量程仍欠量程，则显示实际测量结果，此时误差最大。

四、实验内容与步骤

1）画出频率计的设计图，按照自顶向下的设计方法对频率计的功能进行分割。
2）画出各层的功能模块图，注明输入信号、输出信号和模块内部连接关系。
3）合理选择各个功能模块的描述方式。
4）编写仿真程序，对各个功能模块及总体功能进行仿真。
5）根据实验内容所需，选定本实验所用的实验系统资源。
6）进行实物验证，检验电路是否实现频率计的功能。
7）总结实验过程中遇到哪些问题及解决方法，形成实验报告。

实验八　数字抢答器

一、实验目的

1）掌握抢答器的工作原理。
2）掌握数字系统设计的一般步骤和方法。

二、实验任务

设计任务：设计一个八路数字抢答器。
要求如下：
共有八个参赛小组，每个参赛小组设置一个抢答按钮。在主持人将系统复位并发出抢答指令后，若参赛组按抢答开关，则声光提示有人抢答，并显示抢答的组别号码，同时锁定电路，其他组无法再抢答。抢答器还具有犯规报警功能，对提前抢答或超时抢答进行报警提示。

三、设计参考

本设计的关键是准确地判断出第一抢答者并将其锁存。在得到第一信号后应立即进行电路封锁，即使其他组抢答也无效。这里可以使用八 D 型锁存器和 JK 触发器实现。同时还应注意，第一抢答信号应在主持人发出抢答命令后才有效，否则视为犯规。

当抢答器形成第一抢答信号后，利用编码、译码及数码显示电路显示抢答者的组别。绿灯显示抢答有效，红灯显示犯规，同时用声音告知有人抢答。设计原理图如图 8-14 所示。

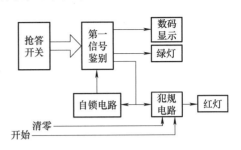

图 8-14　抢答器设计原理图

四、实验内容与步骤

1）画出抢答器的设计图，按照自顶向下的设计方法对抢答器的功能进行分割。

2）画出各层的功能模块图，注明输入信号、输出信号和模块内部连接关系。

3）合理选择各个功能模块的描述方式。

4）编写仿真程序，对各个功能模块及总体功能进行仿真。

5）根据实验内容所需，选定本实验所用的实验系统资源。

6）进行实物验证，检验电路是否实现抢答器的功能。

7）总结实验过程中遇到哪些问题及解决方法，形成实验报告。

实验九　直接数字频率合成器

一、实验目的

1）掌握数字频率合成器的工作原理。

2）学习 Quartus II 软件中 ROM 的使用方法。

二、实验任务

设计任务：设计一个数字频率合成器。

要求如下：

1）输出信号的频率是可预置的正弦波。

2）数码管显示输出信号频率。

三、设计参考

直接数字频率合成器（Direct Digital Synthesizer，DDS）是从相位概念出发直接合成所需波形的一种频率合成技术。DDS 具有较高的频率分辨率，可以实现快速的频率切换，并且在改变时能够保持相位的连续，很容易实现频率、相位和幅度的数控调解。

直接数字频率合成器由频率预置与调解电路、相位累加器、波形存储器（ROM）、D/A 转换器和低通滤波器构成，原理图如图 8-15 所示。图中 K 为频率控制字、f_c 为时钟频率、N 为相位累加器的字长、D 为波形存储在 ROM 中的数据位及 D/A 转换器的字长。其中，虚线框内的各个功能模块均由 FPGA 器件实现。各功能模块设计原理如下。

1. 频率预置与调节电路

常量 K 被称为相位增量，也叫频率控制字。DDS 的输出频率表达式为 $f_o = (K/2^N)f_c$，

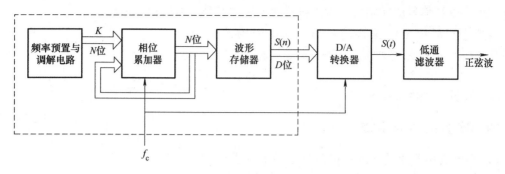

图 8-15 直接数字频率合成器的原理图

当 $K=1$ 时,输出的频率最低,为 $f_c/2^N$,即为频率的分辨率。而 DDS 的最高输出频率由采样定理决定,即 $f_c/2$,也就是 K 的最大值为 2^{N-1}。因此,只要 N 足够大,输出信号可以得到很高的分辨率,这是传统设计方法难以实现的。要改变 DDS 输出信号的频率,只需改变频率控制字 K 即可,实验时可直接用外部的开关量输入。DDS 是一个全数字结构的开环系统,无反馈环节,因此其速度极快。

2. 相位累加器

相位累加器在时钟 f_c 的控制下,以频率控制字 K 为步长进行累加运算,产生所需要的频率控制数据。相位寄存器在时钟控制下,把累加的结果作为波形存储器(ROM)的地址,实现对波形存储器(ROM)进行寻址,同时把累加运算的结果反馈给相位累加器,以便进行下一次的累加运算。相位累加器的原理图如图 8-16 所示

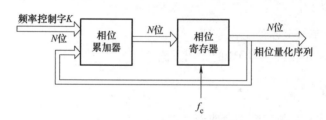

图 8-16 相位累加器原理图

当相位累加器累加满量程时就会产生一个溢出,完成一个周期的动作,这个周期也就是 DDS 信号的一个频率周期。

3. 波形存储器

相位累加器输出的数据作为波形储存器的地址,进行波形的相位到幅值的转换,即在给定的时间确定输出波形的幅值。N 位的寻址 ROM 相当于把周期 2π 的正弦信号离散成具有 2^N 个样值的序列,若存储在 ROM 中的波形数据是 D 位,则 2^N 个样值的幅值是以 D 位的二进制数固化在 ROM 中,按地址的不同输出相应相位的正弦信号的幅值。相位-幅值变换的原理图如图 8-17 所示。

图 8-17 相位-幅值变换原理图

目前的 PLD 器件内部结构中均包含多种 ROM/RAM，在 Quartus II 软件中，存在于宏库中。在原理图编辑器中，调用 LPM_ROM 即可使用。软件中，可以进行存储数据的深度（数据的个数）和数据的宽度（数据的位数）等参数设置。

四、实验内容与步骤

1）对直接数字频率合成器采用自顶向下的模块化设计方法，要求设计层次清晰、合理，构成整个设计的功能模块既可采用原理图设计，也可采用硬件描述语言实现。

2）说明顶层电路图及各底层模块的工作原理，并给出相应的仿真波形。

3）根据实验内容所需，选定本实验所用的实验系统资源。

4）将仿真通过后的逻辑电路下载到相应的实验系统，对其功能进行验证。

5）总结实验中遇到的问题及解决相应问题的方法。

第九章

FPGA综合实验

实验一　多功能数字钟

一、设计任务与要求

设计任务：设计一个多功能数字钟。

设计要求：

1）数字钟上最大计时能显示 23 时 59 分 59 秒。

2）具有复位功能，可使时、分、秒复位回零。

3）具有停止时，保持其原有显示的功能。

4）能进行快速的校时、校分，使其调整到标准时间。

5）具有整点报时功能，即每小时整点到来前的 59 分 51 秒、59 分 53 秒、59 分 55 秒、59 分 57 秒时以频率 500Hz 使蜂鸣器响，59 分 59 秒时鸣叫频率为 1kHz。

6）其他扩展功能。

二、设计指导

以 PLD 器件为基础的现代数字系统设计，通常采用"自顶向下"的设计思想，将复杂的系统功能进行细分，划分成多个功能较弱且相对独立的子系统。如果划分的子系统功能依然比较复杂，还可以继续进行细分，本章的综合实例均采用这种设计思想。

1. 功能原理

多功能数字钟由时钟产生模块、计时模块、译码显示模块、整点报时模块、校时校分模块及系统复位模块等部分组成。整体设计方案如图 9-1 所示。

（1）时钟产生模块

时钟产生模块为计时电路提供计数脉冲、为整点报时所需的音频提供输入脉冲。一般的 EDA 实验系统均提供一定频率的时钟源，再通过设计分频电路得到所需频率的脉冲。比如，输入为 1kHz 的时钟频率，经二分频后得到 500Hz 的频率，以满足整点报时所需的时钟频率，为了需要还可以再进一步分频。

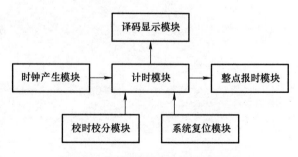

图 9-1　多功能数字钟整体设计方案

（2）计时模块

计时模块是多功能数字钟的核心部分，是由时、分、秒计数器模块构成。秒和分的计数器为六十进制，时的计数器为二十四进制，这两种进制的计数器均可采用十进制计数器模块构成。

计时模块的设计方法有多种。可以采用原理图方式，直接从元器件库中调用类似74HC160的十进制计数器模块符号，进而组成六十进制和二十四进制计数器。也可以直接采用 Verilog HDL 编程，设计六十进制和二十四进制计数器。还可以先采用 Verilog HDL 编程，设计十进制计数器，生成可调用的符号，利用该十进制计数器的符号组成六十进制和二十四进制计数器。

设计时要充分考虑时、分、秒三个计数模块之间的关系，当时钟运行到 23 时 59 分 59 秒时，在下一秒脉冲作用下，数字钟显示"00：00：00"。

（3）译码显示模块

显示分为静态显示和动态显示两种方式。由于静态显示要占用较多的硬件逻辑资源，一般情况下均采用动态显示。

动态显示设计原理是基于人眼视觉暂留特性，视觉暂留频率约为 24Hz，比如交流电的频率约为 50Hz，但是人的视觉并没有感觉到灯在闪烁。动态显示时，轮流控制各显示数码管，使它们依次显示，只要扫描信号的频率大于人眼的视觉暂留频率，人眼是不易察觉的。本实验是显示时、分、秒的个位和十位，有 6 位显示，则扫描频率应大于 6 × 24Hz。图 9-2 所示为 6 位动态显示设计方案。

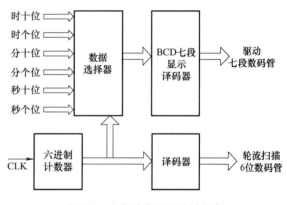

图 9-2　6 位动态显示设计方案

（4）整点报时模块

数字钟的报时功能由两部分组成，一部分用来选择报时的时间，另一部分用来选择报时的频率。根据设计要求，数字钟在 59 分 51 秒、59 分 53 秒、59 分 55 秒、59 分 57 秒时以频率 500Hz 使蜂鸣器响，59 分 59 秒时鸣叫频率为 1kHz。报时所需的频率信号，可由 1kHz 的信号源提供，然后利用一个二分频电路得到 500Hz 的信号。

（5）校时校分模块

校分模块：分计数器的计数脉冲有两个不同的来源，一个是秒的进位信号，还有一个是快速校分信号。快速校分信号可以是 1Hz 或 2Hz 的脉冲信号，根据校分开关的不同状态决定送入分计数器的脉冲来源，以完成正常工作或快速校分功能。校分模块设计方案如图 9-3 所示。

多功能数字钟的校时模块设计原理与校分模块的设计原理相同。选择控制信号就是利用一个机械开关，其在接通或断开时，通常会有抖动，若不采取措施，会使逻辑电路产生误动作。为了消除这种误动作，一般需要设计一个消抖电路，可利用 RS 锁存器完成，如图 9-4 所示。消抖电路波形如图 9-5 所示。

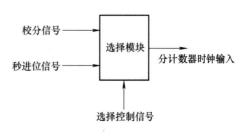

图 9-3　校分模块设计方案

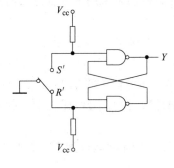

图 9-4 消抖电路

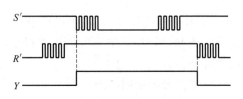

图 9-5 消抖电路波形

2. Verilog HDL 程序实现方法

按照"自顶向下"的层次化和模块化的实现方式，首先实现十进制计数器，然后通过调用十进制计数器模块分别实现六十进制和二十四进制计数器。

（1）十进制计数器

十进制计数器除实现基本的计数功能外，还应具备清零、置数和使能等功能。其模块如图 9-6 所示。

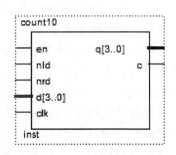

图 9-6 十进制计数器的模块

十进制计数器的 Verilog HDL 程序如下所示，代码中的清零和置数功能都是同步的。

```
module count10(en,nld,nrd,d,clk,q,c);  //十进制计数器 Verilog HDL 描述
input en,nld,nrd,clk;
input[3:0]d;
output c;
output[3:0]q;
reg c;
reg[3:0]q;
always
    @(posedge clk or negedge nrd)
begin
  if(nrd==0)
        q=4'd0;
  else if(nld==0)
        q   =d;
  else if(en==1)
    begin
            if(q<4'd9)
                q=q+1;
            else
                q=4'd0;
    end
end
always @(q)
```

```
        if( q == 4 'd9 )
                c = 1;
        else
                c = 0;
endmodule
```

十进制计数器仿真程序如下：

```
`timescale 1 us/ 1 ns
module count10_vlg_tst( ); //constants
//general purpose registers
reg eachvec;
//test vector input registers
reg clk;
reg [3:0] d;
reg en;
reg nld;
reg nrd;
//wires
wire c;
wire [3:0]   q;
//assign statements ( if any)
count10 i1(//port map - connection between master ports and signals/registers
    . c(c),
    . clk(clk),
    . d(d),
    . en(en),
    . nld(nld),
    . nrd(nrd),
    . q(q)
);
initial
begin
    en = 1;
    nrd = 1;
    nld = 1;
    clk = 0;
    d = 4 'd4;
    en  < = #100 0;      //下面一行用于验证使能是否发挥作用,如图 9-7a 所示
    en  < = #150 1;      //使能有效,恢复计数功能
    nrd < = #200 0;      //清零有效,验证清零功能是否发挥作用,如图 9-7b 所示
    nrd < = #250 1;      //清零无效,恢复计数功能
    nld < = #300 0;      //置数有效,验证置数功能是否发挥作用,如图 9-7c 所示
    nld < = #350 1;      //置数无效,恢复计数功能,如图 9-7d 所示
end
always
```

#1 clk = ~ clk;
endmodule

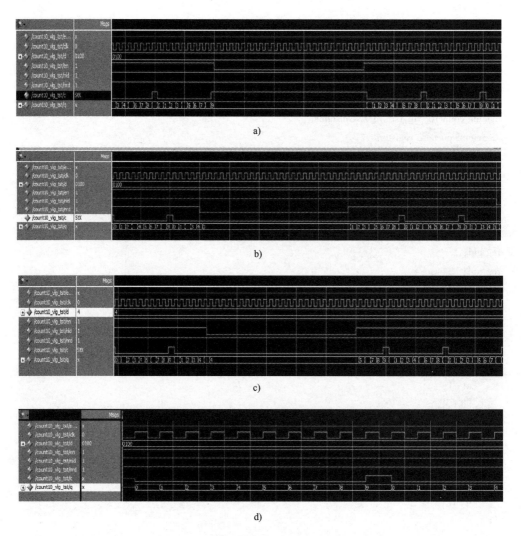

a)

b)

c)

d)

图9-7 十进制计数器各功能验证仿真波形

a）使能信号功能验证波形 b）清零信号功能验证波形 c）置数信号功能验证波形 d）计数功能仿真验证波形

（2）六十进制计数器

六十进制计数器是通过调用十进制计数器实现的，结构如图9-8所示。

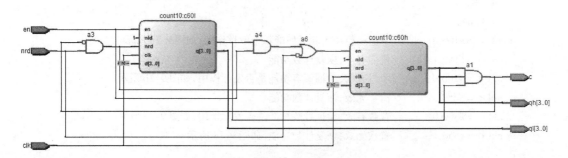

图9-8 六十进制计数器结构

程序代码如下所示：

```
module count60 (en,nrd,clk,qh,ql,c);//六十进制计数器 Verilog HDL 描述
input en,clk,nrd;
output c;
output[3:0]qh,ql;
//wire ch,cl,nando;
//module count10(en,nld,nrd,d,clk,q,c);
    count10 c60h(oro,1,ando,4'd0,clk,qh,ch);
    count10 c60l(oro2,1,ando,4'd0,clk,ql,cl);
    nand a1(nando,qh[2],qh[0],cl);
    not a2(c,nando);
    and a3(ando,nrd,nando);
    and a4(enl,en,cl);
    not a5 (nrdn,nrd);
    or a6(oro,nrdn,enl);
    or a7 (oro2,nrdn,en);
endmodule
```

仿真代码如下所示：

```
`timescale 1 ns/ 1 ps
module count60_vlg_tst();
//constants
//general purpose registers
reg eachvec;
//test vector input registers
reg clk;
reg en;
reg nrd;
//wires
wire c;
wire [3:0]   qh;
wire [3:0]   ql;
//assign statements (if any)
count60 i1 (
//port map - connection between master ports and signals/registers
    .c(c),
    .clk(clk),
    .en(en),
    .nrd(nrd),
    .qh(qh),
    .ql(ql)
);
initial
begin
```

```
    en = 1;
    nrd = 0;
    clk = 0;
    #5 nrd = 1;
    #100 en = 0;  //使能有效,验证使能是否发挥作用,如图9-9a 所示
    #5 en = 1;
    #5 nrd = 0;   //清零有效,验证清零是否发挥作用,如图9-9a 所示
    #5 nrd = 1;   //恢复计数功能,如图9-9b 所示
end
always
//optional sensitivity list
//@ ( event1 or event2 or .... eventn )
begin
    #1 clk = ~ clk;
end
endmodule
```

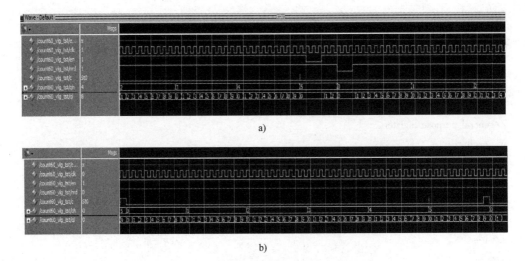

图 9-9　六十进制计数器主要功能验证仿真波形图

a) 使能和清零信号功能验证波形图　b) 计数功能验证波形图

(3) 二十四进制计数器

二十四进制计数器也是通过调用十进制计数器实现的,结构如图 9-10 所示。

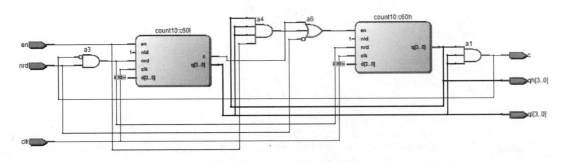

图 9-10　二十四进制计数器结构

二十四进制计数器 Verilog HDL 程序代码如下：

```verilog
module count24 (en,nrd,clk,qh,ql,c);
input en,clk,nrd;
output c;
output[3:0]qh,ql;
    count10 c60h(oro,1,ando,4'd0,clk,qh,ch);
    count10 c60l(oro2,1,ando,4'd0,clk,ql,cl);
    nand a1(nando,qh[1],ql[1],ql[0]);
    not a2(c,nando);
    and a3(ando,nrd,nando);
    and a4(enl,en,qh[1],ql[1],ql[0]);
    not a5 (nrdn,nrd);
    or a6(oro,nrdn,enl,cl);
    or a7 (oro2,nrdn,en);
endmodule
```

仿真代码如下：

```verilog
`timescale 1 ns/ 1 ps
module count24_vlg_tst();
//constants
//general purpose registers
reg eachvec;
//test vector input registers
reg clk;
reg en;
reg nrd;
//wires
wire c;
wire [3:0]   qh;
wire [3:0]   ql;
//assign statements (if any)
count24 i1 (
//port map - connection between master ports and signals/registers
    .c(c),
    .clk(clk),
    .en(en),
    .nrd(nrd),
    .qh(qh),
    .ql(ql)
);
initial
begin
    en = 1;
    nrd = 0;
```

```
        clk = 0;
        #5 nrd = 1;
        #100 en = 0;      //使能有效,验证使能是否发挥作用,如图9-11a 所示。
        #5 en = 1;
        #5 nrd = 0;       //清零有效,验证清零是否发挥作用,如图9-11a 所示
        #5 nrd = 1;       //恢复计数功能,如图9-11b 所示
end
always
//optional sensitivity list
//@ ( event1 or event2 or .... eventn)
begin
        #1 clk = ~ clk;
end
endmodule
```

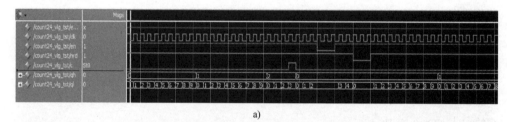

a)

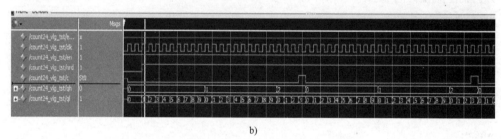

b)

图 9-11   二十四进制计数器各功能验证仿真波形图

a) 使能和清零功能验证波形图   b) 计数功能验证波形图

(4) 校时功能实现

校时电路用于对时钟进行校准。设置一个校准按键,当第一次按下该按键时,选择秒脉冲输入分计时器,当第二次按下该键时选择秒脉冲输入小时计时器,当第三次按下按键时恢复正常计时状态。校时电路的模块如图9-12 所示。

校时电路程序代码如下所示:

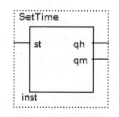

```
module SetTime(st,qh,qm);
input st;
output qh,qm;
reg qh,qm;
always@ ( posedge st)
begin
    if(( qh ==0)&&( qm ==0))
```

图 9-12   校时电路模块

```
        begin
            qh = 0 ;
            qm = 1 ;
        end
        else
        if( ( qh == 0)&&( qm == 1) )
            begin
                qh = 1 ;
                qm = 0 ;
            end
        else
            begin
                qh = 0 ;
                qm = 0 ;
            end
end
endmodule
```

仿真程序代码如下所示：

```
`timescale 1 ps/ 1 ps
module SetTime_vlg_tst( ) ;
//constants
//general purpose registers
reg eachvec ;
//test vector input registers
reg st ;
//wires
wire qh ;
wire qm ;
//assign statements ( if any)
SetTime i1 (
//port map - connection between master ports and signals/registers
    . qh( qh) ,
    . qm( qm) ,
    . st( st)
) ;
initial
begin
    st = 0 ;
end
always
//optional sensitivity list
//@ ( event1 or event2 or . . . . eventn)
begin
    #10 st = ~ st ;
```

```
end
endmodule
```

校时电路仿真波形如图 9-13 所示。

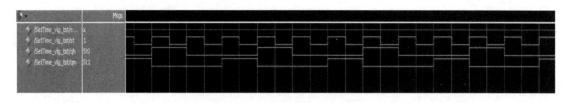

图 9-13   校时电路仿真波形图

（5）顶层设计

具有校时、校分功能的数字钟顶层设计，通过调用已设计的六十进制计数器模块、二十四进制计数器模块、校时电路实现模块实现。数字钟顶层电路如图 9-14 所示。

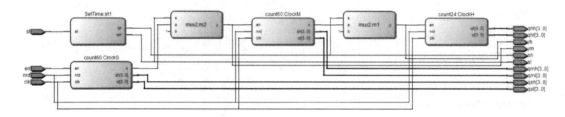

图 9-14   数字钟顶层电路

顶层设计实现代码如下所示：

```
module DigitalClock(en,nrd,clk,st,qhh,qhl,qmh,qml,qsh,qsl,yh,ym,sh,sl);
input en,nrd,clk,st;
output[3:0]qhh,qhl,qmh,qml,qsh,qsl;
output yh,ym,sh,sl;
    //module count24 (en,nrd,clk,qh,ql,c);
    //module count60 (en,nrd,clk,qh,ql,c);
    count60 ClockS(en,nrd,clk,qsh,qsl,cs);
    not n1(ncs,cs);
    count60 ClockM(ym,nrd,clk,qmh,qml,cm);
    not n2(ncm,cm);
    count24 ClockH(yh,nrd,clk,qhh,qhl,ch);
    //module SetTime(st,qh,qm);
    SetTime st1(st,sh,sl);
    //module mux2(s,a,b,y);
    mux2 m1(sh,cm,1,yh);
    mux2 m2(sl,cs,1,ym);
endmodule
```

顶层设计仿真代码如下所示：

```
`timescale 1 ps/ 1 ps
```

```verilog
module DigitalClock_vlg_tst();
//constants
//general purpose registers
reg eachvec;
//test vector input registers
reg clk;
reg en;
reg nrd;
reg st;
//wires
wire [3:0]  qhh;
wire [3:0]  qhl;
wire [3:0]  qmh;
wire [3:0]  qml;
wire [3:0]  qsh;
wire [3:0]  qsl;
wire sh;
wire sl;
wire yh;
wire ym;
//assign statements (if any)
DigitalClock i1 (
//port map - connection between master ports and signals/registers
    .clk(clk),
    .en(en),
    .nrd(nrd),
    .qhh(qhh),
    .qhl(qhl),
    .qmh(qmh),
    .qml(qml),
    .qsh(qsh),
    .qsl(qsl),
    .sh(sh),
    .sl(sl),
    .st(st),
    .yh(yh),
    .ym(ym)
);
initial
begin
    en = 1;
    nrd = 0;
    clk = 0;
    st = 0;
    #10 st = 1;
```

```
        #11   st = 0;
        #50   en = 0;
        #51   en = 1;
        #60   nrd = 0;
        #61   nrd = 1;
        #500  en = 0;
        #5001 en = 1;
        #1500 nrd = 0;
        #1501 nrd = 1;
        #2500 st = 1;
        #2501 st = 0;
        #2502 st = 1;
        #2503 st = 0;
        #2504 st = 1;
        #2505 st = 0;
end
always
//optional sensitivity list
//@ (event1 or event2 or .... eventn)
begin
        #10 clk = ~ clk;
end
endmodule
```

计时、使能仿真波形如图 9-15a 所示；计时、清零仿真波形如图 9-15b 所示；分校时仿真波形如图 9-15c 所示；小时校时仿真波形如图 9-15d 所示。

3. 实验使用的 FPGA 实验系统硬件资源

1）使用的硬件资源：50MHz 时钟、数码管、按键开关。

2）使用的信号如表 9-1、表 9-2 所示。

表 9-1 数字钟实验硬件资源表

信号名称	硬件资源	FPGA 引脚	功能
en	K_1	K_5	数字电平输入
nrd	K_2	K_6	数字电平输入
st	K_3	L_3	数字电平输入
clk	50MHz 时钟	E_1	外置时钟源
qhh	数码管	见表 9-2 中 I/O - DS1	显示小时十位
qhl	数码管	见表 9-2 中 I/O - DS2	显示小时个位
qmh	数码管	见表 9-2 中 I/O - DS3	显示分十位
qml	数码管	见表 9-2 中 I/O - DS4	显示分个位
qsh	数码管	见表 9-2 中 I/O - DS5	显示秒十位
qsl	数码管	见表 9-2 中 I/O - DS6	显示秒个位

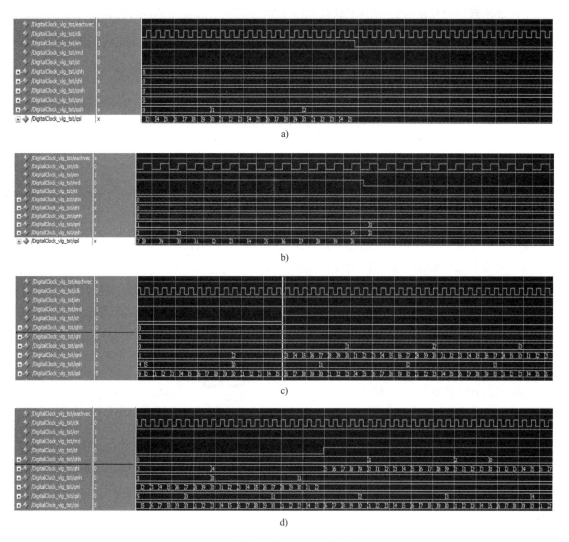

图 9-15 数字钟各功能验证仿真波形

a）计时、使能仿真波形 b）计时、清零仿真波形 c）分校时仿真波形 d）小时校时仿真波形

表 9-2 数字钟实验所用数码管资源引脚对应表

接口	I/O – DS1	I/O – DS2	I/O – DS3	I/O – DS4	I/O – DS5	I/O – DS6
a	G16	L15	R14	P11	R12	P9
b	J13	N16	N14	M10	R11	R8
d	D16	K16	P15	L11	L9	T10
e	C16	J16	N15	N13	N9	T11
f	F15	K15	R16	N12	R13	R9
g	D15	J15	P16	P14	M9	R10
DP	GND	GND	T14	M11	T12	T8

三、实验要求

1）对数字钟采用自顶向下的模块化设计方法，要求设计层次清晰、合理。

2）将仿真通过后的逻辑电路下载到相应的实验系统，对其功能进行验证。

3）说明多功能数字钟各底层模块、顶层原理图的工作原理，并给出相应的仿真波形。

4）总结实验中遇到的问题及解决相应问题的方法。

实验二　交通灯控制系统

一、设计任务与要求

设计任务：设计一个带倒计时显示的交通灯控制系统。

设计要求：

1）两个交叉路口分别有一组交通灯和两位倒计时显示数码管。

2）交通灯亮灭状态符合实际交通灯变化规律。

3）红灯点亮时间可设置，黄灯固定 3s，绿灯根据红灯时间自动设置。

二、设计指导

1. 参考设计

交通灯控制系统由时钟产生电路、倒计时计数器电路、BCD 七段译码电路、交通灯状态控制电路、交通灯显示控制电路、红灯点亮时间设置电路等部分组成。交通灯控制系统如图 9-16 所示。

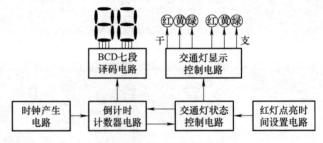

图 9-16　交通灯控制系统

2. 实验使用的 FPGA 实验系统硬件资源

1）使用的硬件资源：发光二极管、数码管、开关。

2）使用的实验系统硬件资源如表 9-3、表 9-4 所示。

表 9-3　交通灯控制系统硬件资源对照表

通行方向	功能	硬件资源	FPGA 引脚
南北方向	绿灯	D_{21}	T_7
	黄灯	D_{22}	R_7
	红灯	D_{23}	T_6
	倒计时	DS7	见表 9-4 中 I/O－DS7
	倒计时	DS8	见表 9-4 中 I/O－DS8
东西方向	绿灯	D_{24}	R_6
	黄灯	D_{25}	T_5
	红灯	D_{26}	L_8
	倒计时	DS9	见表 9-4 中 I/O－DS9
	倒计时	DS10	见表 9-4 中 I/O－DS10

表 9-4 倒计时数码管引脚对应表

接口	I/O – DS7	I/O – DS8	I/O – DS9	I/O – DS10
a	R14	P11	R12	P9
b	N14	M10	R11	R8
c	T15	N11	T13	T9
d	P15	L11	L9	T10
e	N15	N13	N9	T11
f	R16	N12	R13	R9
g	P16	P14	M9	R10
DP	T14	M11	T12	T8

三、实验要求

1）对交通灯控制系统采用自顶向下的模块化设计方法，要求设计层次清晰、合理。

2）说明交通灯控制系统各底层模块、顶层原理图的工作原理，并给出相应的仿真波形。

3）将仿真通过后的逻辑电路下载到相应的实验系统，对其功能进行验证。

4）总结实验中遇到的问题及解决相应问题的方法。

实验三 智能风扇控制系统

一、设计任务与要求

设计任务：设计一个智能风扇控制系统。

设计要求：

1）风扇具有自动和手动控制两种模式。

2）手动模式下，手动控制风扇工作在高、中、低三个挡位。

3）能够测量环境温度，并通过数码管显示实时温度。

4）自动模式下，能够根据环境温度自动调节风扇工作挡位。

5）用发光管显示工作模式和风扇工作挡位。

二、设计指导

1. 设计思想

智能风扇控制系统由工作模式选择电路、工作挡位控制电路、温度检测转换电路、A/D转换电路、热敏电阻温度检测电路等构成。智能风扇控制系统如图9-17所示。

2. 实验使用的 FPGA 实验系统硬件资源

1）使用的硬件资源：A/D 转换器、数码管、发光管、直流风扇、按键。

2）使用的硬件资源对照如表9-5所示。

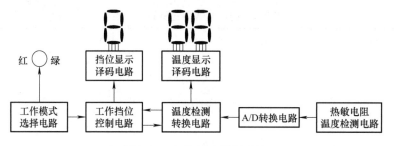

图 9-17　智能风扇控制系统

表 9-5　智能风扇控制系统硬件资源对照表

信号名称	硬件资源	FPGA 引脚	功能
Au/Ha	K_1	K_5	自动、手动切换
Hs	K_2	K_6	手动高挡
Ms	K_3	L_3	手动中挡
Ls	K_4	L_4	手动低挡
clk	50MHz 时钟	E_1	外置时钟源
A/D	模数转换	见表 9-2 中 I/O - DS1	模拟转数字
Mode	数码管	见表 9-2 中 I/O - DS2	模式显示
Gp	数码管	见表 9-2 中 I/O - DS3	挡位显示
Temph	数码管	见表 9-2 中 I/O - DS4	温度十位显示
Templ	数码管	见表 9-2 中 I/O - DS5	温度个位显示
Contr	直流风扇	D_3	风扇控制接口

三、实验要求

1）对智能风扇控制系统采用自顶向下的模块化设计方法，要求设计层次清晰、合理。

2）将仿真通过后的逻辑电路下载到相应的实验系统，对其功能进行验证。

3）说明智能风扇控制系统各底层模块、顶层原理图的工作原理，并给出相应的仿真波形。

4）总结实验中遇到的问题及解决相应问题的方法。

实验四　火柴人显示控制系统

一、设计任务与要求

设计任务：利用字符图形矩阵设计一个火柴人显示控制系统。

设计要求：

1）能够静态显示中英文字符。

2）能够静态显示多种中华武术火柴人图形。

3）能够动态显示中英文字符。

4）能够连贯显示中华武术火柴人图形。

5）能够调节动态显示的速度。

二、设计指导

1. 设计思路

本实验用字符图形矩阵（8×8 双色字符图形 LED 矩阵）设计实现一个能够显示火柴人和相关字符图形的电路。

1）字符图形矩阵原理。字符图形矩阵是利用封装 8×8 的模块组合点元板形成模块，它连接微处理器与 8 位数字的 2 段数字 LED 显示，也可以连接条形图显示屏或者 64 个独立的 LED。其上包含一个片上的 B 型 BCD 编码器、多路扫描回路、段字驱动器，还有一个8×8 的静态 RAM 用来储存每个数据。只有一个外部寄存器用来设置各个 LED 的段电流。每个数据可以寻址，在更新时不需要改写所有的显示。LED 矩阵可以显示汉字、图形、动画及英文字符等。显示方式有静态、横向滚动、垂直滚动和翻页显示等。只需要 3 个 I/O 口即可驱动一个点阵，点阵显示时无闪烁，支持级联。

2）实验所用字符图形矩阵实物如图 9-18 所示。

3）实验所用字符图形矩阵引脚编号和排列如图 9-19所示。

图 9-18　字符图形矩阵实物

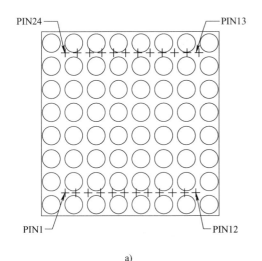

a)

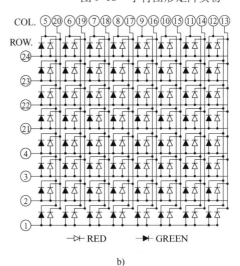

b)

图 9-19　字符图形矩阵引脚编号和排列

a）引脚编号　b）引脚排列

2. 实验使用的 FPGA 实验系统硬件资源

1）使用的硬件资源：按键、LED 矩阵、系统时钟。

2）使用的硬件资源对照表如表 9-6、表 9-7 所示。

表 9-6　火柴人显示控制系统硬件资源对照表

信号名称	硬件资源	FPGA 引脚	功能
Switch	K_1	K_5	显示模式选择
Select	K_2	K_6	动态速度选择

（续）

信号名称	硬件资源	FPGA 引脚	功能
clk	50MHz 时钟	E_1	外置时钟源
Mode	数码管	见表 9-2 中 I/O－DS1	模式显示
Speed	数码管	见表 9-2 中 I/O－DS2	速度挡位显示
LED	LED 显示矩阵	见表 9-7	显示矩阵

表 9-7　字符图形矩阵引脚对应表

接口	1	2	3	4	5	6	7	8	9	10	11	12
I/O	T3	R3	T2	R1	P2	P1	N2	N1	L2	L1	K2	K1
接口	13	14	15	16	17	18	19	20	21	22	23	24
I/O	R4	T4	R5	P3	N5	M6	N6	P6	M7	N8	P8	M8

三、实验要求

1）对字符图形矩阵火柴人电路用自顶向下的模块化设计方法，要求设计层次清晰、合理。

2）说明字符图形矩阵火柴人电路各底层模块、顶层原理图的工作原理，并给出相应的仿真波形。

3）将仿真通过后的逻辑电路下载到实验系统，对其功能进行验证。

4）总结实验中遇到的问题及解决相应问题的方法。

实验五　数字密码锁

一、设计任务与要求

设计任务：设计一个密码锁控制电路。

设计要求：

1）密码锁使用 4 位数字密码，通过 3×4 矩阵键盘进行密码的输入和确认。

2）密码输入正确后，可以修改密码。

3）利用数码管显示所输入的密码。

4）密码输入错误进行声光报警。

二、设计指导

1. 矩阵键盘扫描原理

矩阵键盘的扫描分为逐行扫描和行列扫描两种方法。

逐行扫描：在这种方法中，通过将行线设置为输出，并依次轮流输出低电平，同时检测列线的输入状态。当检测到列线中的电平不为高电平时，说明有按键被按下。通过分析哪一行输出低电平而对应的列线检测到低电平，可以确定被按下的按键的位置。

行列扫描：在这种方法中，首先将所有行线设置为低电平，然后检测列线的输入状态。如果有按键被按下，对应的列线将不会保持高电平。接着，将行线设置为高电平，并再次检测列线，通过分析行线和列线的状态变化，可以确定被按下的按键的位置。

这两种方法都是通过改变行线和列线的电平状态，并检测其变化来确定按键的状态。在实际应用中，逐行扫描和行列扫描可以根据具体的硬件连接和软件设计灵活选择和使用。3×4 矩阵键盘电路连接和实物如图 9-20 所示。

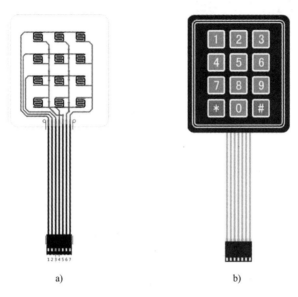

a)   b)

图 9-20   3×4 矩阵键盘电路连接和实物

a）3×4 矩阵键盘电路连接   b）3×4 矩阵键盘实物

2. 实验使用的 FPGA 实验系统硬件资源

1）使用的硬件资源：3×4 矩阵键盘、数码管显示、蜂鸣器、环形指示灯。

2）使用的硬件资源对照表如表 9-8 所示。

表 9-8   数字密码锁实验硬件资源对照表

信号名称	硬件资源	FPGA 引脚	功能
LEDout	环形指示灯	本书第二章 FPGA 硬件系统资源表	密码错误光报警
Fm	蜂鸣器	E_5	密码错误声音报警
Mima	数码管	见表 9-2 中 I/O – DS1	显示密码
Min	3×4 矩阵键盘	见表 9-7	键盘输入密码
clk	50MHz 时钟	E_1	外置时钟源

三、实验要求

1）对数字密码锁控制电路采用自顶向下的模块化设计方法，要求设计层次清晰、合理。

2）说明数字密码锁控制电路各底层模块、顶层原理图的工作原理，并给出相应的仿真波形。

3）将仿真通过后的逻辑电路下载到实验系统，对其功能进行验证。

4）总结实验中遇到的问题及解决相应问题的方法。

第十章

电子技术综合实验

实验一 多波形发生器

一、设计任务与要求

1）设计课题：方波—三角波—正弦波发生器。

2）主要技术指标：

频率范围：10Hz～20kHz。

频率控制方式：通过改变 RC 时间常数控制信号频率。

通过改变控制电压，实现压控频率（VCF）。

输出电压：正弦波 $U_{pp}=2V$，幅度连续可调。

三角波 $U_{pp}=3V$，幅度连续可调。

方波 $U_{pp}=6V$，幅度连续可调。

波形特性：正弦波，谐波失真度较小（<5%）。

三角波，非线性失真度较小（<2%）。

方波，上升沿和下降沿时间较小（<2μs）。

扩展部分：自拟。可涉及下列功能：

矩形波占空比为 50%～95%，可调。

锯齿波斜率连续可调。

输出幅度扩展。

功率输出。

二、预习要求

1）复习由运算放大器及分立元件构成的方波—三角波发生器。

2）查找资料确定由三角波变换成正弦波的方法及电路。

3）查找 ICL8038 集成函数发生器相关资料、典型用法及其详细电路。

三、设计指导

方案一：由集成运算放大器和积分器等实现

由集成运算放大器组成函数发生器的框图如图 10-1 所示。

1. 方波—三角波发生器参考电路

方波—三角波发生器电路如图 10-2 所示。

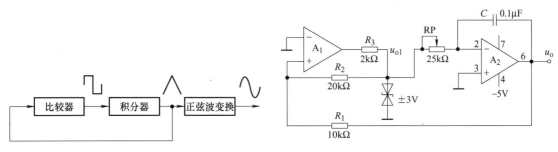

图 10-1　函数发生器组成框图

图 10-2　方波—三角波发生器电路

输出方波的幅值为

$$u_{o1} = \pm U_z$$

输出三角波的幅值为

$$\pm U_o = \pm \frac{R_1}{R_2} U_z$$

振荡频率为

$$f = \frac{R_2}{4 R_1 RC}$$

式中，R 为 RP 接入电路中的阻值。

2. 关于元器件选择及参数确定

运算放大器的转换速率 S_R 直接关系到输出方波的上升时间和下降时间。如果对方波的边沿要求较弱，可以选用通用运算放大器如 RC4558、TL082、LF412 等；反之必须选用 S_R 较大的运算放大器。电路应选择输入电阻大、温漂和零漂都较小的运算放大器，如 OP07、TL082 等。

稳压管的作用是确定方波的输出幅值，因此其型号应根据方波的幅值要求来确定。稳压管限流电阻的阻值由双向稳压管的稳定电流决定。

3. 三角波变正弦波参考电路

（1）滤波法

按傅里叶级数可将三角波 $u(\omega t)$ 展开为

$$u(\omega t) = \frac{8}{\pi^2} U_M \left(\sin\omega t - \frac{1}{9}\sin 3\omega t + \frac{1}{25}\sin 5\omega t - \cdots \right)$$

式中，U_M 是三角波的峰值。

设计一个低通或带通滤波器，即可完成三角波—正弦波变换。压控电压源二阶低通滤波参考电路如图 10-3 所示。但是如果三角波的频率变化范围大，则可能使频率最低的三角波的 3 次谐波甚至更高次谐波通过滤波器输出，则将不能获得很好的正弦波，所以这种情况下不适宜用滤波法。但只要三角波的幅值稳定不变，就可用折线法。

（2）利用差分放大电路实现三角波—正弦波变换

波形变换的原理是利用差分放大电路传输特性曲线的非线性，如图 10-4 所示。由图可见，传输特

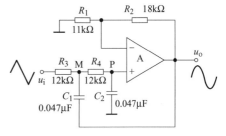

图 10-3　压控电压源二阶
低通滤波参考电路

性曲线越对称、线性区越窄越好，三角波的幅度 U_{im} 应正好使晶体管接近饱和区或截止区。

图 10-5 所示为利用差分电路实现三角波—正弦波变换的电路。其中，RP_1 调节三角波的幅度，RP_2 调整电路的对称性，其并联电阻 R_e 用来减小差分放大器的线性区。电容 C_1、C_2、C_3 为隔直电容，C_4 为滤波电容，以滤除谐波分量，改善输出波形。

（3）利用二极管折线近似电路实现三角波—正弦波变换

最简单的二极管折线近似电路如图 10-6 所示。

当电压 $U_i [R_{A0} / (R_{A0} + R_s)]$ 小于 $(U_1 + U_D)$ 时，二极管 VD_1、VD_2、VD_3 截止；当电压 U_i 大于 $(U_1 + U_D)$ 且小于 $(U_2 + U_D)$ 时，

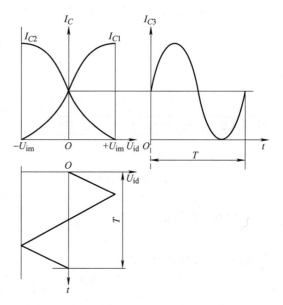

图 10-4 三角波—正弦波变换原理

则 VD_1 导通；同理可得 VD_2、VD_3 导通条件。不难得出图 10-6 的输入、输出特性曲线，如图 10-7 所示。选择合适的电阻网络，可使三角波转换为正弦波。一个实用的折线逼近三角波—正弦波变换电路如图 10-8 所示。其计算图如图 10-9 所示，该图以正弦波角频率 0° 为 0V，90° 为峰值画出的三角波，0° ~ 30° 处，三角波和正弦波因为有着相同的电平值而重合。其余部分是选择转折点，画出用折线逼近正弦波的直线段，由两者的斜率比定出电阻网络的分压比。每个转折点对应一个二极管，而且所提供给二极管负端的电位值应该是合适的。

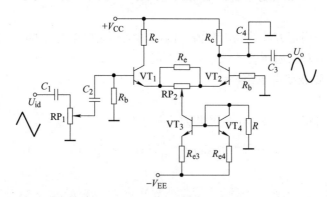

图 10-5 利用差分电路实现三角波—正弦波变换的电路

方案二：利用 ICL8038 集成函数发生器产生方波—三角波—正弦波

1. ICL8038 特点

ICL8038 是一种可以同时产生方波、三角波、正弦波的专用集成电路，当调节外部电路参数时，还可以获得占空比可调的矩形波、锯齿波，应用广泛。

ICL8038 的技术指标：

频率可调范围为 0.001Hz ~ 300kHz；

输出矩形波占空比的可调范围为 2% ~ 98%，上升时间为 180ns，下降时间为 40ns；

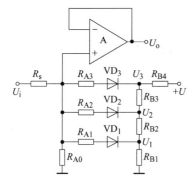

图 10-6 二极管折线近似电路

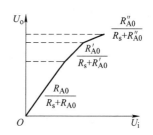

图 10-7 输入、输出特性曲线

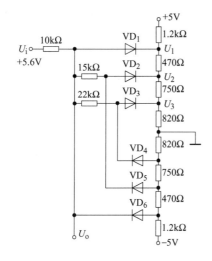

图 10-8 实用的折线逼近三角波—正弦波变换电路

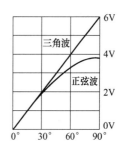

图 10-9 波形变换计算图

输出三角波（斜坡波）的非线性 $<0.05\%$ ；
输出正弦波的失真度 $<1\%$ 。

图 10-10 所示为 ICL8038 的引脚图。

工作时可用单电源供电，即 11 脚接地，6 脚接 $+V_{CC}$ ，V_{CC} 为 10 ~ 30V；也可双电源供电，即将 11 脚接 $-V_{EE}$ ，6 脚接 $+V_{CC}$ ，取值范围为 $\pm(5 \sim 15)V$ 。8 脚为调频电压输入端，电路的振荡频率与调频电压成正比。7 脚输出调频偏置电压，数值是 7 脚与电源电压 $+V_{CC}$ 之差，可作为 8 脚的输入电压。

图 10-10 ICL8038 的引脚图

图 10-11 是 ICL8038 的内部框图。由恒流源 I_1 和 I_2 、电压比较器 A 和 B、触发器、缓冲器和三角波变正弦波电路等组成。

2. 典型应用

图 10-12 所示为 ICL8038 最常见的两种基本接法，矩形波输出为集电极开路形式，需外接电阻 R_L 至 $+V_{CC}$ 。在图 10-12a 所示电路中，R_A 和 R_B 可分别独立调整。在图 10-12b 所示

电路中，通过改变可变电阻 RP 滑动端的位置来调整 R_A 和 R_B 的数值。当 $R_A = R_B$ 时，输出为方波、三角波和正弦波；当 $R_A \neq R_B$ 时，输出为占空比可调的矩形波、锯齿波，2 脚输出也不是正弦波了。占空比的表达式为

$$q = \frac{T_1}{T} = \frac{2R_A - R_B}{2R_A}$$

故 $R_B < 2R_A$。

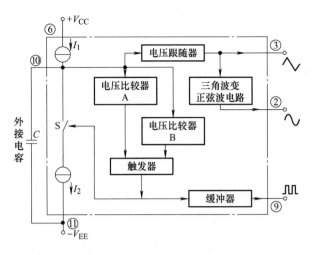

图 10-11　ICL8038 的内部框图

在图 10-12b 中，电路用 100kΩ 的可变电阻取代了图 10-12a 所示电路中的 82kΩ 电阻，调节可变电阻可减小正弦波的失真度。如果要进一步减小正弦波的失真度，可采用图 10-13 所示电路中两个可变电阻 100kΩ 和 10kΩ 所组成的电路，使失真度减小到 0.5%。在 R_A 和 R_B 不变的情况下，调整 RP_1 可使电路振荡频率最大值与最小值之比达到 100:1。也可在 8 脚与 6 脚之间直接加输入电压调节振荡频率，最高频率与最低频率之差可达 1000:1。

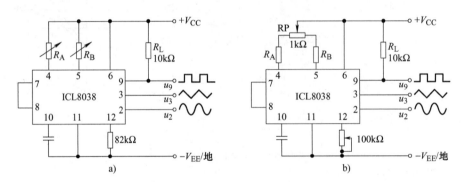

图 10-12　ICL8038 的两种基本接法

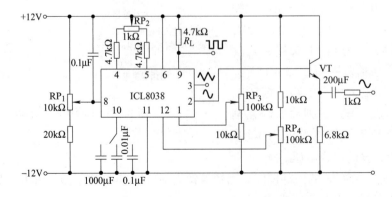

图 10-13　失真度减小和频率可调电路

四、实验报告要求

1）分析实验任务，选择技术方案。

2）确定原理框图，画出电路原理图，对所设计的电路进行综合分析。

3）写出调试步骤和调试结果，列出实验数据，画出典型信号的波形。

4）对实验数据和电路的工作情况进行分析。

5）写出收获和体会，包括故障分析、调试情况等。

实验二　可编程增益放大器

一、设计任务与要求

1）设计课题：可编程增益放大器。

2）主要技术指标：

可编程增益放大器在外部脉冲信号的控制下自动完成增益编程。

电压放大倍数能从 1 倍按整数倍变化到 16 倍。

输出电压与输入电压保持同相位。

3）扩展要求：用 LED 数码管显示放大倍数。

二、预习要求

1）复习集成运算放大器在线性区的应用。

2）复习二进制计数器 74LS161、二进制并联加法器 74LS283、数据比较器 74LS85 的工作原理及应用。

3）复习译码显示电路的用法。

4）复习集成模拟开关 CD4066 的工作原理及应用。

5）画出可编程增益放大器的原理图。

三、设计指导

1. 参考设计方案

图 10-14 是可编程增益放大器参考设计方案的原理框图，主要由放大电路、计数器、校正电路和译码显示电路等组成。

2. 参考设计电路

（1）放大电路

图 10-15 是由集成运算放大电路组成的同相比例运算电路，其电压增益为

$$A_{uf} = 1 + \frac{R_f}{R_1}$$

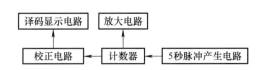

图 10-14　可编程增益放大器参考设计方案原理框图

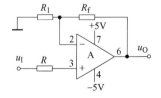

图 10-15　同相比例运算电路

按照要求，放大电路的增益应在 1～16 之间整数倍变化，因此，可用以下两种方法实现。

方法一：参考电路如图 10-16 所示，设 R_f 为恒定值，通过改变 R_1 阻值来实现 A_{uf} 的改变，即可实现增益可编程。

方案二：参考电路如图 10-17 所示，R_1 为恒定值，通过改变 R_f 阻值来实现 A_{uf} 的改变，即可实现增益可编程。

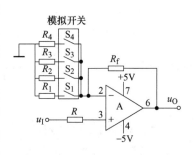

图 10-16　放大电路（一）

图 10-16、图 10-17 中的模拟开关采用 CD4066 四双向模拟开关，结构图如图 10-18 所示。CD4066 由四个模拟开关组成，其中 $1I/O$ 与 $1CON$ 为第一组模拟开关 S_1，以此类推。I/O 表示既可作为输入端也可作为输出端。CON 是控制端，当 CON 接"1"（高电平—3V 左右电压信号）时，开关为闭合；当 CON 接"0"（低电平—0V 左右电压信号）时，开关为断开。

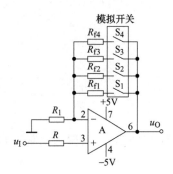

图 10-17　放大电路（二）

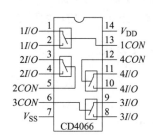

图 10-18　四双向模拟开关结构图

在本设计应用中，将四个控制端 $1CON$、$2CON$、$3CON$ 和 $4CON$，与四位二进制加法计数器的输出连接，实现模拟开关的自动闭合、断开，完成增益的可编程。表 10-1 中给出控制信号与开关通断的对应关系。

表 10-1　CD4006 控制信号与开关通断的对应关系表

控制信号				开关工作状态				控制信号				开关工作状态			
D	C	B	A	S_4	S_3	S_2	S_1	D	C	B	A	S_4	S_3	S_2	S_1
0	0	0	0	0	0	0	0	1	0	0	0	1	0	0	0
0	0	0	1	0	0	0	1	1	0	0	1	1	0	0	1
0	0	1	0	0	0	1	0	1	0	1	0	1	0	1	0
0	0	1	1	0	0	1	1	1	0	1	1	1	0	1	1
0	1	0	0	0	1	0	0	1	1	0	0	1	1	0	0
0	1	0	1	0	1	0	1	1	1	0	1	1	1	0	1
0	1	1	0	0	1	1	0	1	1	1	0	1	1	1	0
0	1	1	1	0	1	1	1	1	1	1	1	1	1	1	1

（2）计数器

用 74LS161 构成十六进制计数器，计数器的输出端 Q_3、Q_2、Q_1、Q_0 作为模拟开关 CD4066 控制信号。在 5s 脉冲信号控制下，74LS161 自动计数，控制 CD4066 模拟开关的闭合、断开，从而实现了自动增益编程。该部分内容简单，请自行设计。

3. 扩展电路的参考设计

扩展电路要完成的任务是将二进制代码转换成 8421BCD 码。根据 8421BCD 码的规则，当二进制数小于等于 9（1001）时，结果不需要校正。当二进制数大于 9（1010～1111）时，应在二进制数上加 6（0110），这样就可以得到进位信号，同时也得到一个小于 9 的和。满足了 8421BCD 码的要求。

（1）校正电路

参考电路如图 10-19 所示。将 74LS161 输出的二进制数 $Q_3 Q_2 Q_1 Q_0$ 送到 74LS85 数据比较器的 $B_3 B_2 B_1 B_0$ 端，与 $A_3 A_2 A_1 A_0$ 端的定值 1001 进行比较，当 $B \leqslant A$ 时，74LS85 的输出端 $Y_{A<B}$ 为 0，74LS161 的输出 $Q_3 Q_2 Q_1 Q_0$ 进入加法器 74LS283 时，不用校正，得到的数 $S_3 S_2 S_1 S_0$ 就是二—十进制的数；当 $B > A$ 时，74LS85 的输出端 $Y_{A<B}$ 为 1，74LS161 的输出 $Q_3 Q_2 Q_1 Q_0$ 进入加法器 74LS283 时，与校正值 0110 进行加法运算，将二进制转换为二—十制的数，即 74LS283 的进位输出是二—十进制的十位，74LS283 的输出 $S_3 S_2 S_1 S_0$ 是二—十进制的个位。还有几个问题需要读者自己思考，即 74LS283 的低位进位 CI 及 74LS161 的 EP、ET、LD'、R'_D 应如何连接，才能使该电路完善。

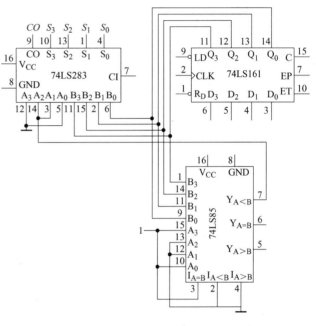

图 10-19 校正电路

（2）译码显示电路

译码显示电路由两片 74LS48 和两个 LED 数码显示器组成，原理简单，请自行设计。

四、实验内容要求

按照实验要求设计电路，确定元器件型号和参数。检查设计的正确性，在电子技术综合实验箱上连接电路，检查无误后通电调试。测试电路功能是否符合要求。对测试结果进行详细分析，得出实验结论。

五、实验报告要求

1）按照设计任务，选择设计方案，确定原理框图，画出可编程增益放大器的电路图，列出元器件清单。

2）写出调试步骤和调试结果。

3）对实验数据和电路情况进行分析，写出收获和体会。

4）思考本设计方案和单元电路有哪些不完善之处？如何进一步改进设计，使得设计更加合理、完善、实用？

实验三 数字逻辑电平测试仪

一、设计任务与要求

1）设计课题：测试高电平、低电平，发出不同频率的声响。

2）主要技术指标：

测量范围：低电平 <0.8V，高电平 >3.5V；高、低电平分别用 1kHz 和 800Hz 的声响表示，被测信号在 0.8～3.5V 之间不发出声响；工作电源为 5V，输入电阻大于 20kΩ。

扩展要求：窗口宽度可调的窗口检波器。

二、预习要求

1）复习集成运算放大器组成的窗口比较器工作原理。

2）查阅声响产生电路相关资料。

3）确定设计方案、计算元器件参数满足设计要求。

三、设计指导

1. 概述

在数字电路测试、调试和检修时，经常要对电路中某点的逻辑电平进行测试，采用万用表或示波器很不方便，而采用逻辑信号电平测试仪可以通过声音来表示被测信号的逻辑状态，使用简单方便。

图 10-20 所示为数字逻辑电平测试仪的原理框图，电路由输入电路、逻辑电平识别电路和声响信号产生电路等组成。

图 10-20 数字逻辑电平测试仪的原理框图

2. 各单元电路参考设计

（1）输入及逻辑电平识别电路

如图 10-21 所示，U_i 是输入的被测逻辑电平信号，输入电路由电阻 R_1 和 R_2 组成，其作用是保证输入端悬空时，U_i 既不是高电平，也不是低电平。A_1 和 A_2 组成窗口比较器，参考电压 V_H、V_L 由电阻分压获得。比较器的逻辑电平比较功能表如表 10-2 所示，从比较器的输出状态就能够判断输入逻辑电平信号的高低。

根据技术指标的要求，设输入端悬空时，$U_i = 1.4V$（取 $V_H = 3.5V$ 与 $V_L = 0.8V$ 的中间值），由 U_i、V_H、V_L 的值可以计算出 R_1、R_2、R_3、R_4、R_5、R_6 的值。

输入电阻 $R_i = R_1 /\!/ R_2 \geqslant 20\text{k}\Omega$，$R_3$、$R_4$、$R_5$、$R_6$ 取值过大时容易引起干扰，取值过小时会增大功耗。工程上一般在几十千欧至几百千欧。

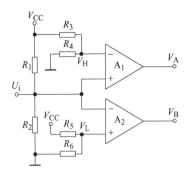

图0-21　输入和逻辑电平识别电路

表 10-2　逻辑电平比较功能表

输　　入	输　　出	
	V_A	V_B
$U_i < V_L\ (<V_H)$	低	高
$V_L < U_i < V_H$	低	低
$U_i > V_H\ (>V_L)$	高	低

（2）声响信号产生电路

图 10-22 所示为声响产生电路，主要由两个比较器 A_3 和 A_4 组成，其工作原理如下：

1）当 $V_A = V_B = -5V$（均为低电平）时。由于稳态时，电容 C_1 两端电压为零，二极管 VD_1、VD_2 截止，电容 C_1 无充电回路，而 $u_{P3} = 3V$，即 $u_{P3} > u_{N3}$，故 U_o 输出为高电平。输出 U_o 通过电阻 R_9 为电容 C_2 充电，稳态时达到高电平，使 $u_{P4} > u_{N4}$，运算放大器 A_4 输出高电平，但由于二极管 VD_3 的存在，电路的稳态不受影响。故电路输出 U_o 一直保持高电平。

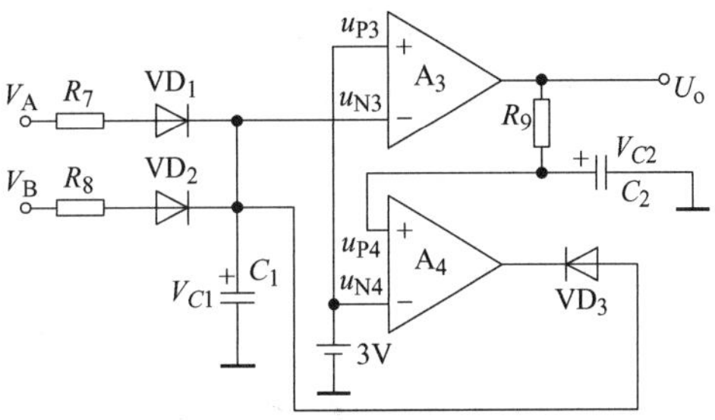

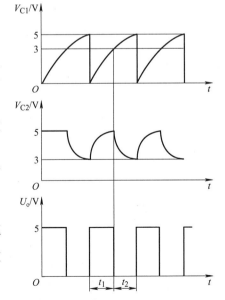

图 10-22　声响产生电路

2）当 $V_A = 3.5V$、$V_B = -5V$ 时。此时 VD_1 导通，电容 C_1 通过电阻 R_7 充电，V_{C1} 按指数规律逐渐升高，使 $u_{N3} < u_{P3} = 3V$，U_o 保持高电平。当 $u_{N3} > u_{P3} = 3V$，U_o 从 5V 跳变为 0V，使 C_2 通过电阻 R_9 放电，V_{C2} 由 5V 逐渐下降，当 $V_{C2} < u_{P4} = 3V$，A_4 的输出跳变为 0V，二极管 VD_3 导通，C_1 通过 VD_3 和 A_4 的输出电阻放电。因为 A_4 的输出电阻很小，所以 V_{C1} 迅速降到 0V 左右，使 $u_{N3} < u_{P3}$，输出电压 U_o 又跳变到 5V，C_1 再一次充电，如此循环，U_o 形成矩形脉冲信号，波形如图 10-23 所示。

3）当 $V_A = -5V$、$V_B = 3V$ 时。此时电路的工作过程与 $V_A = 3V$、$V_B = 0V$ 时相似，区别在于 VD_2 导通时，V_B 高电平通过 R_8 向 C_1 充电，时间常数改变了，使得 U_o 的周期会发生相应的变化。

有关参数计算如下：

根据一阶电路响应的特点可知，在 t_1 期间电容充电的表达式为 $V_{C1}(t) = 5(1 - e^{-\frac{t}{\tau_1}})$，在 t_2 期间电容放电的表达式为 $V_{C2}(t) = 5e^{-\frac{t}{\tau_1}}$，输出 U_o 的周期为

$$T = t_1 + t_2$$

式中

图 10-23　V_{C1}、V_{C2}、U_o 的波形

$$t_1 = -\tau_1 \ln 0.3 \approx 1.2\tau_1, \qquad \tau_1 = R_7 C_1$$
$$t_2 = -\tau_2 \ln 0.7 \approx 0.36\tau_2, \qquad \tau_2 = R_9 C_2$$

取 $\tau_2 = 0.5\text{ms}$，$C_2 = 0.01\mu\text{F}$，可计算出 R_9 的值。选 $C_1 = 0.1\mu\text{F}$，由于技术指标要求，被测信号为高电平时，声响频率为 1kHz，即 $T = 1\text{ms}$，可计算出 R_7 的阻值。同理当被测信号为低电平时，声响频率为 800Hz，可求得 R_8 的值。

（3）声响驱动电路

声响驱动电路如图 10-24 所示，电阻 $R_{10} = 5\text{k}\Omega$，$R_{11} = 10\text{k}\Omega$。由于声响负载较低且功率小，驱动管的耐压等条件要求不高，选取 9012 作为驱动管，即能满足本电路的要求。

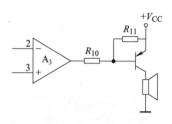

本设计的声响信号产生电路也可利用 555 定时器完成。将判别电路的输出接到 555 定时器的 4 脚，当判别的结果为高电平时，555 定时器工作，产生一定频率的矩形波信号，声响驱动电路工作。利用二极管改变 RC 时间常数，可获得不同的振荡频率，满足本设计的要求，请同学们自行设计。

图 10-24　声响驱动电路

3. 扩展要求窗口宽度可调的窗口检波器

控制系统中，常用窗口检波器检测被测信号电平。图 10-25 所示是窗口宽度可调的窗口检波器。

当输入电压 u_i 为正值时，VD_3 导通，VD_2 截止，运算放大器 A_2 的输出值为零。如果 $u_i < V_L$，则 VD_1 截止，检波器输出 u_o 为零。如果 $u_i > V_L$，则 VD_1 导通，通过 VD_1、R_2 构成的正反馈支路，使输出 u_o 为高电平 V_{OH}。

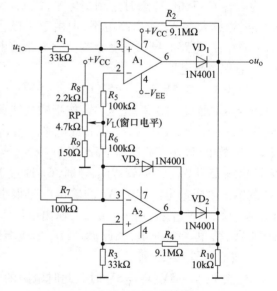

当输入电压 u_i 为负值时，VD_1 截止，检波器输出 u_o 由 A_2 确定。u_i 与 V_L 的和是正值时，A_2 的输出为负值，VD_3 导通，VD_2 截止，u_o 为零。u_i 与 V_L 的和为负值时，A_2 的输出为正值，VD_2 导通，R_4、VD_2 为正反馈支路，使输出 u_o 为高电平 V_{OH}。

由此可知，当 $|u_i| > V_L$ 时，检波器输出为 V_{OH}；当 $|u_i| < V_L$ 时，检波器输出为零，即窗口宽度为 $2V_L$。调节可变电阻 RP 可调节窗口的宽度。运算放大器 A_1、A_2 通过二极管 VD_1、VD_2 使其输出彼此隔离。

图 10-25　窗口宽度可调的窗口检波器

四、实验报告要求

1）分析实验任务，选择技术方案。

2）确定原理框图；画出电路原理图；对所设计的电路进行综合分析。

3）写出调试步骤和调试结果，列出实验数据；画出典型信号的波形。

4）对实验数据和电路的工作情况进行分析。

5）写出收获和体会。

实验四 4(8)路智力抢答器

一、设计任务与要求

1）设计课题：4(8)路智力抢答器。

2）主要技术指标：

抢答组数分为4(8)组，每组序号分别为 $1 \sim 4$（$1 \sim 8$），按键 $S_1 \sim S_4$（$S_1 \sim S_8$）分别对应每个组。

系统设置外部清除和控制键 S，该控制键由主持人控制。

抢答器具有定时抢答功能，定时为30s。当主持人启动控制键后，定时器进行减计时，同时指示灯亮。

抢答器具有锁存和显示功能。即参赛选手按下按键，锁存相应的组号，组号立即在数码管上显示。同时减计时停止，扬声器发出报警声响。

参赛选手在30s内进行抢答，则抢答有效，如果30s定时的时间已到，无人抢答，则本次抢答轮空，系统报警并禁止抢答，定时器显示00。

每次报警持续时间为10s。

二、预习要求

1）复习触发器、编码器、十进制加/减计数器的工作原理。

2）复习555定时器的工作原理及应用。

3）复习晶体振荡器及CD4060计数分频器的工作原理及应用。

4）画出4(8)路智力抢答器的逻辑电路图。

三、设计指导

1. 参考设计方案

能够满足上述要求的设计方案很多，图10-26所示是抢答器参考设计方案的原理框图。该方案主要由秒脉冲信号发生器、定时电路、抢答电路、译码显示电路和报警定时电路等组成。

2. 参考设计电路

（1）抢答电路

方案一：

4路抢答器参考电路如图10-27所示，由74LS74 D触发器、74LS20双四输入与非门、74LS32四二输入或门等组成。

电路完成两个功能，一是分辨参赛选手按键的先后，锁存第一位按键参赛选手的组号，同时显示组号；二是使其他参赛选手按键开关处于无效。

电路工作过程，当主持人按下控制开关 S 时，$R' = 0$，各触发器清零，即 $Q = 0$，$Q' = 1$。G_1 输出为低电平。由于按键开关 $S_1 \sim S_4$ 均未按动，各或门输出为高电平，D触发器的 $S' = 1$、$R' = 0$，D触发器输出

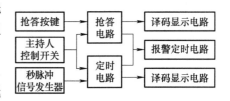

图 10-26 抢答器参考设计方案的
原理框图

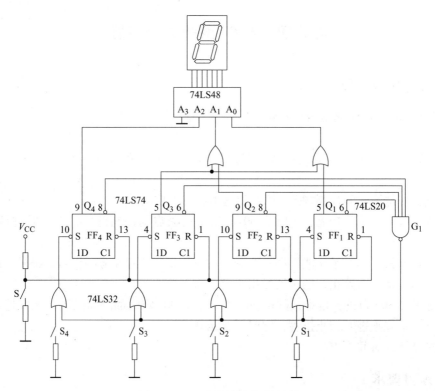

图 10-27　4 路抢答器参考电路

$Q_4Q_3Q_2Q_1=0000$，数码管显示为 0。当主持人释放控制开关 S 时，开始抢答。若第一组参赛选手最先按动按键开关 S_1 时，即 $S_1=0$，则 $Q_1=1$，$A_3A_2A_1A_0=0001$，组号立即显示在数码管上，同时使图 10-32 中扬声器发声。与此同时 $Q_1{}'=0$，G_1 输出为"1"并加到各路或门的输入端，使 S' 为高电平，因此封锁了其他参赛选手的按键信号。

方案二：

8 路抢答器参考电路如图 10-28 所示，由 74LS279 集成锁存器、74LS148 优先编码器等组成。

74LS148 是 8 线-3 线优先编码器，它的 S'、Y'_{EX}、Y'_S 分别为输入、输出使能端及优先标志端。当 $S'=0$ 时，编码器进入工作状态，如果这时输入端 $S_1 \sim S_8$ 有一个为"0"，在输出端有编码信号输出，同时 $Y_{EX}{}'$为 0，否则为 1；当 $S'=1$ 时，优先标志和输出使能端均为 1，编码器处于禁止状态。

图 10-28 的工作原理：当主持人按下控制开关 S 时，74LS279 的 R' 均为低电平，则 74LS279

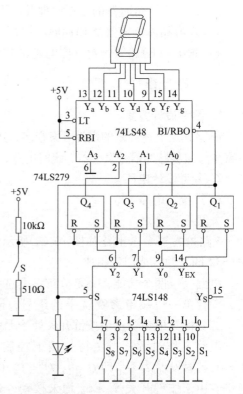

图 10-28　8 路抢答器参考电路

的输出端 $Q_4 Q_3 Q_2 Q_1 = 0000$。因此 74LS48 的 4 脚 $BI' = 0$，显示器灭灯；而 74LS148 的选通端 $S' = 0$，74LS148 处于工作状态。由于此时 74LS279 为清零状态，不管 $S_1 \sim S_8$ 有无按键按下，组号显示为 0，也就是说抢答还未正式开始。当主持人释放控制开关 S 后，抢答开始，优先编码器和锁存电路同时处于工作状态，即抢答器处于等待工作状态，等待输入命令端 $I_7' \cdots I_0'$ 输入信号。当有参赛选手将键按下时（如按下 S_5），74LS148 的输出 $Y_2' Y_1' Y_0' = 010$，$Y_{EX}' = 0$，经 74LS48 译码后，显示器显示"5"。此外，因锁存器 1 的 $S' = Y_{EX}' = 0$，所以 $Q_1 = 1$，使 74LS148 的选通端 $S' = 1$，74LS148 处于禁止工作状态，封锁了其他按键的输入。

（2）定时电路

定时电路如图 10-29 所示。由 74LS192 十进制加/减计数器、74LS48 译码器组成。定时电路要完成两项工作，一是对电路进行清零和置数；二是对电路进行减计数。

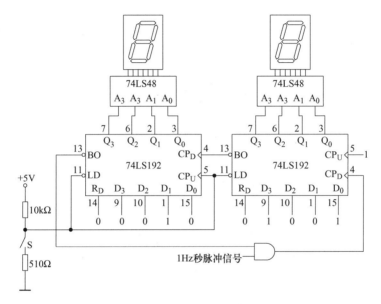

图 10-29　定时电路

当主持人按下控制开关 S 时，电路完成清零和置数工作。当主持人释放控制开关 S 时，计数器进行递减计数。当计数器为 0 时，高位计数器的 BO' 端输出为 0，封锁秒脉冲，计数器停止计数，同时扬声器（见图 10-32）发声，提醒抢答时间到。

（3）秒脉冲信号发生器

秒脉冲信号发生器需要产生一定精度和幅度的矩形波信号。实现秒脉冲信号的电路很多，可以由 555 定时器构成的多谐振荡器产生，也可以由晶体振荡器分频获得（精度要求高时）。

方法一：

用 555 定时器组成的秒脉冲信号发生器。可根据 $T \approx 0.7(R_1 + 2R_2)C$ 公式计算电路参数。参考第五章实验十的内容。

方法二：

图 10-30 所示秒脉冲信号发生器由晶体振荡器、电阻、电容和 CD4060 计数分频器共同组成，产生频率为 32768 Hz 的矩形波，经 CD4060 内部的 14 级计数分频，得到频率为 2 Hz 的矩形波，然后由 D 触发器进行 2 分频，在 Q 端得到频率为 1 Hz 的秒脉冲信号。

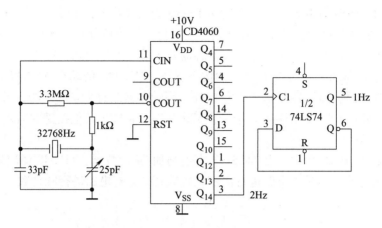

图 10-30　秒脉冲信号发生器

（4）报警定时电路

报警定时电路可由 555 定时器构成的多谐振荡器及 *RC* 延时电路实现，电路如图 10-31 所示。

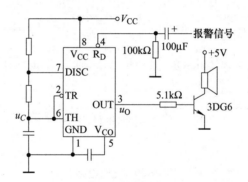

图 10-31　报警定时电路

555 定时器的 4 脚为强制复位端，将报警信号延时接于 555 定时器的 4 脚。正常工作时 4 脚呈现低电位，当高于 1V 的报警信号到来时，555 定时器构成的多谐振荡器工作，控制晶体管构成推动级，使扬声器发出报警信号，具体参数请自动设计。

图 10-32 所示为 4 路抢答器的总体电路。

四、实验报告要求

1）按照设计任务，选择设计方案，确定原理框图，画出抢答器的电路图，列出元器件清单。

2）写出调试步骤和调试结果，列出实验数据，画出关键信号的波形。

3）对实验数据和电路情况进行分析，写出收获和体会。

4）思考本设计方案和单元电路有哪些不完善之处。如何进一步改进设计，使得设计更加合理、完善、实用？

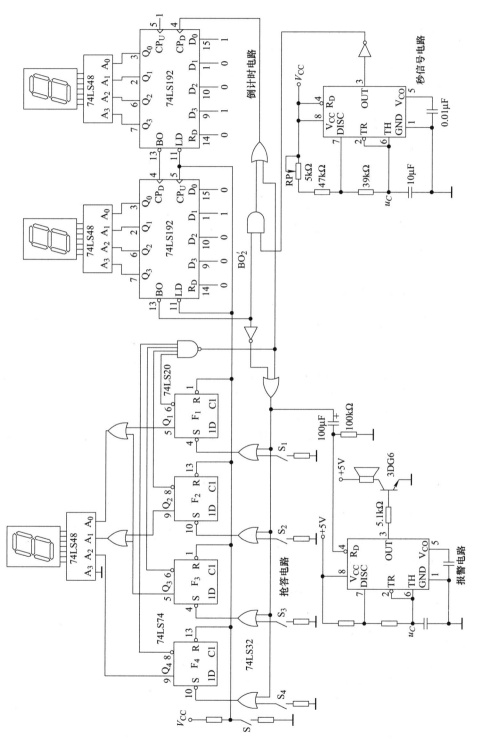

图 10-32 4 路抢答器的总体电路

实验五 数字电子钟

一、设计任务与要求

1）设计课题：数字电子钟。

2）主要技术指标：

准确计时，具有时、分、秒数字显示（23时59分59秒）。

具有校时、校分的功能。

3）扩展功能：整点报时，要求在59分51秒、53秒、55秒、57秒发出500Hz的声响；在59分59秒发出1kHz的声响。

二、预习要求

1）复习二进制计数器、十进制加/减计数器的工作原理。

2）复习用异步计数方法组成计数器的原理。

3）复习用同步计数方法组成计数器的原理。

4）画出数字电子钟的逻辑电路图。

三、设计指导

1. 参考设计方案

图10-33是数字电子钟参考设计方案的原理框图。电路是由石英晶体振荡器、分频器、计数器、译码显示器、校时电路、声响电路及整点报时电路等构成。

石英晶体振荡器产生的信号经过分频得到1kHz、500Hz及1Hz标准的秒脉冲信号。1kHz、500Hz作为整点报时的音响信号；1Hz作为时基，送入计数器进行计数，计数结果通过时、分、秒译码显示器显示。当计时出现误差时，通过校时电路进行调整。

2. 参考设计电路

（1）六十进制计数器

方案一：

六十进制异步计数器参考电路如图10-34所示，是由74LS161二进制计数器、74LS192十进制加/减计数器及门电路组成的异步计数器。

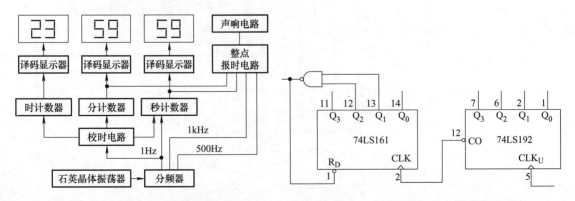

图10-33 数字电子钟参考设计方案的原理框图　　　　图10-34 六十进制异步计数器参考电路

74LS192 是十进制异步清零（"1"有效）的加/减计数器，74LS161 是二进制异步清零（"0"有效）的加法计数器。74LS161 和与非门组成六进制计数，当 74LS161 计数计到 0110 时，与非门发出清零信号，使 74LS161 立即清零（清零信号随着计数器被清零而立即消失，所以清零信号持续时间极短，因此这种接法的电路可靠性不高），74LS192 也完成了一个计数循环，实现了六十进制计数功能。秒和分的计数器结构完全相同。当秒计数器计满 60 个时钟并清零时，也向分计数器发送一个脉冲，使分计数器加 1 计数。

方案二：

六十进制同步计数器参考电路如图 10-35 所示，是由 74LS161 二进制计数器及门电路组成的同步计数器。

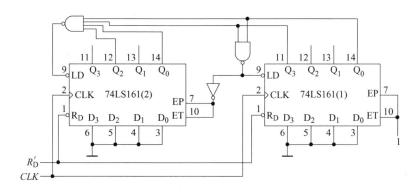

图 10-35　六十进制同步计数器参考电路

两片 74LS161 构成的六十进制计数器使用了预置数功能，预置数为 0000。当第一片 74LS161 计数到 1001 时，经与非门送到预置数控制端 LD'，使 $LD'=0$，下一个时钟到来时，使第一片 74LS161 完成了一个十进制计数循环。同理，两片 74LS161 在完成五十九计数时，使两片的 $LD'=0$，下一个时钟到来时，使两片 74LS161 完成了一个六十进制计数循环。

用上述的两种方案也可设计二十四进制计数器。这里就不再赘述。

（2）整点报时电路

根据扩展功能要求可得真值表如表 10-3 所示。

表 10-3　整点报时电路真值表

秒的十位				秒的个位				输出频率
Q_{SH3}	Q_{SH2}	Q_{SH1}	Q_{SH0}	Q_{SL3}	Q_{SL2}	Q_{SL1}	Q_{SL0}	Y
0	1	0	1	0	0	0	0	0
0	1	0	1	0	0	0	1	1（500Hz）
0	1	0	1	0	0	1	0	0
0	1	0	1	0	0	1	1	1（500Hz）
0	1	0	1	0	1	0	0	0
0	1	0	1	0	1	0	1	1（500Hz）
0	1	0	1	0	1	1	0	0
0	1	0	1	0	1	1	1	1（500Hz）
0	1	0	1	1	0	0	0	0
0	1	0	1	1	0	0	1	1（1kHz）
0	0	0	0	0	0	0	0	0

分析表 10-3 可知，当分的十位 $Q_{MH2}Q_{MH0}=11$、分的个位 $Q_{ML3}Q_{ML0}=11$、秒的十位 $Q_{SH2}Q_{SH0}=11$ 及秒的个位为 $Q_{SL3}Q_{SL0}=01$ 时输出的声响频率为 500Hz；而当分的十位 $Q_{MH2}Q_{MH0}=11$、分的个位 $Q_{ML3}Q_{ML0}=11$、秒的十位 $Q_{SH2}Q_{SH0}=11$ 及秒的个位为 $Q_{SL3}Q_{SL0}=11$，输出的声响频率为 1kHz。因此，可得到整点报时电路，如图 10-36 所示。

（3）声响电路

参考本章实验三中的内容。

（4）分频器

参考本章实验七中的内容。

（5）译码显示电路

参考第五章实验八中的内容。

（6）校时电路

当数字钟接通电源或计时出现误差时，需要进行校正。为了使电路简单，只进行时和分的调校，由于机械触点动作时会产生抖动，因此采用 RS 触发器进行去抖。图 10-37 所示校时电路可完成校时功能，当开关置暂停位置时，数字钟正常计数；当开关置校时位置时 $Y=1$，控制时、分计数器工作，数字钟处于校时状态。

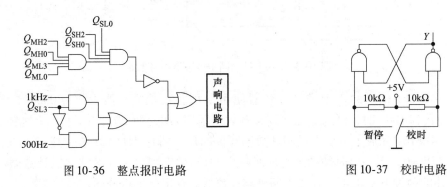

图 10-36　整点报时电路　　　　　　图 10-37　校时电路

四、实验报告要求

1）按照设计任务，选择设计方案，确定原理框图，画出数字电子钟的电路图，列出元器件清单。

2）写出调试步骤和调试结果。

3）对电路情况进行分析，写出收获和体会。

4）思考本设计方案和单元电路有哪些不完善之处。如何进一步改进设计，使得设计更加合理、完善、实用？

实验六　警笛电路

一、设计任务与要求

1）设计课题：警笛电路。

2）主要技术指标：

声响发生器要产生两种不同频率并且交替变化的声音信号。

电路的音量要求可调。

扬声器要发出由低到高，再由高到低的声音；两个声调要交变为警笛声。

二、预习要求

1）复习 555 定时器构成多谐振荡器的工作原理及参数计算。

2）复习 555 定时器构成模拟声响发生器工作原理。

3）复习 LM386 音频集成功率放大器的工作原理及应用。

4）画出警笛电路的原理图。

三、设计指导

1. 参考设计方案

图 10-38 是警笛电路参考设计的原理框图。该方案主要由声响发生器、集成功率放大器及扬声器组成。

图 10-38　警笛电路参考设计的原理框图

2. 参考设计电路

（1）声响发生器

方案一：

声响发生器参考电路（一）如图 10-39 所示，由两个 555 定时器构成的多谐振荡器组成。

工作原理：第一级 555 定时器的 2 脚通过集成运算放大器构成的电压跟随器加到第二级的 5 脚（5 脚是外接电压控制端，该端接的电压越高，电容充放电的时间越长，振荡频率越低；反之振荡频率越高），调制第二级的频率。第一级的振荡频率 f_1 要比第二级的振荡频率 f_2 低很多，使第一级的 C_1 上形成缓慢变化的三角波。当 C_1 充电时，f_2 由高到低变化；C_1 放电时，f_2 由低到高变化。

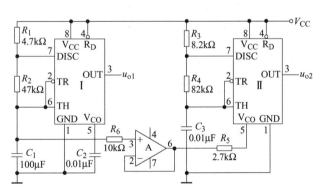

图 10-39　声响发生器参考电路（一）

要求每次变化约为 3s，如果第二级的中心频率为 800Hz，就能产生在低频和高频之间交替变化的变音警笛声。第一级的振荡周期设为 $T = 6.6s$ 即可。集成运算放大器构成的电压跟随器是为了提高带载能力，也可用晶体管代替。

方案二：

声响发生器参考电路（二）如图 10-40 所示，电路由两个 555 定时器组成。第一级多谐振荡器的振荡频率在 5Hz 左右，3 脚输出的方波经可变电阻 RP、稳压二极管 VS 加到第二级的 2 脚，在电容 C_2 上形成三角波，使第二级产生频率由高到低、又由低到高的一个调频波，类似于警笛的效果。第二级的电压控制端 5 脚与阈值端 6 脚短接，更加强了警笛的声响效果。

（2）集成功率放大器

集成功率放大器采用 LM386 音频集成功率放大器实现。LM386 的应用电路很多，可采用 LM386 电压增益最大时的用法，参考第四章实验十一。

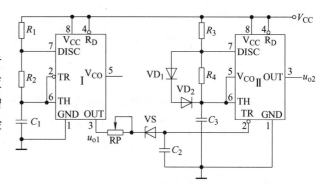

图 10-40　声响发生器参考电路（二）

四、实验报告要求

1）按照设计任务，选择设计方案，确定原理框图，画出警笛电路图，列出元器件清单。

2）写出调试步骤和调试结果，列出实验数据，画出关键信号的波形。

3）对实验数据和电路情况进行分析，写出收获和体会。

4）思考本设计方案和单元电路有哪些不完善之处。如何进一步改进设计，使得设计更加合理、完善、实用？

实验七　交通信号控制器

一、设计任务与要求

1）设计课题：一个十字路口由甲、乙车道汇合而成。设计一个十字路口的交通信号控制器，控制两条交叉道路上的车辆交替通行。

2）主要技术指标：

要求在每个方向上设置红、黄、绿 3 种信号灯；绿灯表示允许通行，红灯表示禁止通行，黄灯表示信号过渡。

要求甲、乙车道每次通行时间分别为 45s、25s；要求黄灯先亮 5s，才能变换运行车道。

二、预习要求

1）复习中规模集成时序逻辑电路和组合逻辑电路的设计方法。

2）复习数据选择器、二进制同步计数器的工作原理。

3）根据交通信号控制器系统框图，画出完整的电路图。

三、设计指导

1. 参考设计方案

图 10-41 是交通信号控制器参考设计的原理框图。它主要由状态定时控制器、定时器、译码电路、信号灯和秒脉冲信号发生器等部分组成。

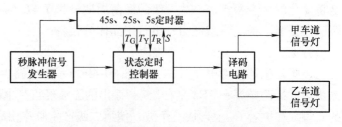

图 10-41　交通信号控制器参考设计的原理框图

图 10-41 中的 T_G 表示甲车道放行时间为 45s，同时是乙车道的禁行时间；T_Y 表示过渡时间为 5s，即两车道黄灯亮；T_R 甲车道的禁行时间为 25s，同时是乙车道的放行时间。

S 表示定时器到了规定的时间后，由控制器发出转换控制信号。由它控制定时器开始下一个工作状态的定时。

十字路口的交通信号工作状态转换图如图 10-42 所示。

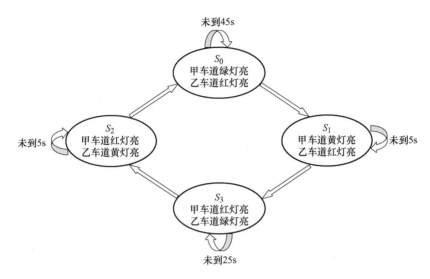

图 10-42　十字路口的交通信号工作状态转换图

2. 参考电路设计方法

（1）状态定时控制器

用 T_G、T_Y、T_R 表示 45s、25s、5s 定时状态。用 $S_0 = 00$ 表示甲车道通行状态，用 $S_1 = 01$ 表示甲车道过渡状态；用 $S_3 = 11$ 表示乙车道通行状态，用 $S_2 = 10$ 表示乙车道过渡状态。因此，可以把图 10-42 所示的交通信号工作状态转换图表示为如图 10-43 所示的状态转换简图。

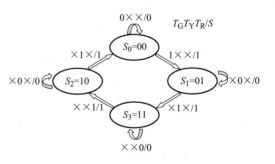

图 10-43　状态转换简图

状态定时控制器是交通信号控制器的核心。从图 10-43 可以列出状态定时控制器的状态转换表，如表 10-4 所示。分析可知，控制器有 4 个状态，可选用两个 D 触发器作为时序寄存器。

表 10-4　状态定时控制器的状态转换表

输　　入					输　　出		
Q_1	Q_0	T_G	T_Y	T_R	Q_1^*	Q_0^*	S
0	0	0	×	×	0	0	0
0	0	1	×	×	0	1	1
0	1	×	0	×	0	1	0

（续）

输　　入					输　　出		
Q_1	Q_0	T_G	T_Y	T_R	Q_1^*	Q_0^*	S
0	1	×	1	×	1	1	1
1	1	×	×	0	1	1	0
1	1	×	×	1	1	0	1
1	0	×	0	×	1	0	0
1	0	×	1	×	0	0	1

根据表 10-3，可以推出状态方程和转换控制信号方程，方程如下：

$$Q_1^* = Q_1'Q_0T_Y + Q_1Q_0 + Q_1Q_0'T_Y'$$
$$Q_0^* = Q_1'Q_0'T_G + Q_1'Q_0 + Q_1Q_0T_R'$$
$$S = Q_1'Q_0'T_G + Q_1'Q_0T_Y + Q_1Q_0'T_Y + Q_1Q_0T_R$$

根据以上方程，选用 74LS153 双 4 选 1 数据选择器来实现 D 触发器的输入函数。状态定时控制器如图 10-44 所示。

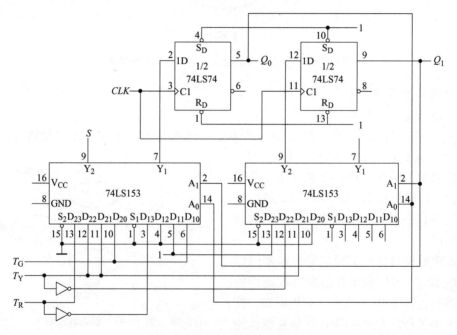

图 10-44　状态定时控制器

将触发器的输出作为数据选择器的地址输入，T_G、T_Y、T_R 作为数据选择器的数据输入，由此得到状态定时控制器的原理图。触发器的时钟输入端接 1Hz 秒脉冲。

（2）定时器

5s、25s、45s 计数器参考电路如图 10-45 所示。

图 10-45 中，CLK 为秒脉冲信号，由秒脉冲信号发生器产生。两片 74LS163 构成了四十五进制、二十五进制和五进制计数器，T_G、T_Y 和 T_R 为计数器的输出信号。S 为转换控制信号，当 S 输出一个正脉冲时，计数器进行新的一轮计数。秒脉冲发生器参考本章实验四中的内容。

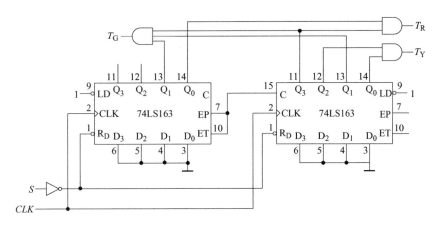

图 10-45　5s、25s、45s 计数器参考电路

（3）译码电路

译码电路的主要任务是将状态定时控制器的输出（Q_1、Q_0 的 4 个工作状态）翻译成甲、乙车道上的 6 个信号灯的工作状态。甲车道的绿、黄、红灯分别用 G_1、Y_1、R_1 表示；乙车道的绿、黄、红灯分别用 G_2、Y_2、R_2 表示。根据图 10-42 可以得到译码电路真值表如表 10-5 所示。其中"1"表示信号灯亮，"0"表示信号灯灭。

表 10-5　译码电路真值表

| 控制器状态 | | 甲　车　道 | | | 乙　车　道 | | |
Q_1	Q_0	红灯 R_1	黄灯 Y_1	绿灯 G_1	红灯 R_2	黄灯 Y_2	绿灯 G_2
0	0	0	0	1	1	0	0
0	1	0	1	0	1	0	0
1	1	1	0	0	0	0	1
1	0	1	0	0	0	1	0

由表 10-4 可以推导出 G_1、Y_1、R_1、G_2、Y_2、R_2 与 Q_1、Q_0 之间的逻辑关系如下：

$$G_1 = Q_1'Q_0', Y_1 = Q_1'Q_0, R_1 = Q_1$$
$$G_2 = Q_1Q_0, Y_2 = Q_1Q_0', R_2 = Q_1'$$

由此设计出译码器，译码器的输入信号为 Q_1、Q_1'、Q_0、Q_0'，也就是图 10-44 的输出。该电路简单，请自行设计。图 10-46 所示为交通信号控制器的总体电路。

四、实验报告要求

1）按照设计任务，选择设计方案，确定原理框图，画出交通信号控制器的电路图，列出元器件清单。

2）写出调试步骤和调试结果。

3）对实验数据和电路情况进行分析，写出收获和体会。

4）思考本设计方案和单元电路有哪些不完善之处。如何进一步改进设计，使得设计更加合理、完善、实用？

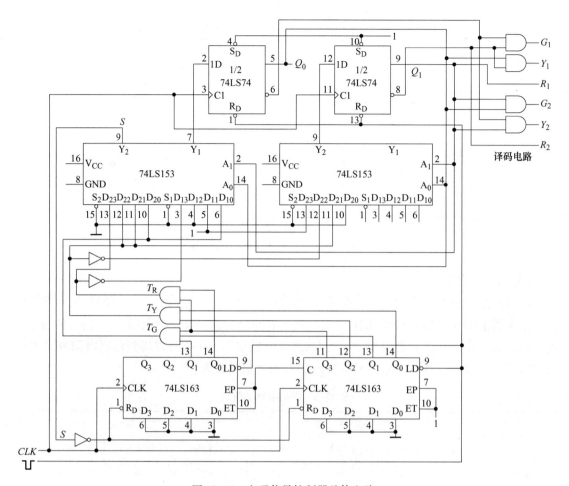

图 10-46　交通信号控制器总体电路

实验八　双色三循环彩灯控制器设计

一、设计任务与要求

1) 设计课题：利用双色发光二极管，设计双色循环彩灯控制器，能发红色和绿色两色光。该类控制器有专门的可编程彩灯集成电路，本设计采用中规模集成电路实现，如计数器、译码器、数据分配器和移位寄存器等集成电路。

2) 主要技术指标：

控制器有 8 路输出，每路用双色发光二极管指示。

控制器有 3 种循环方式：

方式 A：单绿左移→单绿右移→单红左移→单红右移；

方式 B：单绿左移→全熄延时伴声音；

方式 C：单红右移→四灯红闪、四灯绿闪延时。

由单刀三掷开关控制 3 种方式，每种方式用单色发光二极管指示。

相邻两灯点亮时间约在 0.2 ~ 0.6s 间可调，延时时间约在 1 ~ 6s 间可调。

二、预习要求

1）复习中规模集成时序逻辑电路和组合逻辑电路的设计方法。
2）复习计数器、译码器、555 定时器的工作原理。
3）复习发光二极管工作原理。
4）根据彩灯控制器系统框图，画出完整的电路图。

三、设计指导

1. 参考设计方案

本设计采用中小规模集成电路实现。图 10-47 是彩灯控制器设计的原理框图。

本控制器的核心元器件为计数器和译码器，分别采用 CMOS 中规模集成电路 CC4516 和 CC4514。CC4516 为 4 位二进制加/减计数器（单时钟）；CC4514 为 4 位锁存/4 线-16 线译码器，其输出为高电平有效。

2. 参考设计电路

（1）LED 显示电路

本设计采用译码器 CC4514 的输出作为双色发光二极管的输入信号。该译码器为 4 位锁存/4 线-16 线译码器，其输出为高电平有效，如图 10-48 所示。$A_0 \sim A_3$ 为数据输入端，INH 为输出禁止控制端，LE 为数据锁存控制端，$Y_0 \sim Y_{15}$ 为数据输出端。

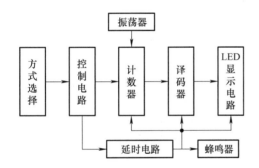

图 10-47　双色三循环方式彩灯控制器原理框图

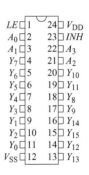

图 10-48　CC4514 引脚图

$Y_0 \sim Y_{15}$ 为译码器 CC4514 的输出，共 16 个，每两个输出接同一个发光二极管。发光二极管为双色管，有 3 个引脚，其限流电阻有 3 种接法，分别为 16 个、8 个和 1 个限流电阻，图中采用 8 个限流电阻的接法。发光二极管的极限电流一般为 20 ~ 30mA，通常取 10 ~ 30mA，压降约为 2V。LED 显示电路如图 10-49 所示。

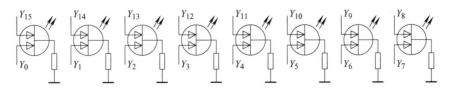

图 10-49　LED 显示电路

（2）振荡器

振荡器的输出为计数器提供工作时钟。本设计采用由 555 定时器构成的多谐振荡器，参考第五章相关内容。

（3）计数器

彩灯循环方式工作主要靠计数器来完成，本设计采用 CMOS 计数器 CC4516，如图 10-50 所示。CC4516 为四位二进制可逆计数器，具有复位 CR、置数控制 LD、并行数据 $D_0 \sim D_3$、加/减控制 U/D'、时钟 CP 和进位 CI' 等输入。CR 为高电平时，计数器清零。当 LD 为高电平时，$D_0 \sim D_3$ 上的数据置入计数器中，CI' 控制计数操作，$CI' = 0$ 时，允许计数，此时，若 $U/D' = 1$，在 CP 上升沿加 1 计数；若 $U/D' = 0$，在 CP 上升沿减 1 计数。除了有 4 个输出 $Q_0 \sim Q_3$，还有一个进位/借位输出 CO'/BO'。

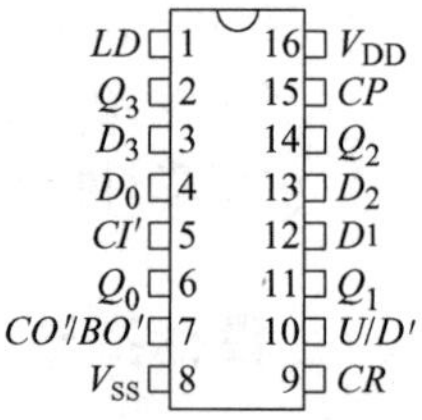

```
      ┌──┬──┐
LD  1 │  U  │ 16  V_DD
Q_3 2 │     │ 15  CP
D_3 3 │     │ 14  Q_2
D_0 4 │     │ 13  D_2
CI' 5 │     │ 12  D1
Q_0 6 │     │ 11  Q_1
CO'/BO' 7 │  │ 10  U/D'
V_SS 8 │     │ 9  CR
      └─────┘
```

图 10-50　CC4516 引脚图

以循环方式 A 为例，设计思路如下：

$$LD = 1 \qquad U/D' = 1 \quad U/D' = 0 \qquad U/D' = 1$$
起始计数（置"1000"）→加计数→Y_{15} 时减计数→Y_0 时加计数

要实现彩灯循环功能，计数器既要加计数，也要减计数。即加法计数到 Y_{15} 时变为减计数，减计数到 Y_0 时再变为加计数，这可通过触发器控制计数器的 U/D' 端来实现，如图 10-51 由 D 触发器构成二分频电路，Y_{15} 和 Y_0 作为时钟信号，来一个时钟，触发器的状态翻转一次。该功能也可以由 RS 触发器或 JK 触发器实现。

（4）延时电路

循环方式 A 的延时设计思路如下：

$$LD = 1 \qquad U/D' = 1 \quad INH = 1$$
起始置数"1000"→加计数→Y_{15} 时延时

延时电路可采用单稳态电路，Y_{15} 的下降沿作为单稳态电路的触发信号，本设计采用 555 构成的单稳态电路，如图 10-52 所示。图中，C_1、R_1 和 VD 起微分限幅作用。因为本电路要求低电平触发，没有触发的时候 555 的 2 脚应为高电平，所以要接 R_2，对于 R_1 和 R_2 阻值的要求，要保证没有触发时 2 脚电压大于 $1/3V_{DD}$，触发的时候电压小于 $1/3V_{DD}$。延时时间由 RP 和 C_2 决定。

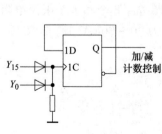

图 10-51　触发器控制电路

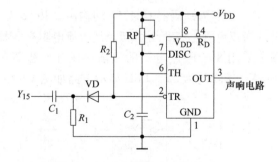

图 10-52　由 555 构成的延时电路

在循环方式 C 为单红右移，计数器应先"清零"，然后从"0000"开始加计数。根据计数器和译码器的功能，计数器和译码器无法实现"四灯红闪""四灯绿闪"。此功能可通过

延时电路给 8 个双色发光二极管加上振荡信号来实现。方式 C 的循环过程可表示为

$$CR = 1 \quad U/D' = 1 \quad INH = 1$$

$$清零 \longrightarrow 加计数 \longrightarrow Y_7 \text{ 时延时}$$

本设计课题要求是在同一个电路中通过方式选择来实现 3 种循环功能，而不是设计 3 个电路。3 种循环方式要相互隔离，如按方式 A 工作时不能出现 B、C 现象，因此设计中可采用双向四模拟开关 CC4066 进行隔离。

3. 工作过程分析

循环彩灯控制器总体电路图如图 10-53 所示。

选择方式 A，指示灯 LED_8 亮，VD_{19} 导通，开关刚接通瞬间 C_4 短路，计数器 IC_2 的 $LD = 1$，置数 "1000"。电源接通瞬间，C_2 短路，触发器 IC_5 的异步置零端 $R = 1$，使触发器 $Q = 0$，$Q' = 1$，即 IC_2 计数器的 $U/D' = 1$，计数器从 "1000" 开始进行加计数；C_2 充电结束后，触发器 $R = 0$，不起作用。当计数到 "1111" 时 $Y_{15} = 1$，VD_2 导通，同时开关 IC_{4A} 导通，触发器翻转，$U/D' = 0$，计数器减计数。当计数到 "0000" 时，$Y_0 = 1$，VD_1 导通，D 触发器又翻转，使 $U/D' = 1$，又开始加计数。以此方式循环进行。

选择方式 B，指示灯 LED_9 亮，VD_{20} 导通，开关刚接通瞬间，C_4 短路，计数器 IC_2 的 $LD = 1$，置数 "1000"，电源接通瞬间，C_2 短路，触发器 IC_5 的 $R = 1$，使触发器 $Q = 0$，$Q' = 1$，即 IC_2 计数器的 $U/D' = 1$，计数器从 "1000" 开始进行加计数，IC_{4A} 断开，D 触发器输出不变，U/D' 一直为 "1"，计数器始终加计数。当计数到 "1111" 时 $Y_{15} = 1$，IC_{8B} 导通，当 Y_{15} 从 "1" 变 "0" 时，触发单稳态电路，使其输出变为主 "1"，即译码器 IC_3 的 $INH = 1$，使译码器的输出禁止，灯全部熄灭，IC_{8C} 导通，VT_1 导通，蜂鸣器响。延时 IC_{4C} 导通，$LD = 1$，计数器始终在置数。延迟结束时，译码器 $INH = 0$，计数器又从 "1000" 开始计数。

选择方式 C，指示灯 LED_{10} 亮，开关刚接通瞬间，C_3 短路，$CR = 1$，IC_2 计数器清零，电源接通瞬间，C_2 短路，触发器 $R = 1$，使触发器 $Q = 0$，$Q' = 1$，$U/D' = 1$，计数器从 "0000" 开始加计数，当计数到 "0111" 时，$Y_7 = 1$，因 IC_{8A} 导通，当 Y_7 从 "1" 变 "0" 时，触发单稳态电路，使其输出为 "1"，译码器 $INH = 1$，译码器 $Y_0 \sim Y_{15}$ 输出全部为 "0"，IC_{4B} 导通，延迟时计数器 "清零"，IC_7 与非门输出脉冲信号，VT_2 发射极输出脉冲信号至双色发光二极管，使八彩灯四灯红闪、四灯绿闪。延迟结束，计数器又从 "0000" 开始计数。

四、实验报告要求

1）按照设计任务，选择设计方案，确定原理框图，画出循环彩灯控制器的电路图，列出元器件清单。

2）写出调试步骤和调试结果。

3）对实验数据和电路情况进行分析，写出收获和体会。

4）思考本设计方案和单元电路有哪些不完善之处。如何进一步改进设计，使得设计更加合理、完善、实用？

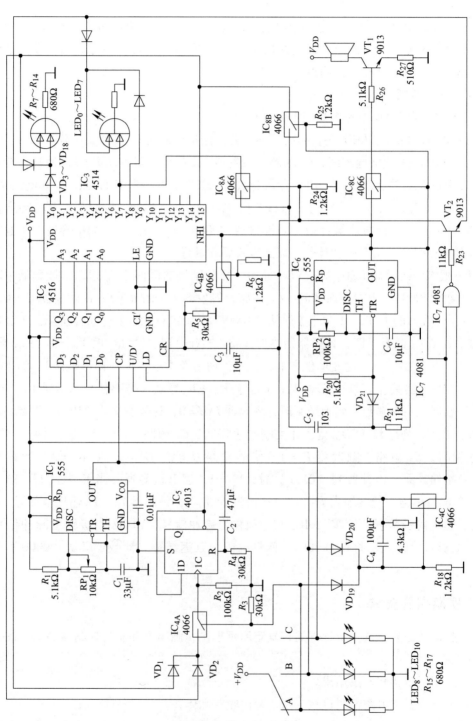

图 10-53　循环彩灯控制器总体电路图

实验九　晶体管参数 β 测量电路设计

一、设计任务与要求

1）设计课题：测量低频小功率 NPN 型晶体管的电流放大系数 β 值的范围。

2）主要技术指标：

电路测出的 β 值的范围分成三个档次，并通过扬声器发出不同的声音以示区别。

若 $\beta < 100$ 时，扬声器不发声；

若 $100 \leqslant \beta \leqslant 200$ 时，扬声器发出间歇式的嘀嘀声，即驱动扬声器发声的电压波形为两个频率的方波，即

若 $\beta > 200$ 时，扬声器发出连续的嘀嘀声，即驱动扬声器发声的电压波形为 $T = 2\text{ms}$ 的方波信号，即

扩展部分：自拟。可涉及下列功能：

NPN 和 PNP 型晶体管的 β 值皆可测量。

β 值通过数码管显示出来。

二、预习要求

1）复习由晶体管构成的分立元件基本放大电路。

2）复习电压比较器电路。

3）查找相应的资料。

三、设计指导

1. 参考设计方案

晶体管参数 β 测量电路的总体设计思路：首先，利用由晶体管分立元件放大电路构成的参数 β 检测电路将 β 值转换成电压信号。然后利用电压比较器电路将 β 值分成三个档次。最后，由分挡信号控制将不同频率的方波信号送到扬声器驱动电路，使扬声器发出不同的声音以示区分。整体电路框图如图 10-54 所示。

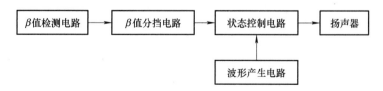

图 10-54　晶体管参数 β 测量整体电路框图

2. 参考设计电路

（1）β 值检测电路

当晶体管处于放大状态时，集电极电流和基极电流满足关系式：$I_C = \beta I_B$，若 I_B 固定不

变，则 I_C 的变化反映了 β 的变化。若再利用电阻将电流的变化转化为电压，即可将 β 值转换成电压信号。根据这个原理可利用以晶体管为核心的分立元件放大电路作为 β 值检测电路，实现 $\beta \rightarrow u$ 的转换，然后利用差分运算电路对电压进行放大，最终得到 β 值对应的电压值 u_β。β 值检测电路如图 10-55 所示。其中，将基极电流 I_B 设为 $10\mu A$，由电源和基极电阻确定。

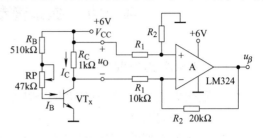

图 10-55　β 值检测电路

（2）β 值分挡电路

为了实现 β 值的分挡，可选用两个单限比较器进行 β 值的比较。计算出 β 值为 100 和 200 时对应的电压值，将该值设为两个单限比较器的参考电压，然后将 β 值检测电路的输出信号 u_β 同时送到两个单限比较器的同相端，分别与各自的参考电压进行比较。对于每个比较器，当 u_β 大于参考电压时，比较器输出高电平，反之，当 u_β 小于参考电压时，比较器输出低电平。两个比较器的输出信号 COM1、COM2 共有 3 种情况：①当 COM1、COM2 皆为低电平，说明 $\beta < 100$；②当 COM1 为低电平，COM2 为高电平，说明 $100 \leq \beta \leq 200$；③当 COM1、COM2 皆为高电平，说明 $\beta > 200$。比较器选择 LM339 芯片实现，芯片为单电源供电、OC 门输出，输出端通过上拉电阻接 +6V 电源，输出信号为 TTL 电平可直接驱动数字电路。电路如图 10-56 所示。

（3）波形产生电路

电路要求当 β 处于不同挡次时扬声器发出不同的声音，可通过给扬声器输入不同频率的方波信号来实现。利用 555 定时器构成两个多谐振荡器，分别产生周期为 2ms 和 16ms 的方波信号 X_1 与 X_2。方波信号 X_1 直接驱动扬声器会发出连续的嘀嘀声。而用方波信号 X_1、X_2 相"与"产生的电压信号 X_3 驱动扬声器则发出间歇式的嘀嘀声。

（4）状态控制电路（数字电路）

当 β 大小范围确定以后，由状态控制电路根据分挡信号决定由哪路波形信号驱动扬声器工作。当 $\beta < 100$ 时，状态控制电路输出不发声的控制信号；当 $100 \leq \beta \leq 200$ 时，状态控制电路将交替频率方波信号输出给扬声器；当 $\beta > 200$ 时，状态控制电路将 $T = 2ms$ 方波信号输出给扬声器，即由 β 值分挡电路 COM1、COM2 的输出选择控制不同频率的信号驱动扬声器，因此可选用数据选择器实现此功能。电路如图 10-57 所示。

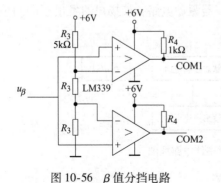

图 10-56　β 值分挡电路

図 10-57　状态控制电路

3. 总体参考电路

β 值检测总体参考电路如图 10-58 所示。

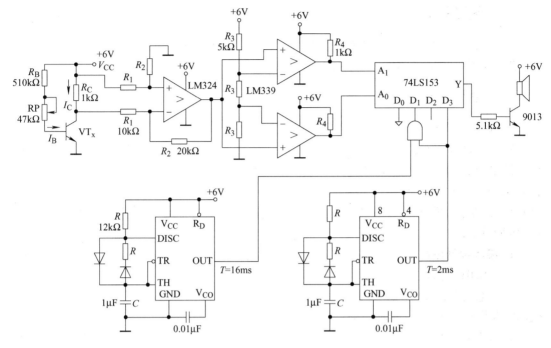

图 10-58 β值检测总体参考电路

四、实验报告要求

1）按照设计任务，选择设计方案，确定原理框图，画出晶体管参数 β 测量电路图，列出元器件清单。

2）写出调试步骤和调试结果。

3）对实验数据和电路情况进行分析，写出收获和体会。

4）思考本设计方案和单元电路有哪些不完善之处？如何进一步改进设计，使得设计更加合理、完善、实用？

实验十　多功能数字秒表设计

一、设计任务与要求

1）设计课题：设计一个数字秒表电路。

2）主要技术指标：

最大记数值：99.00s；

计数分辨率：0.01s；

储存、回读 3 组计时时间。

扩展部分：自拟。可涉及下列功能：

在回读时间的同时显示记录次数；

对按键进行消抖处理。

二、预习要求

1）查找资料理解石英晶体振荡器的结构、原理及其特点、性能。

2）复习显示译码电路、计数电路、寄存器的工作原理。

三、设计指导

1. 参考设计方案

数字秒表电路通过对 0.01s 脉冲信号进行计数来实现 100s 内时间的测量，并由显示译码电路驱动数码管来显示测量的结果。数字秒表电路包含 0.01s 脉冲电路、计数电路、状态控制电路、时间锁存回读电路、显示译码电路。整体设计框图如图 10-59 所示。

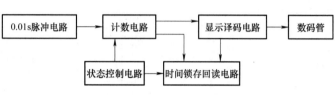

图 10-59 数字秒表框图

2. 参考设计电路

（1）0.01s 脉冲电路

根据题目要求 0.01s 分辨率，电路需要设计一个 0.01s 脉冲电路，它的稳定性直接影响整个秒表电路的准确性。因此，采用石英晶体多谐振荡器设计 0.01s 脉冲电路，电路如图 10-60 所示。选用频率为 100kHz 的石英晶体元件，配合反相器、电阻、电容构成多谐振荡器，输出方波频率由石英晶体元件的自身频率决定。为了产生 0.01s 脉冲，将振荡器的输出经 3 个 74LS160 构成的 1000 进制计数器进行千分频后得到 100Hz 的精确脉冲信号。

（2）计数电路

对精确的 0.01s 的脉冲信号进行计数可实现数字秒表的时间测量。由于秒表的最大量程为 99.99s，因此需要设计一个 10000 进制计数器。可采用四个 74LS160 串行进位的方式来实现。具体电路可参考计数器实验。

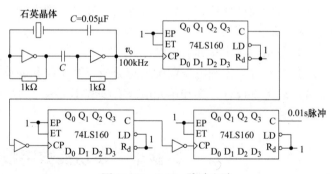

图 10-60 0.01s 脉冲电路

（3）状态控制电路

电路共设置复位、计时、存储、回读四个按键来控制电路的工作状态。复位键使电路计时时间清零，可通过控制计数电路的 R_d' 实现。计时键的功能是使电路进入计时工作状态，可通过控制计数电路的使能端 EP 或 ET 实现。存储键的功能是控制时间存储电路进行时间存储。回读键使将已存储的时间读取出来。四个按键中复位键和存储键为自动回弹开关，而计时键和回读键为一般开关。

（4）时间锁存回读电路

数字秒表除了具有计时功能以外，还可以在计时过程中存储 3 次时间，并可以在计时结束后回读显示这 3 次时间。暂时存储可以选用三态八 D 锁存器 74LS374 实现。电路如图 10-61 所示。

存储键采用回弹开关。当开关按下时产生高电平，为锁存器提供上升沿时钟信号，然后开关自动弹回保持低电平状态。按一次存储键可将计时过程中的时间存储到第一个 74LS374 中，按第二次存储键将第一个 74LS374 中的数据转存到第二个 74LS374 中，第一个 74LS374

存储新的计时时间。以此
类推，每按一次存储键就
会存储一组新数据，原数
据依次向后移位转存。由
于锁存器只有 3 组，因此
只能存储最后 3 组数据，
前面的数据被冲掉了。时
间信息暂时存储在锁存器
里，不能显示。只有当回
读键按下，给最后一个

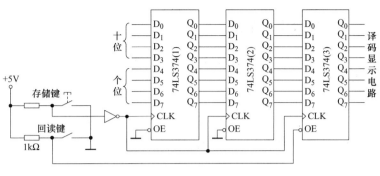

图 10-61　时间锁存回读电路

74LS374 一个允许输出信号时，才能将存储的数据通过数码管显示出来。回读数据时要配合
存储键，按一次存储键读出一组时间，按两次读两组，以此类推，最多回读 3 组时间。

3. 总体参考电路

多功能数字秒表总体电路如图 10-62 所示。

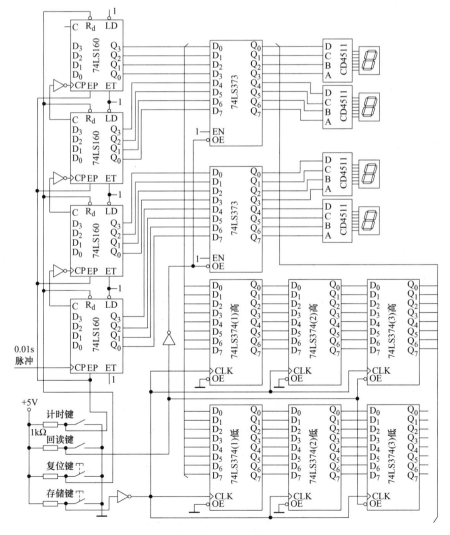

图 10-62　多功能数字秒表总体电路

四、实验报告要求

1）按照设计任务，选择设计方案，确定原理框图，画出多功能数字秒表电路图，列出元器件清单。

2）写出调试步骤和调试结果。

3）对实验数据和电路情况进行分析，写出收获和体会。

4）思考本设计方案和单元电路有哪些不完善之处？如何进一步改进设计，使得设计更加合理、完善、实用？

实验十一　便携式脉搏测试仪

一、设计任务与要求

1）设计课题：采用红光或红外光发射接收技术，从人体手指或耳垂处采样获取脉搏信息，设计一个便携式人体脉搏测试仪。

2）主要技术指标：

显示被测者每分钟的脉搏数，测量误差不大于 ±3 次。

扩展部分：自拟。可涉及下列功能：

设计脉搏上下限报警电路，以提示健康状况；

修改电路，提高测量的准确性。

二、预习要求

1）复习集成运放组成的放大、滤波电路工作原理。

2）查阅红外光发射、接收电路相关资料。

3）确定设计方案、计算元器件参数满足设计要求。

三、设计指导

1. 参考设计方案

光电脉搏检测原理：随着心脏的搏动，人体组织半透明度随之改变。当血液送到人体组织时，组织的半透明度减小；当血液流回心脏，组织的半透明度增大，这种现象在人体组织较薄的手指尖、耳垂等部位最为明显。利用波长 600～1000nm 的红光或红外发光二极管产生的光线照射到人体的手指尖、耳垂等部位，用装在该部位另一侧或同侧旁边的光电接收管来检测机体组织的透明程度，即可将搏动信息转换成电信号。将含有脉搏信息的电信号进行放大、滤波、整形处理后，送入计数电路。在 1min 内所计的脉冲数即为人体脉搏，最后通过数码管显示出来。图 10-63 为便携式脉搏测试仪的原理框图。

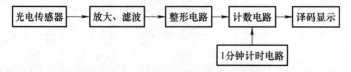

图 10-63　便携式脉搏测试仪原理框图

2. 参考设计电路

（1）光电传感器

红外发光二极管和红外接收晶体管组成光电传感器。采集脉搏信号时有透射式和反射式两种方式。以透射式为例，用红外发光二极管作为光源，发出的光除被手指组织吸收以外，一部分由血液漫反射返回，其余部分透射出来。利用光电晶体管接收透射过来的光，当有脉搏时，由于动脉血的充盈使透射的光强小；无脉搏时，透射的光强大，示意图如图 10-64 所示。通过检测透过手指的光强可以间接测量到人体的脉搏信号。光电传感器电路如图 10-65 所示。发光二极管的导通电压在 1.5 ~ 2.5V 之间，电流在 5 ~ 20mA 之间，因此串联一个 300Ω 电阻来满足要求。光电晶体管将光信号转换为电流，再通过 47kΩ 电阻将电流的变化转换成电压信号，以便后续电路处理。

图 10-64　红外光透射示意图

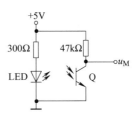

图 10-65　光电传感器

（2）放大、滤波电路

光电传感器检测到的脉搏信号是叠加在直流分量上的微弱交流小信号，约 3 ~ 5mV，个体会有差异。为了将微弱的脉搏信号检测出来，需要将脉搏信号放大约 1000 倍。可以采用两级放大电路实现信号放大，一般第一级放大倍数略小一些，如放大 10 倍，第二级放大倍数可以大些，如 100 倍。这样可防止干扰信号同时被放大，而影响有效信号的识别。另外，脉搏信号的频率非常低。例如，当脉搏为 50 次/min 时，只有 0.78Hz，当脉搏为 200 次/min 时，也只有 3.33Hz。所以若想准确测量脉搏数，需要对传感器输出的信号进行放大和滤波处理。首先，利用截止频率为 0.5Hz 的有源高通滤波电路将直流分量滤掉，同时将信号放大 10 倍。然后，采用截止频率为 5Hz 的有源低通滤波电路将高频干扰滤掉。再将信号放大 100 倍，送入整形电路。放大、滤波电路如图 10-66 所示。

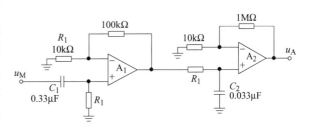

图 10-66　放大、滤波电路

（3）整形电路

整形电路的主要作用是将脉搏信号转换成可供计数电路识别的脉冲信号。可采用比较器实现，也可采用施密特电路实现。图 10-67 为利用 LM393 集成比较器构成的滞回比较器电路，参考电压设为 ±1.67V，当脉搏电压高于 1.67V 时输出高电平，当脉搏电压低于 −1.67V 时输出低电平。人体每产生一次脉搏波动，整形电路相应产生一个矩形脉冲。

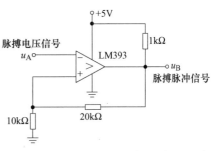

图 10-67　LM393 构成的滞回比较器电路

（4）计数、显示电路

整形之后的脉搏信号作为时钟信号送入计数器中，由计数器对其进行计数即可得到人体脉搏数。计数有两种方案，一种是可以在1min之内对脉搏信号进行计数，所记的数即为人体脉搏数。第二种是可以在15s内对脉搏信号进行计数，然后乘以4即为人体脉搏数。图10-68选用3片74LS160设计一个千进制计数器。

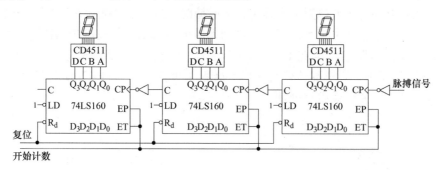

图 10-68 千进制计数器

3. 总体参考电路

便携式脉搏测试仪总体电路如图10-69所示。

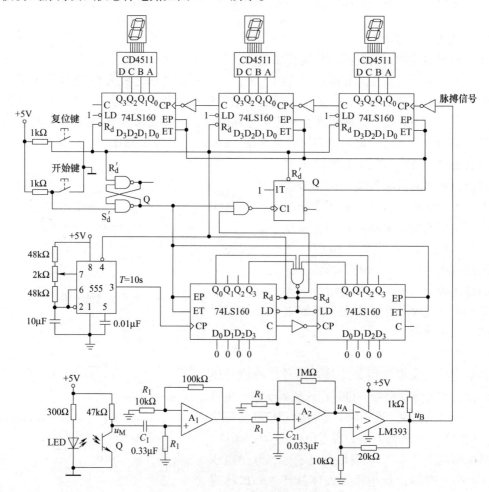

图 10-69 便携式脉搏测试仪总体电路

四、实验报告要求

1）按照设计任务，选择设计方案，确定原理框图，画出便携式脉搏测试仪电路图，列出元器件清单。

2）写出调试步骤和调试结果。

3）对实验数据和电路情况进行分析，写出收获和体会。

4）思考本设计方案和单元电路有哪些不完善之处。如何进一步改进设计，使得设计更加合理、完善、实用？

实验十二　出租车计价器

一、设计任务与要求

1）设计课题：设计一个实用出租车计价器系统。

出租车在白天的运价是 3km 以内 8 元，超过 3km 至 15.1km 以内 1 元/550m，但超过 15.1km 就要（空驶费）改为 1 元/370m。夜间则是 3km 以内 9 元，超过 3km 至 15km 以内 1 元/500m，超过 15km 1 元/340m。夏季因有空调费将运价调整变成起价 9 元/3km，超过 3km 至 15km 以内 1 元/500m，超过 15km 1 元/340m。

2）主要技术指标：

显示总费用，金额以元为单位，最大显示 999 元；显示总里程，以千米为单位，最大显示 999.9km；起价费，白天、夜晚不同。

扩展部分：自拟。可涉及下列功能：

显示单价，单价可调整；

修改电路，使白天、黑夜自动转换。

二、预习要求

1）复习译码显示、触发器、计数器电路工作原理。

2）查阅出租车里程信号采集电路相关资料。

3）确定设计方案、计算元器件参数满足设计要求。

三、设计指导

1. 参考设计方案

在出租车车轮转轴上安装霍尔传感器采集行驶距离信号。出租车每行驶 10m，霍尔传感器发出一个脉冲信号，因此可通过对脉冲信号进行计数得到里程值。电路总体框图如图 10-70 所示。

2. 参考设计电路

（1）总里程测量及显示电路

由前面分析可知，对脉冲信号进行计数，即可得到行驶里程。总里程的测量并显示电路如图 10-71 所示。

（2）总金额计算及显示电路

计价器的总金额 = 起价费 + （总里程值 −

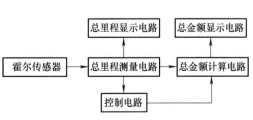

图 10-70　出租车计价器电路总体框图

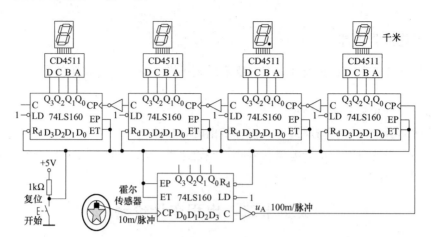

图 10-71　总里程测量并显示电路

3km）×单价，该部分电路设计有两种方案。

方案一：总金额 = 起价费 + （总里程值 – 3km）元/550m（白天总里程在 15.1km 以内时）

设计一个千进制计数器作为总金额计算电路。当总里程为 3km 以内时，总金额为起价费，可将计数器初始值设为 008（起价费白天为 8 元，夜晚为 9 元），单位为元。当总里程大于 3km 时，总金额在起价费的基础上增加。白天，当里程数在 15.1km 以内时，每多行驶 550m 增加 1 元。可利用 55 进制计数器对霍尔传感器输出的 10m 脉冲计数，每计 55 个 10m 脉冲信号，输出一个 550m 脉冲信号给总金额计数电路，使其加一元，实现总金额的计费显示。参考电路如图 10-72 所示。

方案二：总金额 = 起价费 + （总里程值 – 3km）×单价

此方案主要利用加法器实现。加法器的一个加数 A 设为起价费，另一加数 B 设为单价（如白天超过 3km 后 1 元/550m 相当于单价 1.8 元/km）。当总里程超过 3km 后，多行驶 1km，加法器输出总金额 $S = A + B$，将输出金额 S 锁存显示，同时将 S 反馈回到加法器的输入端，并代替 A，当总里程又行驶 1km 后，总金额为 $S + B$。以此类推，计算出总金额。此方案要用到加法器、比较器、寄存器、计数器、锁存器，电路结构稍复杂。根据原理，请同学们自行设计。

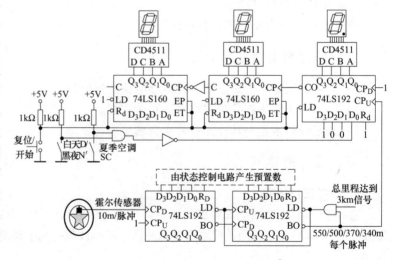

图 10-72　总金额参考电路

（3）控制电路

状态控制电路的主要作用是将按键输入信息和各部分电路运行过程中的状态信息翻译成控制信号以控制整体电路协同合作，有效工作。

状态控制电路将总里程电路的 3km、15km、15.1km 信号识别出来，并分别用 SR 锁存器锁存，形成 3 个信号 Q_C（3km）、Q_A（15km）、Q_B（15.1km），然后配合上白天/黑夜（D/N'）、夏季空调（SC）按键信息，共同为总金额电路中的倒计时电路译码产生合适的预置数信号。状态控制电路的真值表如表 10-6 所示。

表 10-6 状态控制电路的真值表

白天/黑夜	夏季空调	15km	15.1km	倒计时电路的预置数							
				十位				个位			
D/N'	SC	Q_A	Q_B	D_3	D_2	D_1	D_0	D_3	D_2	D_1	D_0
1	1	0	×	0	1	0	1	0	1	0	1
1	1	1	×	0	0	1	1	0	1	1	1
1	0	×	0	0	1	0	1	0	0	0	0
1	0	×	1	0	0	1	1	0	1	0	0
0	×	×	0	0	1	0	1	0	0	0	0
0	×	×	1	0	0	1	1	0	1	0	0

表中，$D/N'=1$ 表示白天模式，$D/N'=0$ 表示夜晚模式；$SC=1$ 表示使用空调，$SC=0$ 表示不使用空调；$Q_A=1$ 表示总里程到 15km，$Q_A=0$ 表示总里程未到 15km；$Q_B=1$ 表示总里程到 15.1km，$Q_B=0$ 表示总里程未到 15.1km。例如，当出租车处于白天未使用空调模式时，总里程在 3~15km 之间时，出租车每行驶 550m 金额增加 1 元。因此，倒计时电路应预置成 55。而当总里程超过 15km 时，每行驶 370m 金额增加 1 元，倒计时电路应预置成 37。状态控制电路如图 10-73 所示。

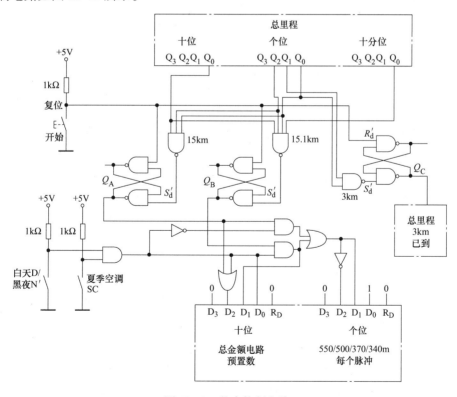

图 10-73 状态控制电路

3. 总体参考电路

总体电路如图 10-74 所示。

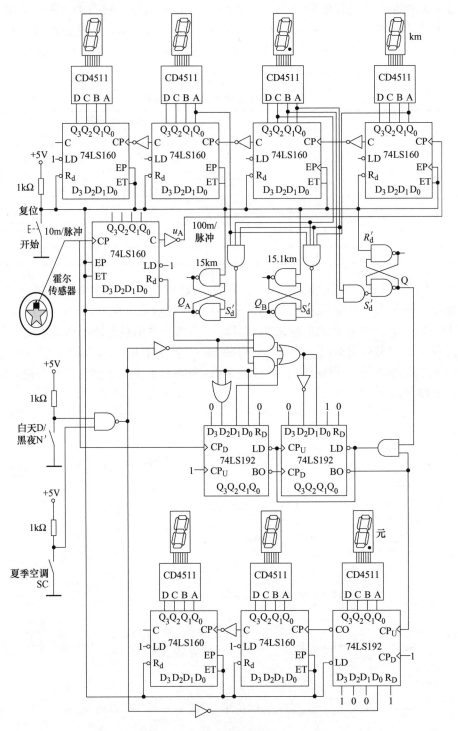

图 10-74　出租车计价器总体电路

按复位键后，总里程电路清零，总金额电路显示起价费（白天显示 8 元，夜晚显示 9 元）。复位键松开后马上开始计价。当总里程达到 3km 时，启动总金额电路中的倒计时电路（预置数由状态控制电路事先译码得到），出租车每行驶 550（或 500）m，总金额在原计价费的基础上增加 1 元。当总里程超过 15km（或 15.1km）后，出租车每行驶 370（或 340）m，总金额在原计价费的基础上再增加 1 元。最终实现对总里程的计价。

四、实验报告要求

1）按照设计任务，选择设计方案，确定原理框图，画出出租车计价器电路图，列出元器件清单。

2）写出调试步骤和调试结果。

3）对实验数据和电路情况进行分析，写出收获和体会。

4）思考本设计方案和单元电路有哪些不完善之处。如何进一步改进设计，使得设计更加合理、完善、实用？

实验十三 复杂大背景噪声下有用语音信号提取器

一、设计任务与要求

1）设计课题：设计一个能够从复杂（不确定）、大背景噪声下分离出有用语音信号，并通过扬声器仅播放有用语音信号的提取装置。

2）主要技术指标：

噪声和有用语音信号的输入采用驻极体话筒方式。说话人可自由调整与话筒之间的位置关系，但不能人为调整和干预背景音的播放。

播放的语音信号应无明显失真。

无有用语音信号时，输出的信号幅值应尽可能地小。

显示有用语音信号的语音频率，以百 Hz 为单位显示。

扩展部分：自拟。可涉及下列功能：

通过 5 个以上 LED 发光管指示有用语音信号的语音强度。语音越强，则点亮的 LED 数量应越多，否则相反。

二、预习要求

1）复习差分放大电路、滤波电路、计数器译码显示电路工作原理。

2）查阅驻极体话筒语音信号采集电路相关资料。

3）确定设计方案、计算元器件参数满足设计要求。

三、设计指导

1. 电路总体设计方案

为了将有用语音信号从复杂大背景噪声当中提取出来，可采用两个驻极体话筒（两个话筒有一定的距离）同时搜集声音信号。然后将两个话筒搜集到的信号（都混有复杂背景噪声）取差放大，这样就会将背景噪声抵消掉，而只得到有用语音信号。再利用滤波电路将语音信号中的低频和高频干扰滤掉。经过处理后的语音信号，一方面送入功放电路驱动扬声器播放语音，另一方面转换成数字信号送入计数器测量频率，并由数码管显示出来。设计方案如图 10-75 所示。

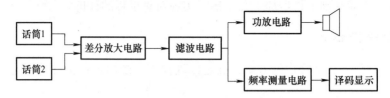

图 10-75 复杂大背景噪声下有用语音信号提取电路框图

2. 单元电路设计

（1）差分放大电路

驻极体话筒将混有背景噪声的声音信号转换成了电信号。两个话筒的背景噪声是完全一样的，而有用语音信号幅值差别很大，因此将两个话筒的电信号求差放大输出即可将背景噪声抵消掉，而有用语音信号被放大输出。

检测与测量系统中的差分电路一般采用高输入阻抗、高共模抑制比的三运放仪表放大器。本例选用单片集成仪表放大器 AD620。AD620 是以三运放为基础的一款低成本、高精度的仪表放大器，仅需要一个外部电阻来设置增益，增益范围为 1 ~ 10000。AD620 的引脚图如图 10-76 所示，1 脚和 8 脚之间接电阻 R_G 调节增益，放大倍数 G 与电阻 R_G 的关系式为 $G = \dfrac{49.4\text{k}\Omega}{R_G} + 1$。5 脚为参考电压输入端，作用是可以上拉或下拉输出电压，一般情况下接地。

语音信号差分放大处理电路如图 10-77 所示。驻极体话筒需外接直流偏置电压才能正常工作，输出的有用语音信号为叠加在直流偏置电压上的交流电压，因此需要利用电容隔断直流。语音信号转化的电压大约在 1 ~ 10mV 之间，可选取中间值 5mV 来计算电路参数。为了满足后续电路的要求，在本级电路中信号需放大 5 倍，因此电阻 R_G 选为 10kΩ。

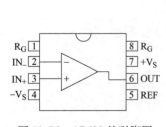

图 10-76 AD620 的引脚图

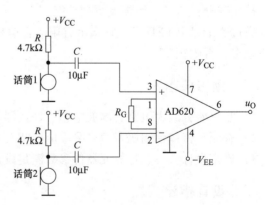

图 10-77 语音信号差分放大处理电路

（2）滤波电路

人耳的听力频率范围为 20Hz ~ 20kHz，而人说话的语音频率范围约为 300 ~ 3400Hz。为了能够准确、清晰地播放处理后的语音信号，需要将信号进行滤波处理。首先，利用低通滤波电路将频率大于 3500Hz 的高频干扰滤掉，然后再利用高通滤波电路将低于 100Hz 的低频分量，如工频干扰、直流分量等滤掉。滤波电路均采用压控电压源的二阶有源滤波电路以增强滤波效果。滤波电路如图 10-78 所示。当滤波电路的品质因数 $Q = \left| 1/(3 - A_{up}) \right| = 1$ 时，

滤波特性较好。由此设置滤波电路的通带放大倍数 $A_{up}=2$。滤波电路中起滤波作用的电阻、电容可通过截止频率的计算公式 $f=1/2\pi RC$ 来选取。

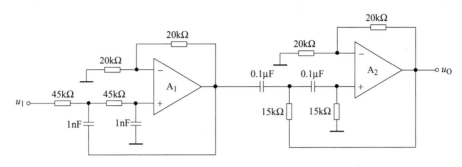

图 10-78　滤波电路

（3）功放电路

经过放大、滤波处理的语音信号必须具有一定的功率才能驱动扬声器播放语音。本课题选用通用音频集成功放 LM386，它具有功耗低、电压增益可调、电源电压范围大、外接元件少和总谐波失真小等优点。图 10-79 为 LM386 的引脚图，构成的音频功率放大电路如图 10-80 所示。输出端需外接大电容 C_1 通交流阻直流。图中引脚 1 和 8 开路，集成功放的电压放大倍数为 20。利用 RP 可调节扬声器的音量。R 和 C_2 串联构成校正网络用来进行相位补偿。C_3 为旁路电容，一般取 $10\mu F$。选定扬声器型号后再确定功放电路的输出功率、电源电压和放大倍数。例如，选择型号为 0.5W、8Ω 的扬声器，根据功放功率计算公式：$P_{om}=(V_{CC}/2\sqrt{2})^2/R_L$，得 $V_{CC}=4\sqrt{2}\approx5.656V$，可选功放电路电源电压至少为 6V。为了使功放的输出功率满足扬声器的额定功率，功放的输出电压 U_{om} 需要达到 $\sqrt{8\times0.5}=2V$，功放自身的放大倍数为 20 倍，因此功放的输入电压要求达到 0.1V，由前级滤波电路提供。

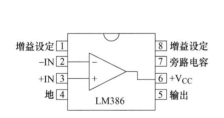

图 10-79　LM386 的引脚图

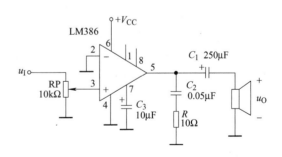

图 10-80　功率放大电路

（4）频率测量电路

将经过处理的语音信号送入到单限比较器电路中转换为相同频率的数字信号，然后利用计数器测量得到语音信号的频率，并通过数码管显示出来。题目要求测量频率以百赫兹为单位显示，因此测频时可将闸门时间设为 10ms。语音信号的频率一般在 300～3400Hz 之间，因此用两个 74LS160 设计一个百进制计数器即可满足测量计数要求。语音频率测量电路如图 10-81 所示。图中 555 构成的多谐振荡器有三个作用，一是为测频电路提供闸门时间，通过调节可变电阻器来保证输出高电平时间为 10ms；二是控制测频计数器的工作状态，当多谐振荡器输出高电平时计数器开始工作，输出低电平时停止计数，并保持所计的频率；三是控制锁存器的工作状态，当多谐振荡器的输出由高电平跳变为低电平时，锁存器将计数器保持的频率值锁存输出送入数码管显示出来，然后将计数器清零，等待下一个计数周期。

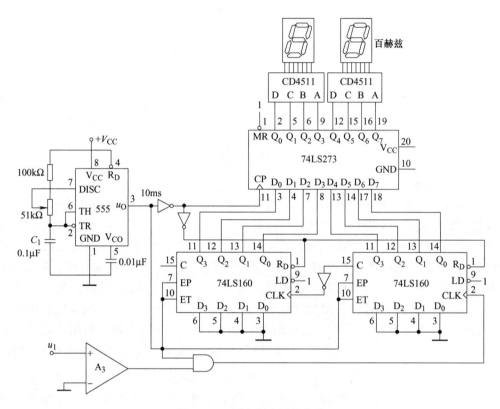

图 10-81　语音频率测量电路

3. 总体参考电路

总体电路如图 10-82 所示。

利用两个驻极体话筒采集混有相同背景噪声的语音信号。将信号取差、放大、滤波处理后，一方面送入功率放大电路提高功率驱动扬声器播放语音，另一方面通过计数译码显示电路测量并显示出语音信号的频率。在整个电路中，差分放大电路（A_{u1}）、滤波电路（A_{u2}）和功放电路（A_{u3}）都对语音信号有放大作用，即总放大倍数 $A_u = A_{u1}A_{u2}A_{u3}$，因此要合理分配每一部分的放大倍数以满足扬声器的功率要求。

四、实验报告要求

1）按照设计任务，选择设计方案，确定原理框图，画出强噪声背景下有用语音信号提取的电路图，列出元器件清单。

2）写出调试步骤和调试结果。

3）对实验数据和电路情况进行分析，写出收获和体会。

4）思考本设计方案和单元电路有哪些不完善之处。如何进一步改进设计，使得设计更加合理、完善、实用？

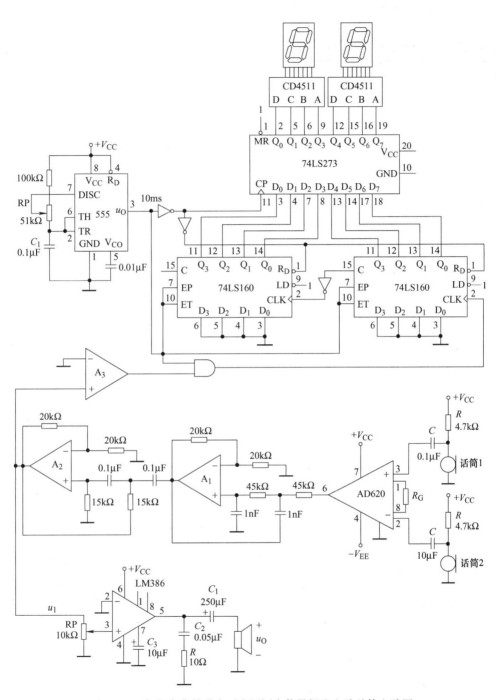

图 10-82 复杂大背景噪声下有用语音信号提取电路总体电路图

附录

常用集成电路引脚图

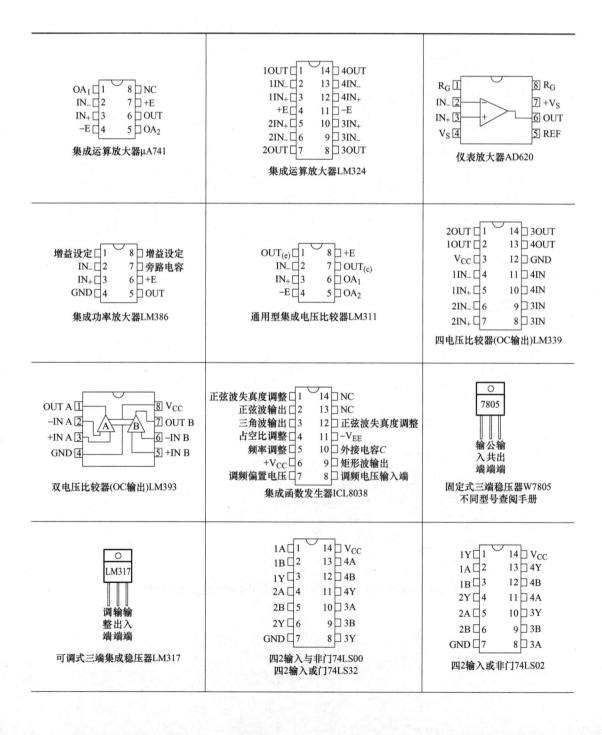

集成运算放大器μA741

集成运算放大器LM324

仪表放大器AD620

集成功率放大器LM386

通用型集成电压比较器LM311

四电压比较器(OC输出)LM339

双电压比较器(OC输出)LM393

集成函数发生器ICL8038

固定式三端稳压器W7805
不同型号查阅手册

可调式三端集成稳压器LM317

四2输入与非门74LS00
四2输入或门74LS32

四2输入或非门74LS02

（续）

1A□1　14□V_CC 1B□2　13□4A 1Y□3　12□4B 2A□4　11□4Y 2B□5　10□3A 2Y□6　9□3B GND□7　8□3Y 集电极开路的四2输入 与非门74LS03	1A□1　14□V_CC 1Y□2　13□6A 2A□3　12□6Y 2Y□4　11□5A 3A□5　10□5Y 3Y□6　9□4A GND□7　8□4Y 六反相器74LS04	1A□1　14□V_CC 1B□2　13□4A 1Y□3　12□4B 2A□4　11□4Y 2B□5　10□3A 2Y□6　9□3B GND□7　8□3Y 四2输入与门74LS08
1A□1　14□V_CC 1B□2　13□2D NC□3　12□2C 1C□4　11□NC 1D□5　10□2B 1Y□6　9□2A GND□7　8□2Y 双4输入与非门74LS20 双4输入与门74LS21	A_1□1　16□V_CC A_2□2　15□Y_f LT′□3　14□Y_g BI′/RBO′□4　13□Y_a RBI′□5　12□Y_b A_3□6　11□Y_c A_0□7　10□Y_d GND□8　9□Y_e BCD七段译码器/驱动器74LS48	1R'_D□1　14□V_CC 1D□2　13□2R'_D 1CLK□3　12□2D 1S'_D□4　11□2CLK 1Q□5　10□2S'_D 1Q′□6　9□2Q GND□7　8□2Q′ 双D型正边沿触发器(带预置 和清除端)74LS74
B_3□1　16□V_CC $I_{A<B}$□2　15□A_3 $I_{A=B}$□3　14□B_2 $I_{A>B}$□4　13□A_2 $Y_{A>B}$□5　12□A_1 $Y_{A=B}$□6　11□B_1 $Y_{A<B}$□7　10□A_0 GND□8　9□B_0 数据比较器74LS85	1A□1　14□V_CC 1B□2　13□4A 1Y□3　12□4B 2A□4　11□4Y 2B□5　10□3A 2Y□6　9□3B GND□7　8□3Y 四2输入异或门74LS86	1CLK′□1　16□V_CC 1K□2　15□1R'_D 1J□3　14□2R'_D 1S'_D□4　13□2CLK′ 1Q□5　12□2K 1Q′□6　11□2J 2Q′□7　10□2S'_D GND□8　9□2Q 双JK负边沿触发器(带预置 和清除端)74LS112
1EN′□1　14□V_CC 1A□2　13□4EN′ 1Y□3　12□4A 2EN′□4　11□4Y 2A□5　10□3EN′ 2Y□6　9□3A GND□7　8□3Y 三态输出的四总线 缓冲门74LS125	A_0□1　16□V_CC A_1□2　15□Y'_0 A_2□3　14□Y'_1 S'_3□4　13□Y'_2 S'_2□5　12□Y'_3 S_1□6　11□Y'_4 Y'_7□7　10□Y'_5 GND□8　9□Y'_6 3线-8线译码器/分配器74LS138	I'_4□1　16□V_CC I'_5□2　15□NC I'_6□3　14□Y'_3 I'_7□4　13□I'_4 I'_8□5　12□I'_2 Y'_2□6　11□I'_1 Y'_1□7　10□I'_9 GND□8　9□Y'_0 十进制10线-4线BCD优 先编码器74LS147
I'_4□1　16□V_CC I'_5□2　15□Y'_S I'_6□3　14□Y'_{EX} I'_7□4　13□I'_3 S′□5　12□I'_2 Y'_2□6　11□I'_1 Y'_1□7　10□I'_0 GND□8　9□Y'_0 8线-3线可联级优先 编码器74LS148	D_3□1　16□V_CC D_2□2　15□D_4 D_1□3　14□D_5 D_0□4　13□D_6 Y□5　12□D_7 Y′□6　11□A_0 S′□7　10□A_1 GND□8　9□A_2 8选1数据选择器/多路开关 74LS151	S'_1□1　16□V_CC A_1□2　15□S'_2 D_{13}□3　14□A_0 D_{12}□4　13□D_{23} D_{11}□5　12□D_{22} D_{10}□6　11□D_{21} Y_1□7　10□D_{20} GND□8　9□Y_2 双4选1数据选择器/多路开关 74LS153

（续）

4位同步计数器
74LS160十进制、异步清零、同步置数
74LS161二进制、异步清零、同步置数
74LS162十进制、同步清零、同步置数
74LS163二进制、同步清零、同步置数

同步双时钟加/减计数器
74LS192带清除的十进制
74LS193带清除的二进制

4位双向通用移位寄存器
74LS194

四位二进制全加74LS283

具有清除功能的八D正边沿
触发器74LS273

三态输出的八D锁存器
74LS373

三态输出的八D正边沿
触发器74LS374

四SR锁存器
74LS279

四2输入与非门CC4011
四2输入异或门CC4030
四2输入或门CC4071
四2输入与门CC4081

计数分频器CD4060

模拟开关CD4066

BCD七段译码器/驱动器
CD4511

（续）

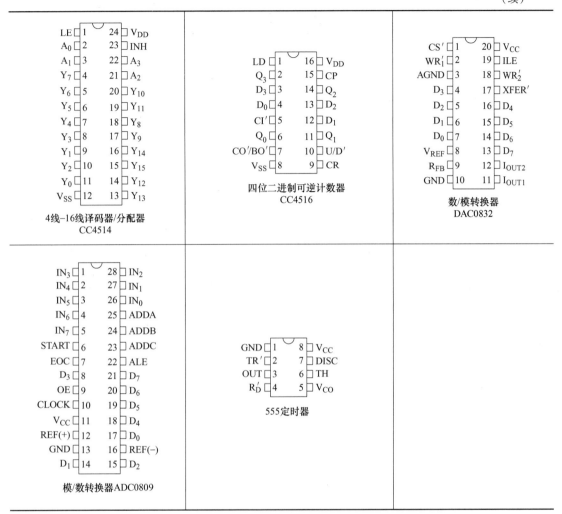

4线-16线译码器/分配器
CC4514

四位二进制可逆计数器
CC4516

数/模转换器
DAC0832

模/数转换器ADC0809

555定时器

参 考 文 献

[1] 华成英，童诗白. 模拟电子技术基础 [M]. 4 版. 北京：高等教育出版社，2006.

[2] 阎石. 数字电子技术基础 [M]. 5 版. 北京：高等教育出版社，2006.

[3] 康华光. 电子技术基础模拟部分 [M]. 5 版. 北京：高等教育出版社，2006.

[4] 康华光. 电子技术基础数字部分 [M]. 5 版. 北京：高等教育出版社，2006.

[5] 王彦. 全国大学生电子设计竞赛训练教程 [M]. 北京：电子工业出版社，2010.

[6] 王连英. 基于 Multisim10 的电子仿真实验与设计 [M]. 北京：北京邮电大学出版社，2009.

[7] 从宏寿，程卫群，李绍铭. Multisim8 仿真与应用实例开发 [M]. 北京：清华大学出版社，2007.

[8] 高吉祥. 电子技术基础实验与课程设计 [M]. 北京：电子工业出版社，2011.

[9] 施金鸿，陈光明. 电子技术基础实验与综合实践教程 [M]. 北京：北京航空航天大学出版社，2006.

[10] 赵淑范，王宪伟. 电子技术实验与课程设计 [M]. 北京：清华大学出版社，2006.

[11] 罗杰，谢自美. 电子线路：设计·实验·测试 [M]. 4 版. 北京：电子工业出版社，2008.

[12] 毕满清. 电子技术实验与课程设计 [M]. 3 版. 北京：机械工业出版社，2007.

[13] 王立欣，杨春玲. 电子技术实验与课程设计 [M]. 哈尔滨：哈尔滨工业大学出版社，2003.

[14] 杨碧石. 电子技术实训教程 [M]. 北京：电子工业出版社，2005.

[15] 刘华章. 电子技术实验教程 [M]. 北京：电子工业出版社，2005.

[16] 陈汝全. 电子技术常用器件应用手册 [M]. 2 版. 北京：机械工业出版社，2004.

[17] 于海雁，汤永华. 现代数字系统设计 [M]. 2 版. 北京：机械工业出版社，2019.